김언호의

세계서점기행

한길사

Esoterik
Esoterik
Astrologie
HAJO BANZHAF
Gut beraten mit Tarot
HAJO BANZHAF
DAS TAROT-HANDBUCH
TAROT
Neu

eldorp Kunstsammlung
tschaftskraft Kreativität
Landeshauptstadt
eldorf – Helau!
ateliers K21 Museen Galerien
Arkaden internationales
Medienhafen
Kalender-Ausstellung

EUROPEAN LITERATURE
GERMAN LITERATURE
Cheever
LINCOLN

Norwegen
NORWEGEN
Südnorwegen
NORWEGEN
ÖSTERREICH
Madrid
ANDALUSIEN
POLEN
POLEN
MASUREN
STEIERMARK
MALLORCA
Mallorca
Mallorca
LISSABON
ALGARVE
AZOREN
MADEIRA
RUMÄNIEN
rumänien
BUKAREST
Lissabon
Madeira
RUMÄNIEN
MENORCA
TENERIFFA
TSCHECHIEN
Teneriffa
Südschweden
Schweiz
SCHWEDEN
SCHWEIZ
Istanbul
Ungarn
Istanbul
UKRAINE
UNGARN
SPANIEN
SLOWENIEN
Pyrenäen
Jordanien
JORDANIEN
Iran
OMAN
SLOWENIEN
SPANIEN
Portugal
PORTUGAL
Teneriffa

KATALONIEN
BARCELONA
Barcelona
JAPAN
Japan
Japan
JAPAN
LANZAROTE
LANZAROTE
La Palma
Indien
SRI LANKA
Sri Lanka
SÜDOSTASIEN
PRAG
PRAG
TÜRKEI
Vietnam
Bali
Indonesia
Taiwan
Europa
Thailand
Thailand
China
China
Südafrika
namibia
namibia
Botswana
Cabo Verde
Madrid
MAROKKO
Thailand

La Caricature
La Caricature
FRENCH
Cooking

Time and Again

누구에게나 열려 있는 지혜의 공간

『김언호의 세계서점기행』 개정판을 내면서

수많은 책들이 더불어 함께 어깨동무한다. 책의 숲이다.

서점은 아름답다. 한 시대의 살아 움직이는 정신과 사상, 정보와 이론을 담아내는 책들이 운집하고 있다. 늘 열려 있는 이성과 감성의 공간이다.

책을 만들면서 나는 온몸으로 체득한다. 세상을 아름답게 변화시키는 책의 힘. 서점은 책의 정신과 이론, 책의 세계를 완성시킨다. 누구에게나 열려 있는 시민사회다. 또 다른 책을 창출해내는 역량이다. 서점에서 시민과 시민의식이 탄생한다.

지난 2016년에 펴낸 『세계서점기행』을 대폭 보완해서 펴낸다. 책 제목도 『김언호의 세계서점기행』으로 바꿨다. 나는 오늘도 서점을 가면서 내 삶의 길을 발견한다.

서점은 우리 삶에서 아름답고도 유용한 존재라는 사실이 『세계서점기행』을 펴내면서 독자들과 함께 확인했다. 변함없이 서점을 출입하면서 교양인의 삶을 누리는 독서가·애서가들이 건재함에 나는 감동하고 있다. 책을 가슴에 품고 책 읽기를 일상으로 삼는 독서인들은 책 만드는 우리들에겐 희망이다.

『세계서점기행』의 독자들과 함께 여러 차례 서점 여행을 하기도 했다. 유럽으로 중국으로 일본으로 가서 아름다운 책의 세계에 취했다.

서점을 주제로 하는 여행 프로그램이 생겨나고 있다는 이야기도 여기저기서 들린다. 개인 여행도 많아지고 있는 것 같다.

내 책을 읽고 서점을 열었거나 준비하고 있다는 소식도 듣고 있다. 즐거운 일이다. 나는 독자들에게 "이 책을 읽고 서점을 열게 하는 것이 나의 숨겨진 목표입니다"라고 한다. "서점하고 싶어요" 하는 독자들을 많이 만난다. 이곳저곳에서 서점을 주제로 하는 강연을 해달라는 요청도 이어지고 있다.

서점은 공공공간이다.
공공자산이다.
나라와 사회를 더 도덕적이고
더 정의롭게 일으켜 세우는 인프라다!
민주주의의 기초조건이다.
도서관과 같은 차원에서
논의되고 육성하는 정책이
수립되고 실현되어야 한다.

『세계서점기행』'개정판'을 내면서 서점을 위한 '문화운동·사회운동'이 전개되기를 기대해본다. 개성있는 서점, 전문서점들의 출현이 더 절실해진다. '책의 숲'에서 우리의 몸과 마음이 건강해진다. 책의 숲으로 나라와 사회를 더 창조적이고 아름답게 만들 수 있다.

2020년 1월
한길사 김언호

지상에서 가장 아름다운 책의 숲으로

『세계서점기행』을 펴내면서

윌리엄 포일스William Foyles, 1885-1963와 길버트 포일스Gilbert Foyles, 1886-1971 형제는 1903년 공무원 시험에 낙방하고, 1904년 그들이 갖고 있던 교과서를 내다팔면서 서점을 시작했다. 런던의 명문서점 포일스Foyles의 출발이었다. 런던의 서점거리 채링 크로스 로드Charing Cross Road에 있는 포일스는 세계에서 가장 긴 서가書架를 가진 서점으로 기네스북에 기록되기도 했지만, 형제의 달라진 삶의 행로는 책과 독서를 사랑하는 세계인들을 행복하게 한다. 지금 책을 싣고 런던 시내를 달리는 '포일스 밴'은 거대도시 런던의 품격을 높이는 명물이 되었다.

삶을 살다가 어떤 의문에 봉착했을 때 찾아갈 곳이 서점이다. 무언가 고적孤寂할 때 찾아가서 그 고적을 치유받을 수 있는 공간이 서점이다.

책이 있기에 우리는 외롭지 않다. 책은 언제나 따뜻하고 책의 내용은 언제나 옳다. 독서는 혼자 하는 행위이지만 위대한 선현들과 대화할 수 있고 오늘의 세계인들과 교유交遊할 수 있다. 책들은 다정한 우리 모두의 친구들이다.

1973년 가을, 나는 신문사의 월간지 부서에서 일하고 있었다. 나는 편집회의에서 한신대 교수이자 민중신학자인 안병무安炳茂, 1922-1996 선생에게 '사람으로 살기 위해'라는 주제로 원고를 청탁해 잡지의 권두에 싣자고 제안했다. 그때 우리는 말하는 것은 물론이고 생각하는 것까지도 불온시하던 정치 상황에서 가쁜 숨을 쉬어야 했다. '유신'이라는 황당하기 이를 데 없는 권위주의 권력의 폭압적 통치하에서 우리는 고뇌하면서 신문·잡지를 만들어야 했다. 사람으로 살기 위해, 우리는 무엇을 해야 할 것인지를 나는 동시대인들에게 묻고 싶었다. 어떻게 살 것인지를 함께 성찰하고 그 해답을 모색하고 싶었다.

사람으로 살기 위해!

나는 이 메시지를 책 만들면서 나의 주제어主題語로 삼고 있다. 한 권의 책을 쓰고 만들고 읽는 일이란 사람으로 살기 위해서다. 1970년대 이후 수십 년이 지난 오늘에도 책 만드는 나에겐 변함없는 주제적 질문이고 늘 탐구해야 할 해답이다.

나의 여행은 책의 숲으로 가는 여행이다. 책의 숲이기에 나의 여행은 늘 싱그럽다. 책의 숲이야말로 열려 있는 생명의 세계다. 인간정신의 유토피아다.

인간의 사유는 한 권의 책으로 존재하고 발전한다. 인간의 열려 있는 사유를 담아내고 체계화시키는 책이야말로, 그 책들이 모여 있는 서점이야말로, 지상에서 가장 아름다운 숲이다. 지혜의 합창소리다.

나의 여행의 궁극은 도시의 거리거리에 열려 있는 서점들이다. 저 변방을 밝히는 서점들이다. 책과 서점은 당초부터 열린 사유의 세계이고 자유의 세계다. 이런 책 저런 책, 이런 사상 저런 아이디어를 포용하고 관용하는 다원多元의 숲이다. 함용含容하는 공동체를 지향志向한다.

상하이의 명문서점 지펑季風을 창립한 서점인 옌보페이嚴搏非가 그 지펑을 문 열면서 말한 바 있다.

"서점이란 시대정신이 자유롭게 표출되는 공간이다.
서점이란 태생적胎生的으로 시민사회다."

나는 세계의 서점을 탐방하면서 책의 존귀함
서점의 역량을 새삼 각성한다.
책 만들기와 책 읽기가 무엇인지를 다시 생각한다.
책을 위해 헌신하는 서점인들에 감동한다.
물질주의자들과 기계주의자들의 디지털문명 예찬론과는 달리
종이책의 가치가 새롭게 인식되고 있음을
세계의 명문서점들에서 확인한다.
책을 정신과 문화가 아니라 물질과 물건으로 팔아치우려는
디지털주의자들에게 현혹당하지 않는 신념의 서점인들을 만난다.
독립서점들이 다시 늘어나고 있음도 관찰한다.
다양한 프로그램을 펼치는 문화공간으로서
서점은 그 어떤 문화기구보다 탁월한 성과를 구현해내고 있다.
서점은 총체적인 문화공간·담론공간이다.
사회적 문제의식을 이끌어내는 서점에서 우리의 생각은 승화된다.
세계의 서점인들과 책과 서점의 가치를 토론할 수 있어서
나는 행복하다. 우리는 이내 친구가 된다.
서점인들의 책에 대한 정성과 헌신이 있기에
우리 출판인들은 오늘도 한 권의 책을 위해 일할 수 있다.

1972년 신문사 사회부에서 일할 때 나는 서울의 종암동 한 파출소 옆에 방을 얻어 2년 정도 자취를 했다. 그 파출소 옆에 작은 서점이 있었다. 나는 퇴근길에 그 서점에 늘 들르곤 했다. 마음씨 좋은 주인 아저

씨와 책 이야기를 주고받았다. 월급날에 책 몇 권을 사기도 했다.

지금은 서점도 없어졌고 파출소도 어딘가로 옮겨갔다. 그쪽으로 가게 되면 나는 두리번거린다. 작은 서점이 있던 그 자리. 출판일을 하면서 나의 기억에 늘 떠오르는 파출소 옆의 그 작은 서점. 친절하던 주인 아저씨. 세계의 서점을 탐방하면서 그 주인 아저씨가 다시 생각난다.

올해는 나의 책 만들기 40년이 되는 해다. 책 만들기 40년을 맞으면서 나는 '다시 독자讀者들과 함께'를 한길사의 주제어로 삼고 있다. '독자들의 책 읽기'야말로 한 시대의 출판을 일으켜 세우는 지적·문화적 역량이다.

나는 오가다 한길사 독자들을 만난다.
독자들의 광범한 존재에 나는 감동한다.

나는 한 권의 책을 더 잘 만들어야 한다!
저자·출판인과 함께 출판문화의
한 주체인 독자의 독서력을 나는 신뢰한다.
독자들과 함께
왜 책인가, 책 읽기란 무엇인가
왜 서점인가, 시대정신이란 무엇인가를
토론하고 싶다.

2016년 3월
출판인 김언호

사진 · 김언호

책 만드는 일이란 무엇인가.

저 이방인의 고독과 슬픔을 생각해야 한다.

변방에 내팽개쳐진 삶의 고단함을 담아내야 한다.

사람들의 가슴에 시혼을 심어주는 책이라야 한다.

800년된 고딕교회가 서점이 되었다

마스트리흐트의 도미니카넌서점

1294년에 지어진 도미니크파의 고딕교회가 서점이 되었다. 가로 25미터, 세로 80미터, 높이 25미터의 장대한 공간이다. 스테인드글라스를 통해 찬란한 햇빛이 책들에 쏟아진다. 인간정신의 꽃들이 경이로운 자태로 다시 탄생한다.

책은 세상에서 가장 오래 피어 있는 인간정신의 꽃이다. 서점은 인간정신의 꽃들이 어깨동무하면서 군무群舞하는 열린 공간이다. 책을 사랑하는 세계인들은 네덜란드의 작은 도시 마스트리흐트Maastricht의 보석같이 영롱한 서점 도미니카넌Boekhandel Dominicanen에서 고독한 영혼을 위로받을 수 있다.

책은 무엇인가. 나는 누구인가. 도미니카넌서점에서 나는 나에게 나의 삶을 묻는다. 나의 삶을 되돌아본다.

책 만드는 일이란 무엇인가.
저 이방인의 고독과 슬픔을 생각해야 한다.

Dominicanerkerkstraat 1,
6211 CZ Maastricht, Netherlands
31-43-410-0010
www.boekhandeldominicanen.nl

변방에 내팽개쳐진 삶의 고단함과 고통을 담아내야 한다.
사람들의 가슴에 시혼詩魂을 심어주는 책이라야 한다.
정의가 무엇인지를 큰 소리로 말하기보다
스스로 정의롭게 사는 것이 중요하다.
저 고대의 아리스토텔레스Aristoteles, BC 384-BC 322가 오늘을 사는 우리들에게 말했다. 그의 메시지는 시의 세계일 것이다.

800년 세월을 소장하고 있는 도미니카넌서점.
그 오랜 세월의 공간에 꽃피어 있는 책들은
필연코 시적詩的일 것이다.
그 세월은 끝없는 이야기일 것이다.
책들이 나에게 시를 읽어주었다.
이야기를 걸어왔다.
책들의 합창, 나의 가슴을 울리는 음향이었다.
황홀한 빛을 온몸으로 받는 책의 숲은 지상의 오로라였다.

고전이다! 나는 도미니카넌서점은 고전이라는 생각을 불현듯 했다. 위대한 고전은 내 마음 깊은 곳에 존재하는 슬픔을 승화시킬 것이다. 무한한 세월을 인고해내는 고전이란 그 세월처럼 슬픔일 것이다. 플라톤Platon, BC 428-BC 347이 그렇고 지브란Khalil Gibran, 1883-1931이 그렇고 함석헌咸錫憲, 1901-1989이 그렇다. 우리의 눈을 슬픔에 젖게 하기에 고전이다. 그 슬픔이 우리의 삶을 일으켜 세운다.

2008년 『가디언』은 도미니카넌을 "지상에서 가장 아름다운 서점"이라고 찬탄했다. 2011년 그해 도미니카넌서점을 찾아간 나에겐 충격이었다. 오늘도 나는 도미니카넌 그 서점을 꿈꾼다.

2015
Het jaar van
BESTSELLING BOOKS

책을 극상으로 예우하는 도미니카넌서점은 2015년 여름 다시 찾아간 나를 편안한 친구로 맞아주었다. 찬란한 빛 속으로, 책의 숲속으로 나는 뛰어들고 말았다.

벨기에와 독일의 빛깔을 띤 인구 12만 5,000의 고도古都 마스트리흐트. 2011년 그땐 독일의 뒤셀도르프에서 승용차로 두 시간 정도 달려 도착했다. 이번에는 파리에서 네 시간을 달렸다. 벨기에에서는 전차를 타고 네덜란드 국경을 넘으면 바로 마스트리흐트 역에 도착할 수 있다.

마스트리흐트의 응접실 프레이트호프Vrijthof 거리. 그 한구석에 자리 잡은 도미니카넌서점의 이력은 파란만장하다. 네덜란드에서 가장 먼저 세워진 고딕건물이지만 1794년 네덜란드를 침공한 나폴레옹의 프랑스혁명군이 도미니크파를 퇴출하면서 교회로서의 역할을 마감했다.

프랑스 침략군의 마구간이 되었고 물품 보관창고가 되었다. 복싱 시합장으로, 자전거 보관소로, 자동차 전시장으로, 소방서 장비 보관소로 사용되었다. 운전면허 필기시험장이 되었고 여자핸드볼 경기장이 되었다. 제2차 세계대전 때에는 시신보관소가 되었지만 한때 콘서트홀로도 사용되었다. 마스트리흐트 청소년들이 '키스댄스'를 하면서 나름 이성에 눈뜨는 카니발 공간이 되었다.

2004년 12월부터는 상황이 달라졌다. 네덜란드 최대의 서점체인 셀렉시스Selexyz가 이곳에 서점을 열었다. '셀렉시스 도미니카넌'Selexyz Dominicanen이라고 이름 붙였다. 도미니크 교회공간의 새로운 시대가 펼쳐지는 것이었다.

애플 같은 대기업이 탐내는 공간이었지만, 교회 소유권을 가진 마스트리흐트 교구는 이 교회 건물에 서점을 개설하겠다는 셀렉시스의 요청을 거절하지 않았다. 단 교회 안에 설치하는 서점시설은 손쉽게 철수할 수 있어야 하고, 교회의 그 어떤 시설도 파손해서는 안 된다는 조건을 달았다. 벽에 못을 박아 파손해서도 안 되는 것이었다.

이 교회는 건축 이래 한 번도 화재 같은 것으로 손상되지 않고 온존해왔다. 건물 천장 위에 있는 2미터 높이의 다락 나무서까래도 파손되지 않았다.

이 역사적인 건물을 서점으로 바꾸는 디자인을 맡은 암스테르담의 건축사무소 메르크스+히로트Merkx+Girod는 검은색 철재를 수직으로 세워 거대한 3층 서가書架를 만들었다. 서가는 물론 벽과 천장에 닿지 않도록 일정한 간격을 두게 했다. 1층에서 2, 3층으로 오르는 계단과 엘리베이터를 설치했다. 집 안의 집이 된 것이다. 일종의 가건물이지만 공간의 역사성을 존중함으로써 석재石材라는 클래식과 철재鐵材라는 현대가 잘 조화되는 설계 솜씨를 발휘했다.

도미니카넌서점에 들어서는 사람들은 순간 경외감에 사로잡힌다. 목소리를 낮춘다. 까마득히 높은 천장을 올려다보면서 엄숙해진다. 고딕건축의 견고한 벽체와 천장, 하늘을 떠받치고 있는 거대한 돌기둥들, 1층 테이블에 놓여 있는 책과 1·2·3층의 검은 철재 서가에 꽂혀 있는 책들의 풍광에 입을 다물지 못한다.

도미니카넌서점에 들어서는 사람들은 석재바닥을 밟으면서 일단 머뭇거린다. 교회는 무덤이었고, 그 무덤을 덮은 대리석판에 새긴 조각의 흔적이 남아 있기에 함부로 발을 내디딜 수 없을 것이다. 바닥을

FANTASY LEESWIJZER

DE WRAAK
VAN DE
MINNARES

수리하는 과정에서 유골 여섯 구를 수습하기도 했다. 그러나 화사한 책들이 사람들을 이내 편안하게 한다. 책들은 언제나 사람들에게 편안함이다.

도미니카넌서점에 들어선 사람들은 무심코 계단을 오른다. 걸어 올라가는 서가다. 책의 하늘로 다가서는 것이다. 저 높은 벽과 지붕의 스테인드글라스가 손에 잡힐 듯 다가온다. 지상에도 책들의 꽃이 만발하고, 하늘에도 책들의 꽃이 별무리가 되는 경이로움!

성인 토마스 아퀴나스Thomas Aquinas, 1224-1274의 생애를 그린 천장벽화가 시선을 끈다. 복원하기 쉽지 않은 석회벽의 그림을 잘 복원하여 사람들을 경근敬謹하게 한다. 천사들이 음악을 연주하는 모습을 그린 천장화도 복원했다. 천사들이 평화로운 눈빛으로 방문자들을 내려다본다.

옛것과 새것이 하나되는 도미니카넌서점의 가장 드라마틱한 사이트는 저 옛날 제단으로 사용했던 중앙의 카페공간이다. 십자가 모양의 긴 테이블이 놓여 있다.

까마득하게 높은 천장의 스테인드글라스를 통해 투영되는 햇빛을 온몸으로 받으면서 사람들은 커피를 마신다. 바리스타가 내리는 커피향이 제례할 때 피워놓는 향으로 느껴진다. 책을 펼치는 독자들은 그 시대 수사들의 기도 소리가 귓가에 낭랑해짐을 체험할 것이다. 카페공간의 둥근 벽에는 주기적으로 미술작품들이 전시된다. 커피맛이 그윽해진다.

도미니카넌서점의 리노베이션 설계로 메르크스+히로트는 2007년 렌스벨트 건축상Lensvelt de Architect Prize을 수상했다. 그런데 대형 체인서점 셀렉시스가 2012년 부도를 맞았다. 도미니카넌서점의 위기였다. 새 경영주가 나서면서 서점 이름이 '폴라레'Polare로 바뀌었다. 기존의 셀렉시스와 중고책 체인 더 슬레흐터De Slegte가 합병해서 2013년에 출범한 것인데, 역시 사정이 좋지 않아 2014년 1월 문 닫는다고 통고해왔다.

세계인이 사랑하는 서점, 『가디언』이 "천국의 서점"Bookshop made in Heaven이라고 칭송했던 도미니카넌서점은 기로에 섰다.

도미니카넌서점의 매니저 톤 하르머스Ton Harmes와 직원들은 손 놓고 있을 수 없었다. 서점 살리기에 나섰다. 크라우드펀딩crowd funding을 시도하기로 했다. 톤 하르머스는 '도미니카넌서점은 존속되어야 합니다'라는 편지를 페이스북에 올렸다.

"우리는 '세상에서 가장 아름다운 서점'The Most beautiful bookshop in the world에서 당신이 더 많은 시간을 보내기를 희망합니다. 우리는 독자와 함께 걸을 것입니다. 우리 서점의 새로운 미래에 투자해주기를 희망합니다. 우리는 감히 당신을 '도미니카넌서점의 친구'로 부르고 싶습니다."

톤 하르머스는 5년 안에 투자액의 125퍼센트를 보상해주겠다고 약속했다. 1,000유로를 투자하면 5년 후엔 1,250유로를 되돌려주겠다는 구체적인 조건이었다.

놀라운 일이 일어났다. 이틀 만에 전 세계 4,000여 페이스북 회원이 '좋아요'를 눌러주었다. 직원 20명은 자신감을 얻었다.

2014년 3월 7일에 크라우드펀딩이 개시되었고, 60시간 만에 5만 유로가 모였다. 다시 1주일 만에 10만 유로가 모였다. 서점을 살리는 데 필요한 액수의 두 배가 넘었다. 총 620명이 펀딩에 참여했다. 직원들도 참여했다. 3월 21일, 도미니카넌서점의 임직원들은 "우리는 다시 서점 문을 연다"고 선언했다.

서점 대표를 맡은 톤 하르머스는 '투자한 친구들의 날'을 정하고 서점 운영을 토론했다. 서점의 철학과 목표도 새로 다듬었다.

"도미니카넌서점의 목표는 네덜란드 헌법의 기본인 표현의 자유, 출판의 자유와 일치한다. 독자들은 모든 진리와 사상을 우리 서가에서 찾을 수 있다. 책은 고객이 선택한다. 우리는 독자들의 책 선택과 책 읽기를 도와주는 서가를 만드는 일을 한다."

외부인사 15명을 초빙하여 특별위원회를 만들었다. 서점 운영 전반을 토론한다. 특별회원제를 만들었다. 매년 50유로를 내면 특별회원이 되고 다양한 혜택을 준다. 네덜란드에서는 도서정가제를 시행하고 있기 때문에 책값을 할인해줄 수는 없지만, 30권 이상 구입하면 일정한 혜택을 준다. '회원의 날'을 만들어 음악회를 연다.

도미니카넌서점은 마스트리히트의 공회당이다. 새로운 서점공동체로 재탄생하면서 공회당으로서의 역할은 더 강조되고 있다. 도미니카넌서점의 공간조건은 음악회하기에 안성맞춤이다. 윌리엄 블레이크William Blake, 1757-1827의 시를 낭송하면서 진행하는 음악회, 마스트리히트의 재즈음악 밴드 존 스윈텟John Swintet의 공연, 집시음악그룹 리사 와이즈 밴드Lisa Weiss Band가 연주했다.

프랑스의 시인으로 영화 「천국의 아이들」Children of Heaven의 시나리오를 쓴 자크 프레베르Jacques Prevert, 1900-1977의 평전評傳 행사가 성황리에 진행되었다. 네덜란드 사회당 대표 에밀 로머Emile Roemer, 1962-의 출판기념회가 열렸다. 유럽의회에서 25년간 일한 리아 오먼라위턴Ria Oomen-Ruijten, 1950-의 책 사인회가 열렸다. 사진작가 바우터르 로센봄Wouter Roosenboom의 강연회가 열렸다. 영국화가 매리 쇼Mary Shaw, 1955-의 「스코틀랜드 풍경」을 전시했고 마스트리흐트 화가 마르체 브렌츠Maartje Brandts도 전시했다. 건축가와 디자이너의 강연이 이어지고 북클럽 행사가 열린다. 와인책들과 함께 햇와인을 마시면서 이야기하는 특별한 파티도 연다. 도미니카넌서점은 한 해에 150개 이상의 프로그램을 진행한다.

"서점은 만남의 공간이자 토론의 광장입니다. 서점은 진실이 꽃피는 곳, 우정이 쌓이는 곳입니다. 온갖 아이디어가 공존하는 자유천지입니다."

톤 하르머스는 서점의 이 코너 저 코너를 신나게 안내했다. 1700년대에 간행된 네덜란드어 성서를 보여주었다. 도미니카넌서점은 앤티크북도 취급한다.

"책과 함께, 좋은 사람들과 함께 일할 수 있어서 행복합니다. 내 삶의 에너지입니다. 나는 서점이 세상을 아름답게 바꿀 수 있다고 확신합니다."

5만여 책의 꽃들이 사계절 싱싱하고 풍요롭게 피어 있는 책의 신전 도미니카넌서점에는 1년에 100만 명이 찾아온다.

"책을 사랑하는 사람들이 도미니카넌서점에 와서 책의 향기에 취해 자유와 자유정신을 경험하기 바랍니다."

책이라는 이 불멸의 세계란 여행의 세계일 것이다.
독서란 그 어떤 여행보다 신비롭고도 경이롭다.
헤르만 헤세의 말대로 "책을 읽는다는 것은
새로운 세계를 경험하는 여행으로 타인의 존재와
사유를 만나고 그와 친구가 되는 것"이다.
책을 사랑하는 사람들은 여행을 사랑하고
여행을 사랑하는 사람들은 책을 사랑할 것이다.

책과 함께 세계 여행을 떠난다

런던의 돈트 북스

우리는 종로서적에서 만났다. 우리에게 기억으로만 남아 있는 종로서적. 종로서적이 없는 지금 우리는 종로에 나들이하지 않는다. 1907년에 문을 연 종로서적이 2002년 문을 닫는다고 했지만 우리 사회는 그걸 방관하고 있었다. 단행본 출판인들 몇이 대책을 논의했지만 역부족이었다. 문화유산을 하루아침에 폐기처분하는 한국 사회의 민낯을 그때 우리는 보았다.

런던의 돈트 북스Daunt Books는 런던 시민들의 약속장소가 되고 있다. 런던을 방문하는 외국인들도 돈트 북스에서 만나자고 한다. 『데일리 텔레그래프』가 "런던에서 가장 아름다운 서점"이라고 한 돈트 북스는 책을 사랑하는 세계인에게 명문서점이 되었다.

건물이 아름답다고 명문서점이 아닐 것이다. 비치하고 있는 책과 그 책을 골라내는 서점인들의 철학과 헌신이 그렇게 만들 것이다. 런던 시민들의 책을 보는 안목과 그 서점에 보내는 성원이 돈트 북스를 명문으로 만들었을 것이다. 이 디지털 문명과 자본의 시대에 결코 쉽

83 Marylebone High St.,
London W1U 4QW, UK
44-20-7224-2295
www.dauntbooks.co.uk

지 않은 독립서점이지만, 돈트 북스는 런던 중심가에 분점 여섯 개를 열고 있는 작은 서점그룹이 되었다.

돈트 북스 본점은 런던에서 가장 아름다운 거리라고 이야기되는 매릴번 하이스트리트The Marylebone High Street에 있다. 돈트 북스가 있기에 매릴번 하이스트리트는 품격 있는 거리가 되었을 것이다. 1912년 고서점 프랜시스 에드워드Francis Edwards가 '서점을 위해' 지은 건물이다. 뉴욕의 JP 모건 투자은행 직원이었던 제임스 돈트James Daunt, 1963-가 1990년 프랜시스 에드워드를 인수하고 자신의 이름을 따서 '여행자를 위한 돈트 북스'라고 했다.

책이라는 이 불멸의 세계란 여행의 세계일 것이다. 독서란 그 어떤 여행보다 신비롭고도 경이롭다. 헤르만 헤세Hermann Hesse, 1877-1962의 말대로 "책을 읽는다는 것은 새로운 세계를 경험하는 여행으로 타인의 존재와 사유를 만나고 그와 친구가 되는 것"이다. 책을 사랑하는 사람들은 여행을 사랑하고 여행을 사랑하는 사람들은 책을 사랑할 것이다.

한 권의 책을 만드는 일 또한 여행일 것이다. 나는 길을 가면서, 여행하면서, 책을 생각하고 책을 기획한다. 나에게 한 권의 책이란 언제나 즐거운 여행이다. 나의 『세계서점기행』에는 당연히 돈트 북스가 포함되어야 한다.

돈트 북스는 두 공간으로 나뉘어 있다. 큰길에 붙어 있는 입구에는 다양한 신간들이 비치되어 있다. 소설과 에세이는 물론이고 논픽션과 미술책과 어린이책이 있다. 그 안쪽에 매혹적인 여행서가 있다. 책과 여행을 사랑하는 세계인의 시선을 사로잡는 책들이다.

한 서점의 품격이란 어떤 여행서들을 비치하느냐로 가늠할 수 있다. 돈 버는 것을 성공이라고 외치는 처세서 같은 걸 돈트 북스는 취급하지 않는다. 고품격 여행서들을 갖고 있기에 돈트 북스다. 어디서 어떻게 쇼핑할까, 어디 가서 뭘 먹을까 하는 진부한 가이드는 돈트 북스의 주제가 아니다. 떡갈나무 서가가 여행서들을 예우하고 있다. 고색창연한 대학의 도서관 분위기다.

돈트 북스는 '나라별로 정리된 책의 세계'를 비치한다. 각 나라 코너엔 역사와 문학, 철학과 사상, 민속과 예술이 망라되어 있다. 그 나라를 심층으로 인식하게 한다. 진정한 여행이 어떤 것인지를 실감하게 하는 책의 세계다.

1층 서가에는 유럽 관련 책들이 꽂혀 있다. 2층에는 영국과 아일랜드 관련 책들이 있다. 지하의 넓은 공간엔 나머지 세계의 책들이 비치되어 있다. 중국·인도·아프리카·일본·미얀마·카리브연안 등으로 분류되었다.

중국 코너에는 『삼국연의』三國演義를 비롯해 피터 헤슬러Peter Hessler, 1969-가 쓴 『리버 타운: 양쯔강에서 보낸 2년』*River Town: Two Years on the Yangtze*, 양지성楊繼繩, 1940-의 『톰스톤: 중국의 대기근 1958-1962』*Tombstone: The Great Chinese Famine 1958-1962*이 있다. 인도 코너에는 에드워드 포스터Edward Forster, 1879-1970의 『인도로 가는 길』*A Passage To India*, 헤르만 헤세의 『싯다르타』*Siddhārtha*와 마하트마 간디Mahatma Gandhi, 1869-1948의 『자서전』*Autobiography*이 있다. 아프리카 코너에는 폴 서룩스Paul Theroux, 1941-의 『검은 사파리』*Dark Star Safari: Overland from Cairo to Capetown*와 데이비드 리빙스턴David Livingstone, 1813-1873의 『리빙스턴의 중앙아프리카에서의 마지막 일기』*The Last Journals of David Livingstone in Central Africa*가 있다.

83
DAUNT

BOOKS
83

존 리 앤더슨Jon Lee Anderson, 1957-의 『체 게바라: 한 혁명가의 생애』*Che Guevara: A Revolutionary Life*와 안드리아 레비Andrea Levy, 1956-의 『긴 노래』*The Long Song*가 카리브연안 코너에 있다. 얀 모리스Jan Morris, 1926-의 『세계 여행기 1950-2000』*The World: Life & Travel 1950-2000*도 있다.

돈트 북스는 유니크한 세계문학관이기도 하다. 문학애독자들은 그 어떤 서점보다 다양한 문학서를 돈트 북스에서 만날 수 있다. 제임스 미치너James Michener, 1907-1997의 『사요나라』*Sayonara*, 조지 오웰George Orwell, 1903-1950의 『버마에서의 나날들』*Burmese days*, 펄 벅Pearl Buck, 1892-1973의 『대지』*The Good Earth*, 러디어드 키플링Rudyard Kipling, 1865-1936의 『정글북』*The Jungle Book*, 제임스 엘로이James Ellroy, 1948-의 『LA 4부작』*The LA Quartet*, 한스 팔라다Hans Fallada, 1893-1947의 『홀로 베를린에서』*Alone in Berlin*가 내 눈에 들어온다.

영어로 번역된 영어권 밖의 주요작가 작품이 대거 비치되어 있다. 미얀마 코너도 있지만 한국 코너는 유감스럽게도 없다. 우리 문학의 세계화가 아직 일천日淺하다는 것일까. 한구석에 황석영黃晳暎, 1943-의 『바리공주』, 신경숙申京淑, 1963-의 『엄마를 부탁해』, 이문열李文烈, 1948-의 『시인』이 꽂혀 있다.

돈트 북스는 지붕이 유리다. 자연의 빛을 몸과 마음으로 받을 수 있다. 우중충하고 변덕스런 런던 날씨를 고려한 설계다. 겨울날, 진눈깨비로 거리가 질척거릴 때 런던 시민들은 포근한 돈트 북스에 들러 책으로 호사스런 세계 여행을 누릴 수 있겠다. 돈트 북스에서 책으로 떠나는 여행은 우리 삶을 더 심오한 빛깔로 물들이겠다.

윌리엄 모리스William Morris, 1834-1896의 클래식한 천으로 꾸민 벽과 서가가 돈트 북스를 한층 고아하게 한다. 하긴 윌리엄 모리스는 위대

한 여행문학가였다. 계관시인桂冠詩人을 맡으라고 했지만 "나는 계관 시인 노릇보다 책 만드는 일이 더 좋다"고 한 윌리엄 모리스. 19세기 중·후반에 그가 펼친 공예운동·디자인운동은 세계의 공예·디자인 역사를 새로 쓰게 만들었지만, 그때 그와 그의 동지들이 디자인한 천과 벽지와 책은 지금도 고전으로 전승되고 있다. 윌리엄 모리스와 돈트 북스, 참으로 영국적인 이미지다.

돈트 북스를 명문으로 만든 경영철학과 방법에 주목해야 한다. 돈트 북스의 동창으로 함께 서점을 창립해 지금 서점을 이끄는 브렛 울스텐크로프트Brett Wolstencroft를 만났다. 젊은 직원들과 함께 책 박스를 옮기고 있었다.

"수준 있는 책을 잘 비치해놓는 것이 우리 일입니다. 독자들이 편안하게 책을 살펴볼 수 있게 하려 합니다."

직원을 뽑을 때 전문성을 중시한다. 다른 서점에서 일했다고 뽑지 않는다. 일단 돈트 북스에 입사한 직원들은 오래 일한다.

"우리 서점은 음악을 틀지 않습니다. 독자들이 생각하면서 책을 살펴보게 합니다. 책을 잘 아는 직원들이지만 독자들이 묻지 않으면 먼저 이야기하지 않지요. 우리 서점에 오는 독자들은 스스로 책을 발견할 수 있는 독자들이라고 생각합니다."

품격 있는 서점이란 시끄러운 음악을 틀어놓는 슈퍼마켓 같아서는 안 될 것이다. 장사꾼 냄새가 나지 않는 분위기가 사실은 돈트 북스의 고품격 전략이다. 직원들의 존재감이 느껴지지 않는 서점이다. 분점 여섯 곳의 분위기도 다르지 않다. 직원들을 이 서점 저 서점 순환 근무시켜 일관된 분위기를 연출하게 한다.

"독자가 책을 즐기게 하는 서점이 좋은 서점 아닐까요. 유리지붕을 통해 들어오는 햇빛을 즐기는 것도 돈트 북스를 찾는 독자들의 권리입니다. 돈트 북스는 큰 서점이 아니기 때문에 아무 책이나 비치할 수도 없지요. 책 선택에 신경 쓸 수밖에 없습니다. 공간적 한계가 우리에겐 장점이 되었습니다."

오늘의 출판은 글로벌이 대세다. 주요한 책들은 거의 번역된다. 문학작품 번역도 대거 늘어나고 있다. 돈트 북스가 갖고 있는 3만여 종 가운데 픽션이 60~70퍼센트이고 논픽션이 30~40퍼센트다. 특별하게 시도하지 않지만 소설이 제일 많이 팔린다.

"여성독자들이 소설에 돌풍을 일으킵니다. 책의 세계에서 여성독자들의 역할이 더 중요해지고 있습니다."

지금이 아니라, 여성들이 책을 읽으면서 세상이 달라졌다. 전근대엔 권력과 종교와 남성들은 여성들의 독서를 위험시했다. 그러나 여성들은 그 금단의 문을 돌파하는 문학 책 읽기를 시도했다. 여성들의 이 모험적인 문학 책 읽기 운동이 새로운 시대정신을 만들어냈다. 오늘의 세계문학도 여성들이 좌지우지한다는 관점과 현상도 여전히 흥미롭고 의미 있다.

울스텐크로프트는 대학교와 중학교에 다니는 두 딸을 두고 있다. 딸들에게 킨들을 사주었지만 결국 종이책으로 돌아오는 걸 보고 있다.

"전자책? 그건 일시적인 호기심입니다. 종이책이 갖고 있는 장점은 그 어떤 매체와도 비교할 수 없습니다. 젊은이들이 호기심을 갖는다는 것으로 요란 떨면 안 되지요. 킨들은 쿨하지 않아요."

서점에 두고 간 킨들은 찾으러 오지도 않는다. 서점 바닥에 굴러다닌다.

"종이책에 대한 도전은 오래전부터 있었습니다. 그러나 종이책은 모든 도전을 물리쳤습니다. 책은 언제나 승리했습니다. 전자책은 정점頂點을 찍었습니다."

괴물 아마존으로 독립서점들은 존재 자체가 어렵다. 런던의 경우 지난 25년 동안 독립서점의 75퍼센트가 사라졌다. '책'이 아니라 '물건'으로 팔아치우는 아마존의 대량 할인 공세는 책에 대한 편견까지 독자들에게 강요한다.

"서점이 터무니없이 큰 이익을 남긴다는 가당치 않은 생각을 하게 만듭니다. 디지털 시대엔 인간들이 이렇게까지 몰락하는가라는 생각을 하면서 절망감에 젖기도 합니다. 25년 전엔 100부씩 팔렸는데 지금은 10부도 안 팔립니다. 작은 서점은 서바이벌 자체가 힘들어요."

이런 상황이 돈트 북스의 의지를 강하게 단련시킨다. 아마존이 할 수 없는 프로그램을 기획한다. 저자와의 대화가 이어지고 출판사들의 신간 론칭이 진행된다. 2층 가운데 책 진열대를 구석으로 밀고 행사장을 마련한다. 여행작가 폴 서룩스, 여행작가이자 배우인 마이클 페일린Michael Palin, 1943-, 맨부커상을 두 번 받은 힐러리 맨틀Hilary

Mantel, 1952-, 전쟁사학자 앤터니 비버Antony Beevor, 1946- 등 내로라하는 작가·저술가들이 참여한다. 3월에는 '돈트 북스 축제'를 펼친다.

돈트 북스가 짧은 기간에 세계의 명문서점으로 자리 잡는 데는 유쾌한 한 사건이 결정적인 도움을 주었다. 2008년, 벨기에의 스타 모델 아누크 르페르Anouck Lepere, 1979-가 패션잡지 에디터이자 약혼자인 제퍼슨 해크Jefferson Hack, 1971-와 파리 튈르리 궁Palais des Tuileries에 함께 있는 모습이 사진에 찍혔다. 휴고 보스와 샤넬의 광고 모델인 르페르는 이 사진에서 명품 핸드백 대신 녹색과 흰색의 리넨 천으로 만든 돈트 북스의 에코백을 들고 있었다. 친환경 천가방이 패션의 새로운 아이콘으로 떠오르는 계기였다.

돈트 북스는 일약 세계인에게 알려졌다. 세계의 서점으로 그 명성이 확고해졌다. 돈트 북스는 30파운드 이상의 책을 사면 작은 가방을, 70파운드 이상이면 큰 가방을 선물한다.

"우리는 어떤 광고도 하지 않습니다. 돈트 북스에서 책을 구입한 독자들은 이 가방을 즐겁게 들고 다니지요. 책 못지않게 이 천가방을 좋아합니다."

울스텐크로프트는 이 천가방을 남편과 사별했거나 이혼당한 인도의 어려운 여성들이 회원인 한 협동조합에서 공급받는다고 했다.

나는 2011년에 돈트 북스를 처음 방문했다. 그때 책을 사면서 선물받은 리넨 천가방을 지금도 기분 좋게 들고 다닌다. 책 한두 권과 노트와 필기구가 들어 있다.

NELSON
God's Architect
Civil War
WIFE
THE HIRED MAN
Romania

ZORBA
THE GREEK

돈트 북스의 창립자 제임스 돈트는 지금 '특수임무'를 수행 중이다. 유럽 전역에 296개 서점을 거느리고 있는 워터스톤즈의 경영을 맡아 그것의 정상화 작업을 도모하고 있다.

규모가 크다고 좋은 서점이 아닐 것이다. 큰 서점은 큰 서점으로서의 권능이 있을 것이다. 런던의 피카디리서커스 워터스톤즈는 규모가 큰 서점이지만 비치한 책들과 분위기로 고품격을 견지堅持하고 있다. 대형 슈퍼마켓 같은 그런 서점이 아니다.

워터스톤즈의 위기를 극복하는 제임스 돈트의 전략이 바로 '품격 있는 서점' 아닌가. 독립서점 돈트 북스의 품격전략을 지금 대형 체인서점 워터스톤즈에 적용해서도 타당한 전략임이 실증되는 것 아닌가. 서점은 오직 '좋은 책'으로 존재하고 일어선다.

1982년에 출범한 워터스톤즈는 2011년 도산에 직면했다. 이 소식을 전해들은 러시아 갑부 알렉산더 마무트Alexander Mamut, 1960-가 서점체인을 인수하고 돈트 북스의 제임스 돈트를 구원투수로 영입했다. 문학애호가로 아들을 영국에 유학 보내고 있는 알렉산더 마무트는 "문화적으로 중요한 서점이 사라지는 것이 가슴 아파 투자했다"고 한다.

제임스 돈트가 워터스톤즈의 운영을 맡은 이후 3년간은 세계경제 침체와 아마존 같은 온라인 서점의 득세로 어려웠지만 2014년부터는 균형을 유지하고 있다.

제임스 돈트는 최근 반스앤노블Barnes & Noble의 경영자로 스카웃되어갔다. 상황이 어려운 반스앤노블이 그에게 새로운 미션을 요구한 것이다. 반스앤노블의 운명이 어떻게 전개될 것인가.

나는 2016 파주북소리 때 울스텐크로프트를 초청해 그의 서점경영 철학을 한국인들에게 강의하게 했다. 그는 파주출판도시와 헤이리 예술마을을 경이롭게 살펴보았다. 헤이리의 북하우스와 한길책박물관도 보여주었다. 교보문고와 인문예술공간 순화동천도 보게 했다.

"한국인들 책 많이 읽네요."

이렇게 말하는 그에게 나는 응답했다.

"나름 독서운동 열심히 합니다. 파주북소리도 그 일환입니다."

그는 남대문시장을 보고 놀라워했다.

"한국사회의 역동성을 실감합니다."

그는 런던 밖에 살고 있다. 런던은 모든 것이 너무 비싸다. 열차로 출퇴근하면서 책 읽을 수 있기에 출퇴근 시간이 참 좋다는 것이다.

내가 런던에 다시 여행올 땐 자기 집에 머물자고 했다. 즐거운 제안이다. 나는 울스텐크로프트에게 다음에 다시 한국에 올 땐 깊은 산속의 고찰들을 함께 가자고 했다.

'책'은 이렇게 친구를 만든다. 책으로 형성되는 우정은 이렇게 즐겁다.

책의 숲이다. 50만 권을 갖고 있는
바터 북스에 들어서면 책의 나라 영국을 실감한다.
책을 사랑하고 책 읽기를 일상으로 누리는
영국인들이기에 저 기라성 같은
문학예술가들을 배출해냈을 것이다.

폐쇄된 기차역이 세계인들의 서점이 되었다

안위크의 바터 북스

영국 소설가 살만 루시디Salman Rushdie, 1947-는 어린 시절부터 책을 바닥에 떨어뜨리면 책에 입을 맞추었다고 한다. 책을 무심하게 생각하다 떨어뜨린 게 미안해서 그런다는 것이다. 우리 어른들도 어린 우리들에게 책을 함부로 넘어다니지 말라고 가르쳤다. 책이 귀한 시절이기도 했지만 책은 정신이고 생명이기에 존엄하게 대해야 한다는 말씀이었다.

나는 1980년대 초 영국을 여행하면서 지금은 국가문화재가 된 윈스턴 처칠Winston Churchill, 1874-1965의 생가를 찾아갔다. 수많은 책이 방마다 가득 꽂혀 있었다. 경이로웠다. 이런 책 속에서 어린 시절을 보냈기 때문에 제2차 세계대전을 이끈 정치가 처칠은 문학적인 자서전을 써냈고 노벨문학상을 수상했겠다는 생각을 했다.

어디 처칠뿐이겠는가. 큰 역사와 아름다운 정신을 구현한 인간들은 생애를 책과 놀았다. 대장정大長征의 고난 속에서도 마오쩌둥毛澤東, 1893-1976은 손에서 책을 놓지 않았다. 전장戰場을 옮기면서도 나폴

Alnwick Station, Wagon Way Rd.,
Alnwick NE66 2NP, UK
44-16-6560-4888
www.barterbooks.co.uk

레옹Napoléon Bonaparte, 1769-1821은 책을 수레에 싣고 다녔다. 조선의 문예부흥을 일으킨 군주 정조正祖, 1752-1800도 책과 함께 통치했다. 조선 후기의 인문정신은 그의 독서편력의 소산이 아닌가.

책을 귀하게 여기고 책 읽기를 일상으로 삼은 자가 여자도 존중하고 사랑할 것이다. 편력의 대가 카사노바Giovanni Giacomo Casanova, 1725-1798는 탁월한 저술가이기 이전에 독서가였다. 진정으로 여자를 존중하고 책을 사랑한 사나이였다. 카사노바는 책과 함께, 책 속에서 생을 보냈다.

영국의 북단 노섬벌랜드Northumberland 주의 작은 도시 안위크Alnwick에 바터 북스Barter Books가 있다. 저 변방에 자리 잡았지만 유럽에서 가장 큰 중고서점의 하나가 되었다. 1991년에 안위크 출신의 스튜어트 맨리Stuart Manley와 미국 미저리 주 출신의 메리 맨리Mary Manley 부부가 문을 열었다.

책의 숲이다. 50만 권을 갖고 있는 바터 북스에 들어서면 책의 나라 영국을 실감한다. 책을 사랑하고 책 읽기를 일상으로 누리는 영국인들이기에 저 기라성 같은 문학예술가들을 배출해냈을 것이다.

우선 '바터'라는 서점 이름이 흥미롭다. '물물교환'하는 서점이라니! 독자들이 읽은 책을 갖고 온다. 하루에 갖고 오는 책이 100박스나 된다. 직원들이 갖고 온 책을 검수해서 교환권을 준다. 독자들은 이 교환권으로 다른 책들을 갖고 간다.

나는 돈으로 물건을 사는 자본주의가 아니라 내가 만든 물건과 다른 사람이 만든 물건을 교환하는 그런 인간적인 삶을 생각한다. 가끔 그런 일을 해보기도 한다. 이진경李眞京, 1967- 화가의 달그림을 우리가 펴낸 인문학 책과 교환한 바 있다. 노혜경盧惠京, 1958- 시인과는 그가 손수 만든 비누와 한길그레이트북스를 교환했다. 파주문발공단에서 크리스털 아트 라미네이팅 기계를 생산해 세계에 수출하면서 사진작가로 활동하고 있는 김양평金良枰, 1948- 회장과 나는 그의 예술액자 기계와 한길사의 책을 교환했다. 우리는 물물을 교환하면서 아주 즐거워했다.

런던 킹스크로스King's Cross 역에서 오전 9시 30분에 출발하는 에든버러Edinburgh 행 열차를 탔다. 최근 리처드 토니Richard Tawney, 1880-1962의 명저 『기독교와 자본주의의 발흥』*Religion and the Rise of Capitalism*을 번역한 고세훈高世薰, 1955- 고려대 교수가 길동무 했다. 세 시간 사십 분을 달려 앨른머스Alnmouth 역에서 내렸다. 택시를 타고 십 분을 달려 바터 북스에 도착했다.

1850년에 문을 연 안위크 역은 1887년에 건축가 윌리엄 벨William Bell, 1789-1865의 설계로 새로 지어졌다. 당시 노섬벌랜드 공작이 이곳을 방문하는 귀족들을 환대하기 위하여 개수改修한 것이었다. 3,000제곱미터의 공간으로 마을 규모에 비해 엄청 컸다. 당시 세계 최대의 철도망이었던 'NER'North Eastern Railway 라인의 주요 역으로서 런던과 에든버러를 연결했다. 귀족과 노동자가 함께 타고 내렸다. 그러나 세상이 달라졌다. 1968년 역은 폐쇄되었다. 폐허가 되어 있던 역사驛舍가 책과 서점으로 다시 태어났다.

주민 7,000명이 사는 안위크는 크리스 콜럼버스Chris Columbus, 1958-가 감독한 영화 「해리 포터」Harry Potter를 촬영한 안위크 성으로 관광지가 되었다. 그러나 수많은 고서와 헌책을 갖고 있는 바터 북스를 관광지 안위크 성보다 더 많은 관광객이 찾는다. 2014년에는 39만

and smooth as a fish./ You were a new world. My new world.
—Ted Hughes
AND DEEP. BUT I

a different channel.
Akhmatova
CRIME
A–Z
VENDETTA
BRICK LANE
The Robber Bride

PIQUE-NIQUE
Les heros Comiques
HIGH
38

UNDER THE
NORTH
STAR
THOMAS THE
TANK ENGINE

5,000명이 다녀갔다.

사람과 물건을 실어 나르는 기차, 그 기차가 다니는 철길, 사람이 타고 내리는 철도역이야말로 세상에서 가장 로맨틱한 공간일 것이다. 118년 동안 온갖 사람과 사연과 사물을 실어 나르던 그 기차역에, 이제는 사람들이 읽었던 고서와 헌책이 운집되고, 그것을 찾는 사람들이 모여드는 서점이 되었다. 서점이 된 기차역, 지난날 사람들의 삶과 사연을 보라색으로 물들이면서 오늘을 사는 우리들에게 다시 이야기를 공급하는 책의 장터가 되었다.

벽돌의 견고함으로 바터 북스의 건물 외양은 옛날 그대로다. 열차가 서고 떠나던 그곳엔 서가書架들이 줄지어 서 있다. 서가 사이사이에 푹신한 소파가 있다. 유리지붕을 통해 쏟아지는 햇빛이 책 읽는 사람들의 얼굴을 밝힌다. 대합실들은 레스토랑과 카페가 되었다. 'NER'이라고 새겨져 있는 난로들이 저 옛날 한겨울의 기차역 풍경을 떠올리게 한다.

독서에 몰두하는 여성은 아름답다. 영국 남자 스튜어트는 미국 여행에서 돌아오는 비행기에서 독서에 빠져 있는 미국 여자 메리에게 반했다. 한 남자가 책 읽는 한 여자에게 반함으로써 바터 북스의 역사는 시작되었다. 영국에 유학한 바 있는 메리는 대학에서 미술사를 전공했다.

첫 만남으로 두 사람은 곧장 결혼까지 갔다. 남편 스튜어트는 폐쇄된 안위크 역사의 일부분을 빌려 장난감 기차 만드는 공장을 경영하고 있었다. 남편이 아내에게 권유했다.

"당신이 좋아하는 책을 위해 이 공장에 서점을 해보면 어떨까요."

스튜어트는 아내를 위해 공장을 닫고 아내와 함께 서점을 시작했다. 부부는 대합실에 있던 난로 다섯 개를 수리하여 다시 불을 지폈다. 손님들이 따뜻한 난로 앞에서 차를 마시면서 독서에 빠져들게 하는 일이었다. 공간도 계속 넓혀나갔다. 처음 시작할 때보다 열 배로 넓어졌다. 주제별로 책이 꽂혀 있는 서가 위로는 스튜어트가 제작한 장난감 전동기차가 조잘대면서 돌아다닌다.

책과 책 읽기를 사랑하는 메리가 읽은 책 가운데 그녀를 감동시킨 시 구절들을 서가의 아치에 붙였다. 바터 북스 안으로 발을 딛는 사람들은 이 자상한 메시지에 주목한다.

"여기서는 모든 것이
질서, 아름다움, 화사함, 고요
그리고 관능이다."

샤를 보들레르Charles Baudelaire, 1821-1867의 시 「여행에의 초대」 한 구절이다.

"육체는 슬프다,
아아! 나는 모든 책을 다 읽었구나."

스테판 말라르메Stephane Mallarmé, 1842-1898의 시 「바다의 미풍」 한 구절이다.

"내 어여쁜 사람아 일어나서 함께 가자.
겨울도 지나고 비도 그쳤다.

B12
Bring me my Bow
FIRST EDITIONS
Bring me my Ar
ROMANCES
Bring me my Spear: O
Bring me my Chario
Et in Arcadia es
OPEN SEASON
ARCHER MAYOR
ON THE EDGE OF THE CLIFF
SHORT STORIES BY
V.S. Pritchett
ONLY SURVIVORS TELL TALES
Ian RANKIN
Mortal Causes
TURBO

burning gold:
of desire:
THRILLERS
FICTION A-Z
FIRST EDITIONS

B17
SCIENCE
B16
MEDICINE
PSYCHOLOGY
B15
POLITICS
FICTION A-Z

대지大地에는 꽃이 피고 새가 노래할 때가 되었다.
비둘기 소리가 우리 땅에 들리는구나."

「아가서」 제 2장이다.

어느새 문학적인 인간들이 된다. 어딘가를 떠나는 사람들의 설렘. 미지를 탐험하는 여행자들의 여심旅心이 서점 안에 가득하다. 바터 북스를 찾는 사람들은 책과 함께 새로운 세계와 그리움을 찾아 어딘가로 떠나고 싶을 것이다. 새 책의 까칠함이 아니라 고서와 헌책의 갈색 이미지 또는 관용 같은 걸 느낀다.

메리는 노섬벌랜드의 미술가 피터 다드Peter Dadd에게 위대한 영미 문학가 43명을 벽화로 제작하는 프로젝트를 부탁했다. 2001년부터 2002년까지 2년에 걸쳐 진행된 이 벽화는 서점 입구 위쪽에 설치되어 있다. 문학을 사랑하는 독자들은 피터 다드의 벽화에서 포즈를 취하고 있는 작가들과 눈맞춤할 수 있다.

버지니아 울프Virginia Woolf, 1882-1941, 제인 오스틴Jane Austen, 1775-1817, 토니 모리슨Toni Morrison, 1931-2019, 윌리엄 포크너William Faulkner, 1897-1962, 사뮈엘 베케트Samuel Beckett, 1906-1989, 어니스트 헤밍웨이Ernest Hemingway, 1899-1961, 조지 오웰George Orwell, 1903-1950, 마크 트웨인Mark Twain, 1835-1910, 엘리엇T.S. Eliot, 1888-1965, 로버트 스티븐슨Robert Stevenson, 1850-1894, 존 키츠John Keats, 1795-1821, 찰스 디킨스Charles Dickens, 1812-1870, 도리스 레싱Doris Lessing, 1919-2013, 제임스 조이스James Joyce, 1882-1941, 오스카 와일드Oscar Wilde, 1854-1900, 조지 버나드 쇼George Bernard Shaw, 1856-1950, 랭스턴 휴스Langston Hughes, 1902-1967, 월트 휘트먼Walt Whitman, 1819-1892, 윌리엄 셰익스피어William Shakespeare, 1564-1616…

이 찬란한 이름들과 함께 대화할 수 있는 바터 북스는 정녕 풍요로운 책과 독서의 향연장일 것이다. 바터 북스를 찾는 사람들에게 "어서오세요" 하고 인사하는 작가들! 이 고전적 작가들이 세계의 독자들을 불러모아 함께 이야기를 주고받는 문예의 향연을 펼칠 것이다.

바터 북스에서 10년째 일하는 데이비드 챔피언David Champion은 말한다.

"세상에 이렇게 즐거운 곳이 어디 또 있을까요?"

투자회사 로스차일드Rothschild에서 일하다가 암에 걸린 아내를 보살피기 위해 거길 그만두었다. 아내가 저세상으로 떠나기까지 5년 동안 돌보았다. 그러곤 바터 북스에서 일하기 시작했다.

"사람들에게 책을 안내하는 일은 그 무엇보다 즐겁습니다. 나의 후반 생을 서점에서 일할 수 있어서 행복합니다."

한동안 영국에서는 전자책이 종이책을 이길 것이라고 전망했지만 그 전망이 빗나가고 있다는 것이 데이비드 챔피언의 분석이다.

"5년 전만 해도 전자책을 외쳐댔지만, 종이책을 찾아 이렇게 많은 사람이 바터 북스를 찾아오고 있지 않습니까."

성탄절 하루만 쉬고 1년 내내 문을 연다. 오전 9시부터 저녁 7시까지, 직원들은 책을 찾아오는 사람들을 맞는다. 레스토랑과 카페에서 독자들에게 대접하는 모든 음식은 직원들이 직접 만든다. 하루에 소요되는 케익 4,000여 개도 직접 만든다.

좋은 책을 확보하기 위해 스튜어트와 메리는 고서 옥션에도 부지런히 참가한다. 지난 2000년 옥션 받은 헌책 더미 속에서 희한한 아이템이 나타났다. "평정심으로 하던 일을 계속하라"Keep Calm and Carry

Camelot
Town
B7
B7
B7

On고 인쇄된 포스터 한 장이 나왔다. 빨간 바탕에 흰 글씨로 디자인된 이 포스터로 '세계의 바터 북스'가 되었다.

제2차 세계대전 때 영국 정부는 국민을 안심시키기 위해 포스터를 세 종류 제작했다. 두 종류의 포스터는 배포했지만 세 번째 포스터는 영국이 나치에 점령될 경우에 배포하도록 했는데, 나치의 패배로 이 포스터는 배포되지 않았다. 역사 속으로 사라진 듯했던 이 세 번째 포스터가 바터 북스에 의해 세상에 알려지게 되었다.

부부는 이 포스터를 액자에 넣어 서점에 걸어두었다. 전쟁 시기가 아닌 오늘에도 이 포스터의 메시지를 영국인들은 의미 있게 받아들인다. 사람들이 이 포스터를 보기 위해 바터 북스를 찾아온다.

메리는 이 포스터의 상업적 활용을 한동안 주저하다가 2002년부터 복제한 포스터를 팔기 시작했다. 바터 북스 방문객은 으레 이 포스터를 구입해간다. 포스터뿐 아니라 이를 활용한 다양한 제품이 영국 전역에서 쏟아지고 있다. 이 열풍은 세계로 확산되어, 이베이에서 검색하면 무려 160만 건의 상품이 등록되어 있을 정도다.

2015년 봄 KTX 서울역사에 내가 존경하는 서예가 박원규朴元圭, 1947- 선생의 대형 작품이 걸렸다. 주나라 시대의 금문金文으로 '책'冊자를 쓴 것과 은나라 시대의 갑골문으로 '책'자를 쓴 것이다. 금문은 검은 먹으로, 갑골문은 붉은 먹으로 썼다. 그 문자의 모양새가 철길을 연상시킨다. 하석은 다시 작은 글씨로 안중근 의사가 남긴 명언 "하루라도 책을 읽지 않으면 입 안에 가시가 돋는다"一日不讀書 口中生荊棘고 병기했다. 나는 KTX 관계자들에게 나의 생각을 말했다.

"전국의 철도역들이 참 아름답지 않습니까. 이 역들에 서점과 카페를 개설하면 어떨까요. 차만 타고 내리는 그런 기계적인 기능만 할 것이 아니라 지역의 문화예술센터가 되게 말이지요. 책이 있는 공간에서의 만남과 대화, 공연과 전시가 펼쳐지는 새로운 문화적 풍경이 구현되지 않을까요."

바터 북스를 방문하면서 나는 바터 북스 같은 방법이 우리 철도여행의 품격을 높이는 한 대안이 되겠다는 생각을 했다. 바터 북스를 찾는 고객이 하루에 1,000명 이상 되는데, 책을 구입하지 않는 사람들도 들르거나 만남의 장소로 이용한다는 사실을 눈여겨볼 일이다. 책은 사유思惟의 힘을 도모해내는 본원적인 미디어로 사람들을 모이게 하는 힘을 갖고 있다. 책은 사람다운 삶을 일으켜 세우는 인문정신이다. 책이 있는 곳에 인문정신의 축제가 펼쳐진다.

바터 북스를 찾는 독서인들은 중세 영국의 고위 성직자이자 애서광으로 『애서가』*The Philobiblon*, 1344를 저술한 리처드 드 버리Richard de Bury, 1287-1345의 '책의 찬가'The Love of Books를 떠올릴 것이다.

"책들이여
너희들은 생명의 나무이니
인간의 정신을 살리고
메마른 지성을 촉촉하게 적셔주는구나."

바터 북스에 몰려드는 애서가와 탐서가들은 책으로 이내 친구가 된다. 어디 바터 북스에서뿐이겠는가. 책이 있는 곳에서 책과 함께 우리는 친구가 되고 하나가 된다. 생명과 지성을 생각하게 된다.

조지 휘트먼은 서점을 열면서부터 갈 곳 없는 작가들과
배고픈 지식인들을 위해 수프를 끓였다.
서가와 책 더미 사이에 간이침대를 놓아 잠잘 수 있게 했다.
조지 휘트먼은 자신의 서점을
'잡초여관'이라고 불렀다. 가난한 잡초들에게
셰익스피어 앤 컴퍼니는 삶과 사유의 안식처가 되었다.

20세기를 빛낸 예술가들의 아지트

파리의 셰익스피어 앤 컴퍼니

파리를 여행할 때면 나는 센Seine 강변을 먼저 찾아간다. 루브르박물관과 노트르담성당 등 파리를 상징하는 문화유산들이 거기 즐비하지만, 나는 강변의 좌안左岸에 늘어서 있는 고서점들을 가는 것이다. 나는 이 고서점들에서 빛의 미술가 윌리엄 터너William Turner, 1775-1851의 컬러 판화를 여러 장 구하는 행운을 누렸다. 1860년대에 출간된 쥘 베른Jules Verne, 1828-1905의 소설들과 풍자화가 그랑빌Grandville, 1803-1847의 책을 구하곤 즐거워하기도 했다.

1921년에 노벨문학상을 받은 바 있고 드레퓌스사건 때 진실을 밝히는 지식인운동에 앞장선 소설가 아나톨 프랑스Anatole France, 1844-1924는 "나무가 있고 서점이 있는 센 강변은 세상에서 가장 아름답다"고 했다. 그의 아버지도 이곳에서 고서점을 열었다. 20세기 초 파리 시 당국이 이 고서점들을 철거하려 하자 작가들과 연대하여 존치存置운동을 펼쳤다. 자신의 작품에서 애정 어린 필치로 고서상들을 그리기도 했다. 파리 시민들은 그렇게 책을 사랑하고 가난한 고서상

37 Rue de la Bûcherie,
75005 Paris, France
33-1-4325-4093
www.shakespeareandcompany.com

ARCADES PROJECT

들을 배려한 작가를 기려 그 한 구간을 '아나톨 프랑스 강변'이라고 이름 붙였다.

나는 이들 고서점을 둘러보고는 바로 이웃한 셰익스피어 앤 컴퍼니Shakespeare & Company로 들어간다. 나의 탐서探書 여행이 본격적으로 시작된다. 센 강변의 고서점들과 셰익스피어 앤 컴퍼니가 있어서 파리는 나에게 파리다. 1920년대 파리에서 6년을 머물며 셰익스피어 앤 컴퍼니를 드나든 헤밍웨이Ernest Hemingway, 1899-1961는 파리를 "움직이는 축제의 도시"라고 했지만, 나는 "책의 도시 파리"이기에 파리로 간다. 파리의 이곳저곳에 각종 고서들로 가득 찬 고서점들이 보석처럼 빛나고 그 어떤 미술작품보다 더 눈부신 신간서점들의 새 책이 나를 유혹하기 때문이다.

셰익스피어 앤 컴퍼니가 갖고 있는 수많은 책, 무질서한 듯 서가에 꽂혀 있는 책들, 무질서하기 때문에 더 경이로운 질서로 느껴지는 책들에 나는 황홀해진다.

책과 함께하는 시간은 감당하지 못할 정도로 빨리 흐른다.

때로는 영원히 정지해 있어 흐르지 않는 세월이다.

1919년 11월 19일. 미국 뉴저지 출신의 실비아 비치Sylvia Beach, 1887-1962가 20세기 유럽 문예사에서 가장 중요한 한 공간인 셰익스피어 앤 컴퍼니를 문 연 날이다. 청소년기를 선교사였던 아버지와 함께 파리에서 보낸 실비아 비치는 처음엔 뉴욕에 프랑스책을 취급하는 서점을 내려고 했다. 그러나 그가 갖고 있는 돈으로 뉴욕에서 서점 열기는 불가능했다.

실비아 비치는 1917년 서른 살의 나이에 다시 파리로 돌아왔다. 프랑스 현대문학을 공부할 생각도 했지만, 강 좌안에서 프랑스책을 판

SHAKESPEARE AND CO
WHILE THY BOOK DOTH LIVE
AND WE HAVE WITS TO READ
AND PRAISE TO GIVE
THOU ART ALIVE STILL
PARIS WALL
EWSPAPER 1999.
AINER MARIA RILKE
ROTE ABOUT THE
ITTLE SHOPS OF
E LATIN QUARTER
ITH THEIR SHOP
INDOWS FILLED WITH
OLD BOOKS AND
ETCHINGS. WHERE
NOBODY SEEMED TO
ENTER AND THE
PROPRIETOR COULD
BE SEEN READING
PEACEFULLY.
INDIFFERENT TO
WORDLY SUCCESS.
BESIDE HIM LIES
A DOG OR PERHAPS
A CAT.
NEXT EVENT

BOOKS
PARIS WALL NEWSPAPER
JANUARY 1ST 2004
SOME PEOPLE CALL ME
THE DON QUIXOTE
OF THE LATIN QUARTER
BECAUSE MY HEAD IS SO FAR
UP IN THE CLOUDS THAT I
CAN IMAGINE ALL OF US ARE
ANGELS IN PARADISE,
AND INSTEAD OF BEING A
BONAFIDE BOOKSELLER I
AM MORE LIKE A
FRUSTRATED NOVELIST.
THIS STORE HAS ROOMS
LIKE CHAPTERS IN A NOVEL
AND THE FACT IS TOLSTOI
AND DOSTOYEVSKY ARE
MORE REAL TO ME THAN
MY NEXT DOOR NEIGHBOURS
HER
FERLINGHETTI
GEEK DAD
TOM WOLFE
A TESTAMENT OF HOPE
A LITTLE ORIGINAL SIN

매하는 아드리안 모니에Adrienne Monnier, 1892-1955와 친구가 되었고, 그 인연으로 영어책 서점을 내게 된다.

서점 이름을 '셰익스피어 앤 컴퍼니'라고 했다. '컴퍼니'란 동료 또는 동호인을 뜻한다. 몸집이 작아 귀여운 여성 실비아 비치는 당대의 작가와 지식인·예술가들을 불러모으는 마력을 갖고 있었다. 처음에는 판매와 대본貸本을 함께하는 서점이었다. 가난한 작가·예술가들은 그의 서점에서 책을 빌려갔다.

제1차 세계대전이 끝나면서 세계의 예술가·작가들이 파리로 몰려들었다. 작가 제임스 조이스James Joyce, 1882-1941, 화가 파블로 피카소Pablo Picasso, 1881-1973, 음악가 이고르 스트라빈스키Igor Stravinsky, 1882-1971, 무용가 이사도라 덩컨Isadora Duncan, 1878-1927, 영화감독 세르게이 예이젠시테인Sergei Eisenstein, 1898-1948이 그들이었다. 소설가 어니스트 헤밍웨이, 시인 에즈라 파운드Ezra Pound, 1885-1972, 소설가 피츠제럴드Francis Fitzgerald, 1896-1940, 거트루드 스타인Gertrude Stein, 1874-1946, 앨리스 토클라스Alice Toklas, 1877-1967, 로런스D.H. Lawrence, 1885-1930가 또한 그들이었다.

파리는 작가·예술가들의 정신의 은신처였다. 그러나 세계는 경제적 불황이 심화되면서 다시 전쟁으로 가고 있었다. 작가·예술가들은 가난에 시달렸다. 이 심상치 않은 시대에 셰익스피어 앤 컴퍼니는 예술가들의 아지트였다. 실비아 비치는 이들을 수발하는 마돈나였다.

실비아 비치는 서점을 연 이듬해인 1920년 한 파티에서 아일랜드 출신의 제임스 조이스와 운명적으로 만난다. 제임스 조이스의 숭배자였던 실비아 비치는 1959년에 펴낸 그의 자서전 『셰익스피어 앤 컴퍼니』*Shakespeare & Company*에서 "제임스 조이스가 파티에 참석하고 있다는 소리를 듣고 나는 너무 놀라 몸이 떨려 그 자리에서 도망치고 싶었다"라고 썼다. 제임스 조이스는 그때 『율리시스』*Ulysses*를 영국의 『에고이스트』*The Egoist*지에 연재하다가 구독자들의 항의가 빗발치는 바람에 미국의 『리틀 리뷰』*The Little Review*지로 옮겨 연재하고 있었다. 미국에서도 외설이다 뭐다 하면서 항의가 이어졌다. 출판 전망도 밝지 않았다.

실비아 비치는 『율리시스』를 직접 출판하기로 했다. '무삭제 완전판'을 1,000부 한정 출판한다고 1921년에 광고하고 1922년 732쪽에 달하는 『율리시스』를 출간했다.

첫 100부는 네덜란드산 수제종이로 제작해서 저자의 서명을 곁들여 정가를 350프랑으로 책정했다. 다시 150부는 프랑스산 수제종이로 제작해 정가를 250프랑으로 책정하고, 나머지 750부는 일반 수제종이로 제작해 150프랑으로 책정했다.

전 세계에서 주문이 몰려들었다. 책은 바로 매진되었다. 제2판, 제3판, 제4판을 찍었다. 실비아 비치와 셰익스피어 앤 컴퍼니는 문학사에서 일약 역사적인 존재가 되었다.

나는 2014년 여름 제임스 조이스가 서명한 『율리시스』 초판본을 100년의 역사를 자랑하는 뉴욕의 고서점 아르고시Argosy에서 직접 만져볼 수 있었다. 보존상태가 좋아 6,000만 원이라고 했다. 흰 장갑을 끼고 역사적인 한 권의 책을 만져보는 나의 손이 떨렸다. 나는 서울대 영문학과 석경징石璟澄, 1936- 명예교수가 20년 이상 번역하고 있는 『율리시스』 출간을 준비하고 있기에, 그 초판본을 직접 넘겨보는 감흥이 남달랐다.

셰익스피어 앤 컴퍼니의 살림은 그러나 늘 고단했다. 1930년대 중반에 이르면서 상황은 더 심각해졌다. 실비아 비치는 서점 문을 닫

을 생각을 했다. 이 소식이 작가들 사이에 알려졌다. 앙드레 지드Andre Gide, 1869-1951 등이 나섰다. 조르주 뒤아멜Georges Duhamel, 1884-1966, 루이 질레Louise Gillet, 1876-1943, 앙드레 모루아André Maurois, 1885-1967, 장 폴랑Jean Paulhan, 1884-1968, 쥘 로맹Jules Romains, 1885-1972, 폴 발레리Paul Valéry, 1871-1945, 제임스 조이스가 호응했다.

셰익스피어 앤 컴퍼니 후원회가 꾸려졌다. 후원금을 갹출하고 작품 낭독회를 열었다. 런던의 엘리엇T.S. Eliot, 1888-1965이 파리까지 와서 낭독회를 열었다. 실비아 비치는 애지중지하던 『율리시스』의 교정쇄 등을 다른 사람에게 양도해야 했다. 위기에서 일단 벗어났다.

1930년대가 끝나가면서 파리는 전장으로 변했다. 젊은이들은 징집되었다. 파리주재 미국대사관은 실비아 비치에게 미국으로 돌아갈 것을 권유했다. 그러나 실비아 비치는 돌아가지 않았다. 돌아갈 여비도 마련하기 어려웠다. "차라리 나치 점령하의 파리에서 친구와 함께 사는 편을 택하기로 했다"고 실비아 비치는 그의 회고록에서 기록하고 있다.

제임스 조이스가 세상을 떠나는 1941년에 실비아 비치의 셰익스피어 앤 컴퍼니도 문을 닫아야 하는 상황에 처한다. 제임스 조이스의 대작 『피네간의 경야經夜』*Finnnegans Wake* 때문이었다.

대형 군용차에서 내린 한 독일군 장교가 서점에 진열되어 있는 『피네간의 경야』를 사고 싶다고 했다. 실비아 비치는 남아 있는 유일본이기에 팔 수 없다고 했다. 장교는 화를 내면서 돌아갔다. 실비아 비치는 곧바로 『피네간의 경야』를 안전한 곳에 숨겨버렸다.

2주 후 장교가 다시 찾아왔다. 『피네간의 경야』는 어디 있느냐고

Some Luck
JANE SMILEY
ZADIE SMITH
ON BEAUTY
THE LAST FLIGHT OF POXL WEST
DANIEL TORDAY
THE CATCHER IN THE RYE
J.D. SALINGER
HOMESMAN
REPLACEMENT
THE THRILL OF IT ALL

BEYOND
THE
HORIZON

물었다. 실비아 비치가 안전한 곳에 옮겨두었다고 하자 장교는 얼굴을 붉혔다. "오늘 중으로 서점을 압류하겠다"면서 차를 몰고 돌아갔다. 실비아 비치는 친구들과 함께 서점의 책과 물건을 모두 위층으로 옮겼다. '셰익스피어 앤 컴퍼니'라는 간판도 페인트로 지워버렸다.

54세의 실비아 비치는 어처구니없게도 독일군에게 체포되어 6개월 동안 수용소에 갇혀 있었다. 수용소에서 풀려났지만 실비아 비치는 서점 문은 다시 열지 않았다. 기력도 쇠약해졌다. 문학가들과 친구들이 서점을 다시 열자고 했지만 실비아 비치는 서점 이름과 같은 제목의 회고록으로 한 시대의 문예사적 풍경을 기록으로 남겼을 뿐이다. 1962년 제2의 고향인 파리에서 향년 75세로 생을 마감했다.

실비아 비치의 서점 정신은 파리에 유학 중인 미국청년 조지 휘트먼George Whitman, 1913-2011에 의해 이어졌다. 1951년 8월 15일에 문을 연 조지 휘트먼의 서점 이름은 '르 미스트랄'Le Mistral이었다. 앨런 긴즈버그Allen Ginsberg, 1926-1997, 로런스 펄링게티Lawrence Ferlinghetti, 1919-, 윌리엄 버로스William Burroughs, 1914-1997, 리처드 라이트Richard Wright, 1908-1960, 윌리엄 스타이런William Styron, 1925-2006, 훌리오 코르타사르Julio Cortázar, 1914-1984, 헨리 밀러Henry Miller, 1891-1980, 윌리엄 사로얀William Saroyan, 1908-1981, 로런스 더럴Lawrence Durrell, 1912-1990, 제임스 볼드윈James Baldwin, 1924-1987 등 비트제너레이션Beat Generation으로 불리는 보헤미안Bohemian 문학가들의 사랑방이 되었다. 1964년 셰익스피어 탄생 400주년을 맞아 조지 휘트먼은 서점 이름을 '셰익스피어 앤 컴퍼니'로 바꾼다. 실비아 비치의 전설이 새롭게 이어지는 것이었다.

조지 휘트먼은 대공황 시기였던 1920년대 초반 달랑 40달러로 미

대륙 횡단여행에 나선다. 멕시코와 중앙아메리카를 관통했다. 차도 없이 걷다가 히치하이킹Hitchhiking을 했다. 열차의 화물칸에 뛰어올랐다. 유카탄반도를 걷다가 지쳐 쓰러졌다. 마야Maya족에게 발견되어 산모의 모유로 회복되었다. 조지 휘트먼은 이 방랑의 체험으로 배고픔과 관용의 정신을 체득했다.

셰익스피어 앤 컴퍼니 여기저기에 메시지가 새겨져 있다. 입구 계단에 "인류를 위해 살아라"Live for Humanity라는 구절이 보인다. 서점 바닥엔 "배고픈 작가들을 먹게 하라"Feed the Starving Writers고 새겨놓았고 2층으로 오르는 머리 쪽에는 "낯선 사람을 냉대하지 마라. 그들은 변장한 천사일지 모르니"Be not inhospitable to Strangers, Lest They be Angels in Disguise라는 『성서』의 한 구절을 새겨놓았다.

조지 휘트먼은 서점을 열면서부터 갈 곳 없는 작가들과 배고픈 지식인들을 위해 수프를 끓였다. 서가와 책 더미 사이에 간이침대를 놓아 잠잘 수 있게 했다. 조지 휘트먼은 자신의 서점을 '잡초여관'Tumbleweed Hotel이라고 불렀다. 가난한 잡초들에게 셰익스피어 앤 컴퍼니는 삶과 사유의 안식처가 되었다. 이곳을 거쳐간 잡초들이 3만 명이나 된다니. 지금도 하루 여섯 명씩 머문다.

서점에 머무는 잡초들에겐 세 가지 일이 주어진다. 하루에 책 한 권 읽기, 두 시간씩 서점 일 돕기, 한 장짜리 자서전 쓰기가 그것이다. 셰익스피어 앤 컴퍼니는 이렇게 쓰인 자서전 1만여 장을 보존하고 있다.

젊은이들의 이 짧은 자서전들은 자신들의 고백록 같은 것이다. 쌓여 있는 자서전에는 삶과 죽음, 꿈과 절망을 담은 사연들이 담겨 있다. 청춘의 고뇌를 보여주는 일종의 사회사적 기록이기도 하다. 이곳을 거쳐간 잡초들은 지금 작가로 당당하게 활동하기도 한다.

셰익스피어 앤 컴퍼니에서 석 달 동안 머문 캐나다의 언론인 출신 작가 제레미 머서Jeremy Mercer, 1971-는 2005년 『시간이 멈춰선 파리의 고서점: 셰익스피어 & 컴퍼니』*Time Was Soft There: A Paris Sojourn at Shakespeare & Co.*를 썼다. 가난한 작가들을 환대해준 위대한 이상주의자 조지 휘트먼의 정신과 사상, 책에 대한 헌신과 실천을 이야기하고 있다. 이 책은 2008년 시공사에서 조동섭 번역으로 출간되었다.

조지 휘트먼은 '파리무료대학'이라는 강좌를 열었고 베트남전쟁 반대운동에 나섰다. 1968년 5월혁명 때는 학생들을 서점에 숨겨주기도 했다.

"가난한 사람들을 봐. 미혼모를 봐. 이런 사람들이 문명의 척도야!"

세계는 아직 유토피아를 발견하지 못했지만 그래도 조지 휘트먼은 그걸 계속 찾아나선다고 제레미 머서는 기록하고 있다.

2006년 프랑스 정부는 실비아 비치의 뒤를 이어 서점의 영원한 전설을 구현해낸 조지 휘트먼에게 '예술과 문화훈장'을 수여했다. "책은 사람을 오래 살게 한다"라고 말하곤 했던 조지 휘트먼은 2011년에 98세로 별세했다. 영국에서 유학하다 2001년 연로하신 아버지 곁에 있기 위해 파리로 돌아온 외동딸 실비아 휘트먼Sylvia Whitman, 1981-, 아버지는 딸의 이름을 실비아에서 따와 지었다은 2005년부터 셰익스피어 앤 컴퍼니를 맡아서 운영하고 있다.

실비아 휘트먼은 새로운 기획을 펼치고 있다. 2003년부터 문학페스티벌을 시작했다. 폴 오스터Paul Auster, 1947-, 윌 셀프Will Self, 1969-, 마르잔 사트라피Marjane Satrapi, 1961-, 필립 풀먼Philip Pullman, 1946-, 하니프

쿠레이시Hanif Kureishi, 1954-, 마틴 에이미스Martin Amis, 1949- 같은 작가들이 초청됐다. 2011년에는 드 그루트 재단De Groote Foundation과 함께 전 세계 작가를 대상으로 하는 '파리문학상'을 제정했다. 매주 월요일에는 문학행사를 연다. 일요일엔 작은 티파티를 한다.

페스티벌 비용은 십시일반으로 마련한다. 참여하는 사람들이 와인이나 샴페인을 들고 온다. 유로스타가 티켓을 보내준다. 몽블랑은 펜을 협찬한다. 참여 작가들과 음악가들에게는 교통비와 숙박비만 제공한다. 2015년 7월 26일 내가 실비아 휘트먼을 만나 셰익스피어 앤 컴퍼니를 취재하던 날, 아일랜드 소설가 폴 머레이Paul Murray, 1975-와의 대화가 진행되고 있었다. 그는 서점에 2주일째 머물고 있는 '잡초작가'였다.

"아버지가 서점이고 서점이 아버지였습니다. 아버지는 전 세계에 수많은 아들딸을 두었습니다. 아버지는 정말 인류를 사랑한 분이었습니다. 너는 여행 안 가도 된다고 했습니다. 책 읽는 것이 여행이라면서요. 그러나 아버지는 지극히 내성적이셨습니다. 행사할 때면 아버지는 구석에서 책을 읽었습니다."

아버지 때는 365일 서점 문을 열었지만 딸이 이어받으면서 성탄절 하루는 쉰다. 전 세계에서 사람들이 몰려오기 때문에 문을 닫을 수도 없다. 1년에 50만 명이 방문한다. 리처드 링클레이터Richard Linklater, 1960-가 연출해 2004년 베를린 영화제에 출품된 「비포 선셋」Before Sunset 첫 장면이 셰익스피어 앤 컴퍼니다. 9년 동안 떨어져 있었던 연인이 셰익스피어 앤 컴퍼니에서 다시 만나면서 이야기가 시작된다. 서점에서 사랑이 이뤄지고 이야기가 전개되는 것이다.

STRANGE ANIMALS

BETWEEN
GODS
the good story

기록영화로도 만들어졌다. 감독 벤저민 서덜랜드Benjamin Sutherland와 곤자그 피헤린Gonzague Pichelin이 연출해 2003년에 개봉된 「한 노인과 서점의 초상」Portrait of a Bookstore as an Old Man이 그것이다. 셰익스피어 앤 컴퍼니에 기숙한 사람들, 샌프란시스코의 서점 시티 라이츠City Lights를 창립한 시인 로런스 펄링게티, 오스트레일리아의 전기작가이자 장서가로 『한 파운드의 종이: 한 책 중독자의 고백』*A Pound of Paper: Confessions of a Book Addict*을 쓴 존 백스터John Baxter, 1939-, 셰익스피어 앤 컴퍼니 이웃의 카페주인들과 학자·교수들을 인터뷰한 영화다. 영국작가 크리스토퍼 길모어Christopher Gilmore, 1940-2004도 영화의 첫 장면에 등장하여 1968년 조지 휘트먼과 처음 만나는 과정을 극적으로 설명한다.

딸 실비아 휘트먼은 2016년 "서점이란 삶의 비즈니스이기 때문에 나는 서점을 시작했다"라고 늘 말하던 아버지 조지 휘트먼의 삶을 담은 책을 펴냈다. 책 제목을 『내 마음의 넝마와 뼈의 서점 그 한 역사』*A History of the Rag and Bone Shop of the Heart*라고 이름 붙였다. 시인 윌리엄 예이츠William Yeats, 1865-1939의 시에서 따왔다. 셰익스피어 앤 컴퍼니를 문 연 실비아 비치, 그녀와 함께 셰익스피어 앤 컴퍼니의 문화와 예술을 펼쳐낸 문학가와 예술가들의 이야기, 실비아 비치에 이어 셰익스피어 앤 컴퍼니의 새 역사를 써낸 조지 휘트먼의 이야기와 정신을 담았다. 셰익스피어 앤 컴퍼니를 드나든 작가·예술가들의 증언과 자료 사진들을 대거 수록했다. 셰익스피어 앤 컴퍼니의 경이로운 역사가 오늘을 사는 우리들을 감격하게 한다.

"셰익스피어 앤 컴퍼니는 '신성한 공공기구'Holy Institution입니다."

한 서점의 전설을 일으켜 세운 아름다운 영혼 실비아 비치와 조지 휘트먼을 잇는 실비아 휘트먼의 젊은 문제의식에, 책을 사랑하고 책 읽기를 일상으로 누리는 세계인들은 경의를 표하면서 그의 향후의 서점운영에 기대를 걸지 않을 수 없다.

2019년 파리의 셰익스피어 앤 컴퍼니를 갔을 때 나는 조지 휘트먼 선생이 영면하고 있는 페르 라셰즈Pere Lachaise 공원묘지를 찾아갔다.

"조지 휘트먼 선생님, 저 동방의 한 출판인입니다. 선생님이 구현하신 셰익스피어 앤 컴퍼니의 책의 정신에 저는 감동합니다. 오늘도 책과 독서를 사랑하는 세계인들이 셰익스피어 앤 컴퍼니를 찾습니다. 선생이 남기신 위대한 문화유산입니다."

페르 라셰즈 공원묘지에는 발자크, 쇼팽 등 프랑스의 근·현대 예술사·정신사를 구현한 기라성 같은 거장들이 영면하고 있다. 조지 휘트먼 선생도 당연히 이 공원묘지에 머물러야 할 터이다.

그가 세상을 뜨기 전에 셰익스피어 앤 컴퍼니를 가면, 나는 먼발치로 선생을 뵐 수 있었다. 한 시대의 문화를 이끈 조지 휘트먼, 그의 묘원에서 나는 그의 존재감을 더 실감하는 것이었다. 한 인간이 생애를 통해 구현해낸 큰 정신은 죽음을 넘어서는 것이다.

무례하다 싶을 정도로 대담한 발상, 공간을 창조하는
거침없는 상상력, 전혀 예상하지 못한 풍경들이 나타난다.
책과 음식, 정신과 신체, 이성과 감성이라는
다른 차원들을 하나로 담아내다니!
그렇다, 진화는 계속되어야 한다. 미지의 세계를
만나기 위해서는 혁명적인 발상을 계속해야 한다.

읽기와 먹기가 하나되는 새로운 개념의 책방

브뤼셀의 쿡 앤 북

"요리가 없다면 예술도 지성도 사라질 것이다"라고 알렉상드르 뒤마Alexandre Dumas, 1802-1870가 말했다. 버나드 쇼George Bernard Shaw, 1856-1950는 "음식에 대한 사랑처럼 진실한 사랑은 없다"라고 했다. 공자孔子, BC 551-BC 479는 "음식을 먹는 것과 남녀가 사랑을 나누는 일은 천하의 가장 기쁜 일이다"라고 했다. 개점 10년도 안 되었지만 유럽의 명소로 자리 잡은 브뤼셀의 별난 서점 쿡 앤 북Cook & Book을 방문하면서 나는 읽기Reading와 함께 먹기Eating의 의미를 새삼 생각하게 된다.

세상에서 가장 별난 서점 쿡 앤 북을 구경하고 체험하기 위해 사람들은 유럽의 네거리 브뤼셀을 찾는다. 업무에 지친 사람들, 빡빡한 스케줄로 스트레스 받는 도시인들은 쿡 앤 북에서 '자유로운 시간'을 누릴 수 있다.

우연인지 필연인지 쿡 앤 북은 '자유로운 시간의 광장 1번지'1place du Temps Libre에 있다. 자유로운 시간의 광장이라니, 오늘의 쿡 앤 북을 위해서 일찍이 작명된 주소일까. 그곳은 읽기와 먹기를 즐기는 사람

1 Place du Temps Libre,
Brussels 1200, Belgium
32-2-761-2600
www.cookandbook.be

folio
Marc Levy
PUISSANCE INTÉRIEURE
ROBBINS

들의 천국이었다.

여느 서점과는 개념과 색깔이 다르다. '북 앤 쿡'이 아니라 '쿡 앤 북'이라는 것도 흥미롭다. 책을 사랑하는 당신은 전혀 다른 무대에서 출현하는 책들과 대면하게 된다. 쿡 앤 북에 들어서면 아무리 근엄한 애서가라도 즐거운 비명을 지르지 않을 수 없을 것이다.

서점과 레스토랑과 카페, 다채로운 문화·예술과 라이프스타일을 융합한 쿡 앤 북은 1,500제곱미터의 전체 공간을 9개 섹션으로 나눴다. 각 섹션에 고유한 주제의 책들을 비치하고 컬러풀한 인테리어로 꾸몄다. 코믹과 여행과 어린이, 미술과 음악, 라이프스타일과 요리와 문학과 인문학이 별나게 존재한다. 벨기에는 프랑스어권이지만 영어는 당연히 통용된다.

무례하다 싶을 정도로 대담한 발상, 공간을 창조하는 거침없는 상상력, 전혀 예상하지 못한 풍경들이 줄줄이 나타난다. 책과 음식, 정신과 신체, 이성과 감성이라는 다른 차원들을 하나로 담아내다니!

그렇다, 진화는 계속되어야 한다. 미지의 세계를 만나기 위해서는 혁명적인 발상을 계속해야 한다. 책의 콘텐츠와 미학은 더 심화되고 더 현란해질 것이다.

"당신은 쿡 앤 북의 1,500제곱미터 공간에서 다양한 지적·예술적 트렌드를 만날 수 있다. 당신이 쿡 앤 북을 방문해야 하는 1,500가지 이유를 우리는 갖고 있다."

쿡 앤 북 홈페이지가 당당하게 내세우는 자기설명이다. 9개 섹션을 답사하고 경험해보면 쿡 앤 북의 설명이 과장이 아니구나 하면서 사람들은 고개를 끄덕이게 된다.

쿡 앤 북은 입구에서부터 고전적인 만화책들이 장악하고 있다. 따뜻한 갈색 서가에 자리 잡은 고전만화들이, 어린이와 어른 모두가 좋아하는 캐릭터들이 반갑게 인사한다. 슈퍼맨Superman과 배트맨Batman, 아스테릭스Astérix와 오벨릭스Obelix가 방문객들을 신나는 세계로 인도한다. 세계의 유명 만화책들이 자태를 뽐낸다. 그 한가운데에 커다란 공용 테이블이 맛있는 식사를 위해 세팅되어 있다.

여행 섹션으로 이어진다. 여행 섹션답게 미국의 에어스트림Airstream 캠핑 카라반이 한눈에 들어온다. 기존 모형에서 새롭게 개조되었다. 우주선 같기도 하고 기차 같기도 하다. 벨기에의 유명 조각가 파나마렌코Panamarenko, 1940-의 작품과도 비슷해 보인다.

안을 들여다본다. 들어가고 싶어진다. 비즈니스 미팅, 로맨틱한 디너, 아이들의 생일파티장으로도 사용된다. 독일의 조명디자이너 잉고 마우러Ingo Maurer, 1932-가 디자인한 '캠벨 통조림' 램프 아래 놓여 있는 초록색·오렌지색 작은 테이블들은 언제라도 목마르고 출출한 고객들을 맞을 준비를 하고 있다. 여행 소개서, 기행 문학서, 테이블북과 더불어 프랑스의 홍차 브랜드 마리아주 프레르Mariage Freres 같은 의외의 제품을 만날 수 있다. 벨기에 사진작가 세르게 안톤Serge Anton, 1966-의 작품도 전시하고 있다.

벨기에의 국기 색깔을 입힌 2층 계단을 오르면 아이들만을 위해 준비된 서점이다. 바닥은 투명유리다. 그 속에는 세계 최대의 모형기차 제작사 마클린Marklin의 대형 레일트랙이 설치되어 있다. 핀란드 디자이너 이에로 아르니오Eero Aarnio, 1932-의 동물의자들이 가운데 놓여 있다.

아이들이 앉아 책 읽고 있다. 벨기에 건축가 카롤라인 노테Caroline

le petit
"vingtième"

HITLER

LEGO
ELVES
7-12
MAGFORMERS
CREATOR
CHIMA
Friends

Notté, 1977-가 디자인한 천장의 조명등이 벨기에 디자이너 디에데릭 반 호벨Diederick van Hovell, 1970-이 디자인한 서가의 책들을 더 영롱하게 한다. 프랑스의 캐릭터 바바파파Barbapapa 쿠션이 앉으라고 눈짓한다.

아트 섹션은 서가와 레스토랑으로 분리했다. 잉고 마우러가 조명을 디자인했다. 덴마크 디자이너 아르네 야콥센Arne Jacobsen, 1902-1971의 의자와 긴 거울테이블이 놓여 있다. 장밋빛과 노란색 유리로 만든 큐브는 아주 현대적인 분위기를 연출한다. 벽에 설치된 지그재그 빨간색 네온 불빛도 놓칠 수 없는 인테리어다. 아트 섹션에서는 순수미술에서 팝아트, 초현대미술까지 다양한 미술책을 만날 수 있다.

아트 섹션을 빠져나와 벨기에의 젊은 아티스트 아르나우드 쿨Arnaud Kool의 그래피티 아트graffiti art로 채워진 복도를 지나면 우리 삶의 즐거운 두 가지 조건인 음악과 와인 섹션이 있다. 클래식, 재즈, 팝, 월드뮤직 음반과 책들이 준비되어 있다. 콘서트나 쇼케이스가 열리기도 하고 단편영화도 상영된다. 프라이빗 파티가 열리고 작은 회의 장소로도 빌려준다.

라이프스타일을 이야기하고 체험하게 하는 그린하우스에는 브뤼셀 거리 곳곳에서 쓰였던 가로등, 각종 공간에 비치된 나무 테이블, 벤치, 의자 등이 반사되어 비치는 유리천장에 백설공주와 일곱 난쟁이들이 뛰어놀고 있는 모습이 벽지가 되었다. 이곳에서 고객들은 가드닝, 인테리어, 뷰티, 건강에 관련된 책들과 연관 상품들을 만날 수 있다. 이것저것 살펴보다 배가 고프면, 야채와 이탈리아 요리로 구성된 예쁘게 디자인된 책을 펼치면 된다.

문학 섹션에서는 고개를 들기 전에 놀랄 준비를 해야 한다. 천장에 무려 800권의 책이 매달려 있기 때문이다. 하늘을 나는 책들의 합창! 나는 늦가을 한강과 임진강 하류 들녘에 수천 마리씩 날아오르는 새들의 군무를 연상했다. 생명과 정신을 살리는 쿡 앤 북의 절정이다.

신간을 소개하는 테이블 위로는 카르텔Kartell 사의 램프가 걸려 있다. 램프 특유의 플리세Plisse 효과램프의 표면을 잔물결처럼 울퉁불퉁하게 가공해서 불을 켜면 무수히 많은 방향으로 빛이 반사되게 하는 효과로 여러 장르의 문학책을 비춘다. 향수, 모터사이클 헬멧, 샴페인 병, 북홀더, 초콜릿 제품을 함께 만나는 재미도 유별하다.

쿡 앤 북에서 '요리와 미식' 섹션이 빠질 수 없다. 이탈리아 본토의 트라토리아Trattoria처럼 꾸민 섹션 '라쿠치나'La Cuchina는 당신을 상상의 이탈리아로 안내한다. 요리 전문가들뿐만 아니라 아마추어를 위한 다양한 책이 누워 있거나 서 있다. 주방용품, 올리브오일, 소금, 후추 등 요리에 필요한 제품도 만날 수 있다.

영어책 섹션은 전통적인 영국 스타일을 살렸다. 고급 호텔풍의 푹신한 카펫이 깔려 있다. 옛날식 서가, S자 모형의 붉은 소파, 작은 램프들이 비춰주는 긴 도서관용 테이블에 영국 국기 유니언잭Union Jack으로 디자인된 천장의 램프 갓이 팝의 이미지를 만들어낸다. 티하우스와 서점을 통합해 영국적인 아늑한 서점 분위기를 느낄 수 있도록 했다. 차와 스콘을 즐기면서 좋은 소설 한 권에 빠져듦 직하다. 영국을 대표하는 문구와 티도 준비되어 있다.

쿡 앤 북을 여행하고 나온 나는 마치 마법에 걸린 것 같았다. 한눈에 봐도 신기한 것들이 수도 없이 많다. 이상한 갤러리 같기도 하고 일찍이 체험하지 못한 기이한 에코뮤지엄Ecomuseum 같기도 하다. 아니면 어른들을 위한 놀이동산인가.

실내뿐 아니라 250명을 수용하는 테라스에서 먹고 마시고 노닐 수 있다. 푹신푹신한 소파에 앉거나 누울 수도 있다. 별천지 같지만 내 집, 내 서재에 앉아 차 마시고 책 읽고 음악 듣는다고 착각하게 하는 서점이다.

유명 작가들과 지식인들이 독자와 대화하는 행사가 정기적으로 기획된다. 전시회와 공연도 열린다. 만화가가 사인회 한다. 벨기에는 만화의 역사가 오래되었다.

어린이들의 책 읽기, 쿠킹 레슨이 진행된다. 아프리카 어린이를 위한 자선행사 프로그램도 촘촘한 일정에 들어 있다.

쿡 앤 북은 정신의 향연, 몸의 향연이 함께 펼쳐지는 책의 유토피아다. 시각적 오브제, 청각적 오브제, 미각적 오브제 이 모든 것이 가능하다. 모든 세대가 몰려와도 받아주는 관용의 특별지구 같은 곳이다.

『브뤼셀의 500가지 숨겨진 비밀』*The 500 Hidden Secrets of Brussels*을 펴낸 벨기에 작가 데릭 블라이드Derek Blyth, 1948-도 그렇게 썼지만, 쿡 앤 북은 세계의 미디어들로부터 "아름다운 서점, 꿈꾸는 서점"이라고 묘사된다. 이 꿈꾸는 서점은 꿈꾸는 사람이 있었기에 가능했을 것이다. 경천동지驚天動地할 개념도 가능했을 것이다.

쿡 앤 북의 데보라 드리온Deborah Drion 대표는 어린 시절부터 서점과 레스토랑을 함께 운영하는 걸 꿈꾸었다. 변호사 일을 하다 남편 세드릭 레게인Cedric Legein과 함께 있는 돈 없는 돈 다 모아 37억 원을 만들어 2006년 꿈을 현실로 만들었다.

"쿡 앤 북이 개점하자마자 다들 혁신적인 개념이라고 칭찬이 자자했지만, 나나 남편이나 무슨 유행의 선도자나 마케팅의 귀재가 아닙니다. 우리는 우선 문화적이고, 친교하는 공간을 만들고 싶었습니다."

벨기에 사람들은 개성적인 미감을 갖고 있다. 가게에 자신의 상품을 진열할 때도 독창적으로 연출한다. 그런데 서점은 왜 딱딱하고 차갑게 느껴질까.

"책들은 하나같이 일렬로 서가에 꽂혀 있었습니다. 우울하기까지 합니다. 우린 기존의 방식을 배울 필요가 없다는 생각까지 했지요. 정형화된 방식에서 벗어나려면 책이든 요리든 우리가 판매하는 물건들을 살아 있게 만들고 싶었어요. 그래요, '비잉 스페이스'Being Space, 살아 있는 공간, 살아가는 공간. 우린 상업적 분위기가 나지 않는 공간을 만들어보고 싶었어요. 자유로운 기분을 느끼고, 친구를 만난 것 같고, 초대받은 것 같은 곳, 긴장이 풀어지는 곳, 마음대로 시간 보내는 곳. 그러나 책의 세계에서는 열정적인 사람들을 만나게 됩니다."

인구 100만의 브뤼셀에는 다양한 나라의 사람들이 머문다. 다국적 회사도 있고 나토와 유럽연합 같은 국제기구도 있다. 쿡 앤 북은 이들 회사와 기관에서 일하는 세계인들이 편하게 만나는 문화적 약속공간이 되었다. 벨기에 국왕 필리프 1세Philippe I, 1960-와 마틸드Mathilde, 1973- 왕비도 찾았다. 프랑스의 사진작가 얀 아르튀스 베르트랑Yann Arthus-Bertrand, 1946-과 영화감독 클로드 를루슈Claude Lelouch, 1937-, 타셴 출판사 사장 베네딕트 타셴Benedikt Taschen, 1961-도 찾았다. 6만 종 이상의 책을 갖고 있는 쿡 앤 북의 레스토랑은 늘 만원사례다. 예약하지

HARPER LEE
GO SET A
WATCHMAN
THE GIRL ON THE TRAIN
THE DARK MEADOW
PETER CAREY
Amnesia

SALE BOOKS
Cute
Cute

AFRO
PANDA ROYAL

Jenny Hval
SOAK

않으면 자리를 잡을 수 없다.

아침 8시부터 밤 12시까지 문을 연다. 서점에서 15명, 레스토랑에서 45명이 일한다. 그러나 러시아워 땐 서점 일과 식당 일을 서로 돕게 한다. 하루 방문객이 5,000명이나 된다. 2012년엔 브뤼셀에 작은 분점을 냈다. 현재 쿡 앤 북 파리점 개관을 진행하고 있다. 2014년엔 70억 원을 매출했다.

미국의 사회학자 레이 올덴버그Ray Oldenburg, 1932-는 1989년에 펴낸 『참 재미있는 공간』*The Great Good Place*에서 '제3의 공간'이라는 개념을 처음으로 사용했다. 그곳은 집도 사무실도 아닌 동네 카페, 술집, 쇼핑몰, 미용실 등을 의미한다. 현대인이 머무는 또 하나의 공간들이다. 일터와 가정에서 쌓인 근심을 잠시 잊는 곳, 이런 제3의 공간은 여러 계층의 사람이 섞이는 아고라 같은 곳인데, 쿡 앤 북이 바로 제3의 공간이다.

재능교육 박성훈朴盛壎, 1945- 회장의 고향 경남 산청山淸에 있는 율수원聿修園 식당채엔 '국이관'鞠二館이라는 현판이 걸려 있다. 단지 배를 채우는 것이 아니라 몸과 정신을 함께 기른다는 뜻으로 『시경』詩經에 나오는 내용이다. 여기 국鞠자는 기를 양養자와 같은 의미다. 옛사람들의 지혜다.

나는 2011년부터 파주북소리를 주관해오고 있다. 책의 소리, 책 읽는 소리의 이미지를 살려 책 읽는 사람과 책 만드는 사람, 책 쓰는 사람들이 손잡고 펼치는 책축제, 지식축제다. 정신의 세계, 인문의 세계를 우리 삶과 어떻게 통합할지를 묻고 대답하는 마당이다.

한 권의 책을 쓰고 만드는 일이란 농사와 다를 바 없다는 생각을 책을 만들면서부터 해오고 있는 나는 파주북소리와 농산물 축제를 같이 해보고 싶다. 몸의 양식에 대한 인문적·생태학적 탐구란 우리 마음을 키우는 책의 세계, 책의 철학일 터이기 때문이다. 책축제, 지식축제 파주북소리의 새로운 진화가 하나의 숙제로 나에게 주어진다. 쿡 앤 북처럼 말이다.

책방마을 헤이온와이를 만든 리처드 부스가 일하는 서재는
무질서했다. 헌책에 새로운 생명을 불어넣는
헌책방운동을 세계인에게 제시한 그의 책방도 무질서했다.
헌책들은 태생적으로 무질서할 수밖에 없을 것이다.
모든 책은 헌책이다. 이 헌책들 속에서 아름다운 이야기와
빛나는 정신이 발굴될 터이다.

세계에 책방마을 운동 펼치는 북필로소퍼

웨일스의 헤이온와이

발터 베냐민Walter Benjamin, 1892-1940은 "무질서가 질서로 보일 정도로 책을 어질러놓는 것이 버릇이 되는 것 말고 달리 무엇을 위해 책을 모은단 말인가"라고 했다. 이탈리아의 청바지 철학저술가 루치아노 데 크레센초Luciano de Crescenzo, 1928-2019의 『나는 무질서한 것이 좋다』*Ordine & disordine*를 우리 출판사가 펴내기도 했지만, 나는 무질서한 것이 때로는 질서정연함보다 더 창조적일 수 있겠다는 생각을 하게 된다.

웨일스Wales의 책방마을 헤이온와이Hay-on-Wye를 만든 리처드 부스Richard Booth, 1938-2019가 일하는 서재는 무질서했다. 헌책에 새로운 생명을 불어넣는 헌책방운동을 세계인에게 제시한 그의 책방도 그의 서재도 무질서했다. 헌책들은 태생적으로 무질서할 수밖에 없을 것이다. 모든 책은 헌책이다. 이 헌책들 속에서 실은 아름다운 이야기와 빛나는 정신이 발굴될 터이다.

Oxford Road, Hay-on-Wye,
HR3 5DG
44-14-9782-0144
www.hay-on-wye.co.uk

4월의 대지는 온통 초록빛이었다. 런던에서 승용차를 빌려 지도를 보아가며 웨일스의 책방마을 헤이온와이를 찾아 나섰다. 봄바람에 실려 오는 흙냄새·풀냄새·꽃냄새가 이국의 대지를 달리는 여인旅人들의 심사를 흔들어놓기에 충분했다. 1994년이었다.

헤이온와이의 존재를 나는 『뉴욕타임스』를 읽고 알게 되었다. 궁벽한 시골이 책의 유토피아가 되어 책 프로그램들이 다채롭게 진행된다는 것이었다. 도리스 레싱Doris Lessing, 1919-2013 같은 작가들과의 대화가 진행되고 세계에 이름을 날리는 뮤지션들이 공연한다고 했다. 나는 열화당悅話堂 이기웅李起雄 사장에게 가보자고 했다. 우리는 그때 한강 하류 파주 벌판에서 '출판도시'라는 거대한 실험을 한창 진행하고 있었다.

런던에서 네 시간을 달려 헤이온와이에 도착했을 때는 봄날의 오후였다. 이 골목 저 골목에 30여 책방들이 자리 잡고 있는 신비로운 풍경. 마구간에 책방을 열었다. 농기구 창고가 책방이 되었다.

우리는 이 책방 저 책방을 돌며 책 사냥에 나섰다. 어느새 서쪽 하늘엔 노을이 내리고 있었다. 나는 『책은 어떻게 만드는가』*How to make books*라는 담뱃갑만 한 책을 책 더미 속에서 발견했다. 100년 전에 만든 것으로 삽화까지 들어 있었다.

귀국하자마자 나는 출판도시 배후에 헤이온와이 같은 책방마을을 기획하고 몇몇 출판인과 구체적인 작업에 나섰다. 그것이 오늘의 '예술인마을 헤이리'다. 파주시 탄현면 금산리에 전해 내려오는 농요 「헤이리소리」에서 마을 이름을 따왔다.

책은 모든 문화예술의 기원이고 결과다. 책은 모든 문화예술 장르로 확장된다. 예술인마을 헤이리는 책과 함께 완성될 수 있겠다는 것이 그때 나의 생각이었다.

헤이온와이는 영국과 웨일스의 접경지대에 있다. 주변이 탄광지대로 '헤이온와이'는 '와이 강의 검은 마을'이란 뜻이다. 광부들이 살던 마을이었지만 폐광이 늘어나면서 쇠락하기 시작했다. 사람들이 마을을 떠나갔다.

이 마을에 옥스퍼드대학에서 역사를 공부한 리처드 부스가 들어왔다. 어린 시절 침대맡에 촛불을 켜놓고 밤늦게까지 아서 랜섬Arthur Ransome, 1884-1967의 동화책들을 정신없이 읽어대던 리처드 부스는 현란한 도시 런던을 버리고 쇠락해가는 마을에 책방을 열었다. 선구적인 발상과 실천이었다. 1962년이었다.

"나는 책에 미쳤습니다. 책 읽는 게 좋았지만 책이라는 물건이 좋았습니다."

세계를 돌면서 헌책을 사들였다. 영국 전역을 돌면서 헌책을 차떼기로 실어왔다. 1980년에는 직원 한 부대를 대동하고 미국에 가서 컨테이너 100개에 책을 실어왔다.

헤이 성城이 싸게 나왔다는 소식을 접하고 바로 사들여 거대한 책방으로 만들었다. 리처드 부스는 책을 구입할 때도 충동적이었지만 부동산을 사들일 때도 충동적이었다. 그러나 헤이 성의 확보는 그 자신이 헌책방 세계의 왕으로 군림하는 계기가 되었다.

세계의 언론을 불러모으는 재주가 있는 리처드 부스는 1977년 4월 1일 만우절에, 헤이온와이를 '책의 왕국'으로 독립선언했다. 왕관을 쓰고 즉위식까지 하는 이벤트를 벌여 헤이온와이는 책을 사랑하는 세계인의 즐거운 화젯거리가 되었다. 폐허가 되어가던 광산촌은 헌

RONALD HUTTON
Shop number
17
in the Guide.
THE
ARTHURIAN
LEGENDS
The Legends of
KING ARTHUR
& The Knights of the Round Table

number two
number two

Lucinda's
BOOKS
Mostlymaps.com
ANTIQUARIAN
SECONDHAND
AND NEW BOOKS
HAY ~ ON ~ WY
01497

책으로 새로운 생명을 되찾는 책과 책방들로 새로운 풍경의 관광마을이 되었다.

리처드 부스의 책방마을 운동은 유럽으로 세계로 퍼져나갔다. 벨기에의 레뒤Redu와 프랑스의 몽트뢰유Montreuil를 비롯한 책방마을이 그의 주도로 추진되었다.

1998년 4월 4일 헤이온와이 독립선포 21주년을 맞아 마을사람들은 리처드 부스를 전 세계 책방마을의 '황제'로 추대하는 또 하나의 사단을 벌였다. 리처드 부스는 "처음 이 소식을 듣고는 놀랐지만, 세계에 책방마을을 만든 주역이니 황제가 될 사람은 나뿐이겠다는 생각을 하게 되었다"는 능청을 부렸다. 일간지 『인디펜던트』*The Independent*는 「괴짜 군주가 역사의 한 페이지를 넘기다」라는 제목으로 이를 대서특필했다.

출판도시와 헤이리에 입주를 시작하던 2002년 여름, 나는 몇몇 동료와 헤이온와이를 다시 찾아갔다. 8년 만에 찾아간 헤이온와이는 더 활기차 보였다. 나는 리처드 부스의 자서전 *My Kingdom of Books* 1999를 집어들었다. 책을 위해 생의 전부를 던지고 있는 한 남자의 통쾌한 철학과 행동이 담겨 있었다. 이 책은 2003년 이은선의 번역으로 씨앗을뿌리는사람에서 『헌책방마을 헤이온와이』라는 제목으로 출간되었다.

2011년 봄 나는 출판도시의 책과 지식축제 '파주북소리'를 준비하면서, 파주시 공무원들과 출판도시 동료들이 함께 유럽의 문화시설을 답사하는 프로그램을 기획했다. 우리는 헤이온와이에 들러 황제 리처드 부스를 알현했다. 왕관을 쓴 리처드 부스는 수만 리를 비행기 타고 자동차로 달려간 우리 일행에게 앉으라고도 하지 않고 헌책

BACK FOLD
BOOKS
£2 EACH
Subjects in shop include:
Paperbacks
History
Poetry
Cookery
Sport
Postcards
Etc.
Modern Fiction
Military
Children's
Transport
Early Penguins
Ephemera
Etc.
BACKFOLD BOOKS
PLEASE
COME IN
& BROWSE
BOOKS ON
THESE
SHELVES
£2.00 EACH
EDITH WHARTON

을 예찬하는 긴 연설을 했다.

"출판사들이 쓸데없는 책을 계속 만들어낸단 말이야. 새로 만들어 내는 책의 내용이 이미 헌책에 다 있다고. 같은 내용의 책을 계속 만들어내는 상업주의! 다이애나Diana, 1961-1997 왕세자비를 다룬 책이 1,000종이나 돼. 인간은 나무로 종이를 만드는 게 문명이라고 생각하면서 인생을 시작하지만, 인생을 마감할 즈음에야 나무는 나무로 존재하는 것이 더 좋다는 생각을 하지."

2015년 8월 초 나는 『조지 오웰』의 저자 고세훈高世薰, 1955- 교수와 함께 다시 헤이온와이를 방문했다. 리처드 부스는 깊은 산속에 있는 '황제의 관저'로 우리를 초대했다. 다시 만난 리처드 부스는 헌책과 헌책방마을에 대한 그의 변함없는 신념과 열변을 토해냈다. 그는 헤이 성 책방을 다른 사람에게 넘기고 상징적으로 작은 책방을 유지하면서, 말과 글로 자신의 책방 철학을 펼치고 있는 것이었다.

"유럽과 아시아에서 헤이온와이를 벤치마킹한 책방이 50군데나 생겨났고, 이렇게 나가면 세계에 책방을 1,000군데나 만들 수 있어요. 세계의 가난한 나라에 북타운을 만들어야 합니다. 가난한 나라에 헌책을 파는 책방이 필요해요!"

새 책은 자본의 논리에서 자유로울 수 없다. 출판사와 작가가 함께 프로모션하는 새 책은 자국경제national economy와 연계되지만 헌책은 국제경제international economy를 이끌어내는 힘이다! 그의 지론이다.

"헌책은 세계를 돌아다니며 자국의 경제와 문화를 전파한다. 인류가 나아가야 할 방향을 제시한다. 지식을 전달하는 순수한 미디어다.

SIDNEY NOLAN

헌책은 친환경적이다."

리처드 부스는 매스미디어mass media에 매우 비판적이다. 사람들의 의식을 획일적으로 이끌고 홍수 같은 정보로 무엇이 정말 우리에게 필요한지 분별하기 어렵게 호도한다. 그는 비판적인 글쓰기를 중단하지 않는다.

"책은 우리를 연대하게 하지만, 매스미디어는 우리를 분열시킨다. 거미를 좋아하거나 새를 좋아하거나, 사람들은 책으로 하나가 된다. 브로슈어들이 관광을 왜곡한다. 사람들을 가볍게 만든다. 얄팍한 브로슈어 때문에 아름다운 자연이 파괴되고 있다. 사람들은 브로슈어가 소개하는 지역만 찾아간다. 얄팍해지는 현대인들의 삶의 행태다. 그러기에 본질적 가치를 담론하는 북투어리즘book tourism이 더 중요해진다."

리처드 부스는 자연과 환경을 파괴하는 정부의 관광정책에 비판의 목소리를 높인다. '부패한 부동산업자들'의 이익을 위해 대중매체들이 '개발'에 앞장서고 있다. 오직 관광을 위해 북타운을 이용한다.

"헌책이 녹색경제의 중심이 될 수 있고 지구온난화를 막을 수 있다. 재활용re-cycling이 아니라 재사용re-using해야 한다. 헌책은 재사용을 할 수 있다."

리처드 부스는 작금의 자신을 '트로츠키언'Trotskyun이라고 규정한다. 낭만적 혁명가 또는 영원한 이상주의자! 그러나 버킹엄궁은 2004년 그에게 저간의 공헌을 기려 대영제국 훈장을 수여했다.

800여 가구에 1,500여 명이 살고 있는 헤이온와이에는 현재 책방 24곳, 제책공방 2곳, 아트숍 20여 곳이 있다. 마을 주변에는 호텔이 30여 곳 있다. 11킬로미터 안에는 B&B까지 80여 개 숙박시설이 있다. 1년 방문객은 25만 명으로 집계된다. 매년 5월 말 '헤이페스티벌'을 연다. 책을 위한 책의 제전이다.

1988년에 시작된 헤이페스티벌은 문학가들이 중심이 되어 대화·강연·음악회 등 200여 프로그램을 진행한다. 28회째를 맞는 2015년 헤이페스티벌은 5월 21일부터 31일까지 열렸다. 15만 명이 다녀갔다.

『뉴욕타임스』는 헤이페스티벌을 "영어권에서 열리는 가장 중요한 축제"라고 평가했다. 토니 모리슨Toni Morrison, 1931-2019과 나딘 고디머Nadine Gordimer, 1923-2014 같은 노벨문학상 수상자, 빌 클린턴Bill Clinton, 1946-과 앨 고어Albert Gore, 1948- 같은 정치인, 노벨평화상을 수상한 데스몬드 투투Desmond Tutu, 1931- 신부가 참가했다. 마틴 에이미스Martin Amis, 1949-와 이언 매큐언Ian McEwan, 1948- 같은 영국작가, 나이지리아 출신작가로 맨부커상을 받은 벤 오크리Ben Okri, 1959-, 맨부커상을 두 번 수상한 여성작가 힐러리 맨틀Hilary Mantel, 1952-, 『대륙의 딸』을 쓴 장룽張戎, 1952-, 줄기세포연구로 노벨생리의학상을 받은 존 거든John Gurdon, 1933-이 참가했다. 유명배우 베네딕트 컴버배치Benedict Cumberbatch, 1976-가 공연했다.

헤이페스티벌은 『타임스』 『BBC』 『가디언』 『텔레그래프』 『뉴욕타임스』, 케임브리지대학, 런던정치경제대학, 체인서점 워터스톤

ALL BOOKS
(in these bins)
£1 each
ALL BOOKS
(in these Bins)
£1 each

ALL BOOKS
(in these bins)
£1 each
BLACK KNIGHTS
THE BLOOD OF HEAVEN
QUEEN STREET

즈Waterstones, 영국박물관 등의 후원을 받는다. 세계인들이 함께 만들어내는 축제다.

2015년엔 편지낭독letters live이 인기를 끌었다. 초청된 인사들이 역사적으로 의미 있는 편지를 낭독하는 프로그램으로 영화배우 주드로Jude Law, 1972-가 나섰다. 영국의 유명 배우이자 작가로 헤이페스티벌의 회장을 맡고 있는 스티븐 프라이Stephen Fry, 1957-와 헤이페스티벌의 창립자 피터 플로렌스Peter Florence, 1964-의 대담은 티켓이 매진되었다.

작가 가즈오 이시구로Kazuo Ishiguro, 1954-가 신작 『묻혀진 거인』*Burried Giant*을 이야기했다. 바이올리니스트 나이젤 케네디Nigel Kennedy, 1956-가 연주했다.

2015년은 마그나 카르타Magna Carta The Great Charter of Freedom, 1215가 선포된 지 800주년이 되는 해였다. 그 정신과 사상을 새롭게 인식하는 특별 프로그램이 기획되었다. 법률가·작가·외교관들이 참가해 언론자유, 여성평등, 새로운 정치, 법의 지배, 대학의 변화, 국제법 등을 강연하고 토론했다.

헤이페스티벌의 프로그램은 대부분 유료다. 2014년에는 유료 티켓이 25만7,000장 판매되었고 2015년에는 24만2,000장이 판매되었다. 생각하는 저널리스트들의 후원이 이어지고 있다. 지식인·작가·예술가들의 헌신적인 참여가 수준 높은 프로그램을 가능하게 한다.

예수님은 입으로 들어가는 것보다 입에서 나오는 것이 더 중요하다고 했다. 먹는 것보다 말하는 것, 생각하는 것이 더 중요하다. 책 읽기가 우리의 일상적 미션으로 주어진다.

책의 심장heart of books!

책은 생명이다. 인간의 삶을 새롭게 한다.

20세기에 이어 21세기의 문화유산이 되고 있는 책방마을 헤이온와이, 책방마을 헤이온와이를 만들고 이끈 거인 리처드 부스의 철학과 문제의식. 그는 올해 78세다. 그러나 그에겐 아시아와 아프리카와 남아메리카에서 책방 만드는 일을 도와달라는 요청이 이어진다. 중국에서 진행되는 책방마을을 돕고 있다.

나는 지난 2011년 가을 파주북소리에 그를 특별강연자로 초청했다. 책의 힘, 책의 심장을 젊은이들에게 강연했다.

"판타스틱Fantastic!"

북소리 개막식에서 그는 이 한마디로 축사했다.

"이 지구에는 헌책이 수천억 권 있다.
이를 재사용해야 한다.
가장 큰 녹색경제다."

우리 시대에 책의 가치, 진정한 독서의 철학을 새롭게 제시한 북필로서퍼 리처드 부스 선생은 2019년 서거하고 말았다.

2015년 여름, 마을 깊숙한 숲속에 존재하는 책의 황제 궁궐에서 나는 식사를 대접받는 영광을 누렸다. 그때 황제의 건강은 악화되어 있었다. 그러나 헌책의 가치를 이야기할 때 황제의 목소리는 우렁찼다. 두 시간 동안의 오찬 파티를 끝내고 사진도 같이 찍었다.

나는 "다시 알현하러 오겠습니다"라고 인사했다. 책의 황제 리처드 부스 선생의 책의 철학, 책의 정신은 나의 가슴에 각인되어 있다.

숲의 나라 노르웨이 사람들은

책 읽기를 즐기는 지혜로운 사람들이다.

책의 가치, 책 읽기의 행복을 일찍이 터득한 독서인들이다.

트론스모서점에 나들이하는 오슬로 시민들의

편안한 표정에서 그것을 읽을 수 있다.

오슬로 시민들의 문화공동체

오슬로의 트론스모

한참 오래전 노르웨이를 여행했다. 그때 우리 일행을 태워준 버스 기사는 버스의 수준 높은 사운드로 노르웨이의 음악가 에드바르 그리그Edward Hagerup Grieg, 1843-1907의 음악을 들려주었다. 우리는 노르웨이의 바다와 땅과 하늘과 숲을, 그 빛과 바람을 체험하면서 그리그의 음악에 흠뻑 빠지는 여행을 누렸다.

노르웨이의 위대한 극작가 헨리크 입센Henrik Johan Ibsen, 1828-1906은 그리그에게 노르웨이의 민속설화를 소재로 한 자신의 작품 『페르귄트』*Peer Gynt*를 음악으로 만들어달라고 부탁했다.

세계인이 사랑하는 「솔베이지의 노래」Solveigs Lied는 이렇게 만들어지는 것이었다. 방탕아로 세계를 유랑하는 페르귄트를 오매불망 기다리는 고향의 연인 솔베이지의 간절한 염원이 실린 노래다.

겨울이 가면 봄이 오고
또 겨울이 가면 봄이 오겠지요.

Universitetsgata 12,
0164 Oslo, Norway
47-2299-0399
www.tronsmo.no

TRONSM

그리고 여름이 가고 한 해가 가겠지요.
그러나 언젠가 그대가 돌아올 거라 굳게 믿고 있어요.
전 확실히 알아요.
그래서 난 약속대로 그대를 기다립니다.
난 기다릴 거라 약속했어요.

우리는 그리그의 고향집을 방문했다. 다시 고향집 옆에 있는 작은 음악당에서 포핸즈의 피아노 연주를 들었다. 그리그의 노래들이었다.

음악회가 끝나고 무대 뒤 커튼이 열렸다. 바다가 보였다. 우리는 무대에 등장하는 바다를 만나면서 탄성을 질렀다.

우리는 음악당과 함께 있는 작은 식당에서 특별한 식사를 했다. 그리그의 음악과 함께 찬란한 바다의 빛을 온몸으로 받으면서.

우리 일행은 함께 배를 타고 피오르 해안을 여행했다. 이 바다와 산과 숲, 자연과 더불어 사는 노르웨이 사람들의 심성이 아름다울 거라 생각했다. 피오르의 깊은 해안에 있는 작은 책방마을을 방문했다.

가을이 깊어가는 10월, 세계인들이 사랑하는 화가 에드바르트 뭉크Edvard Munch, 1863-1944의 나라 노르웨이는 단풍으로 깊게 물들고 있었다. 그날 저녁 오슬로 시민들의 사랑방 트론스모Tronsmo서점에서는 소설가 칼 오베 크나우스고르Karl Ove Knausgård, 1968-가 젊은 후배작가 케넷 뫼Kenneth Moe, 1987-와 토크이벤트를 진행하고 있었다. 총 6권 3,600쪽이 넘는 대작 『나의 투쟁』*Min Kamp*으로 세계 문단을 발칵 뒤집어놓고 있는 크나우스고르가 케넷 뫼의 데뷔작 『불안』*Rastløs*을 격려하는 이벤트였다.

오슬로의 명문출판사 폴라에 옥토버Forlaget Oktober가 펴낸 새로운 소설 『나의 투쟁』은 전 세계에 '크나우스고르 현상'을 일으키는 문제작으로 평가되면서 현재 35개 나라에서 출판되었거나 번역작업이 진행되고 있다. 나는 우리가 펴낼 『나의 투쟁』의 작가 크나우스고르를 만날 겸 트론스모서점을 취재하러 오슬로에 갔다.

노르웨이의 지식인·작가들은 새 책을 펴내게 되면 으레 트론스모서점에서 출판기념행사를 겸한 토크행사를 한다. 젊은 작가들이 트론스모서점에서 토크행사를 하는 것은 작가로서의 통과의례通過儀禮 같은 것이다.

이날 크나우스고르는 케넷 뫼에게 물었다. 책을 처음으로 내는 소감이 어떠냐고. 뫼는 "떨린다"라고 했다. 크나우스고르는 "나도 떨린다"면서 후배를 다독였다.

세계 문학계에 돌풍을 일으키고 있는 '젊은 거장' 크나우스고르는 후배들의 든든한 선배 노릇을 하고 있었다. 노르웨이 사회의 따뜻한 문예적 풍경을 나는 그날 트론스모서점에서 보았다.

1980년대 초반에 트론스모서점을 방문한 바 있는 미국 시인 앨런 긴즈버그Allen Ginsberg, 1926-1997는 "세계에서 가장 아름다운 서점"이라는 메시지를 남겼다. 비트제너레이션Beat Generation을 이끌면서 물질주의와 군국주의, 성적 억압을 반대하는 문예운동의 최전선에 나선 앨런 긴즈버그의 대표작 『울부짖음』*Howl and Other Poems*, 1956은 현대 미국사회에 대한 격렬한 탄핵이자 통렬한 애가哀歌였다. 샌프란시스코의 전설적인 서점 '시티 라이츠'City Lights와 파리 문예운동의 한 중심인 '셰익스피어 앤 컴퍼니'Shakespeare & Company에 드나들면서 세계인들

Tronsmo

에게 평화정신을 각인시킨 앨런 긴즈버그는 누구보다도 먼저 오슬로의 트론스모서점에 주목했다.

영국의 소설가이자 영화작가이며 그래픽 노블 작가인 닐 게이먼Neil Gaiman, 1960-도 트론스모를 "세계에서 가장 쿨한 서점"이라고 했다. 미국의 뮤지션 루 리드Lou Reed, 1942-2013는 2006년 오슬로에서 공연하면서 그의 사진집 출간행사를 트론스모에서 열었다.

이미 수년간 노벨문학상에 노미네이트되고 있는 노르웨이의 소설가 욘 포세Jon Fosse, 1959-도 트론스모의 단골독자다. 노르웨이의 왕자와 왕자비도 들르는 서점이다. 오슬로대학의 박노자朴露子, 1973- 교수도 일주일에 한 번쯤은 들른다고 했다.

1973년 이바 트론스모Ivar Tronsmo의 아이디어로 문을 연 트론스모서점은 이후 진보주의자들의 아지트였다. 뭉크와 입센과 그리그의 문화적·예술적 전통에 빛나는 노르웨이. 트론스모서점은 인구 500만밖에 안 되는 나라의 인문적·예술적 담론의 품격을 지켜나가는 문화기구가 되고 있다. 여기에 요한 갈퉁Johan Galtung, 1930-의 평화학이 있다. 갈퉁이 주도한 오슬로의 평화연구소는 1960년대 국제평화연구의 새로운 문제의식이었다.

매주 목요일에 열리는 트론스모서점의 대화 모임에는 오슬로의 지식인과 작가가 으레 참석한다. 초기엔 사회주의적인 문제들이 중심주제였지만 최근엔 빈부 격차나 사회적 이슈를 담론한다.

트론스모서점은 처음부터 베스트셀러와는 무관했다. 대형출판사와 서점협회에서 발표하는 베스트셀러를 염두에 두지 않고 독자적으로 타이틀을 선정해서 비치한다. 노르웨이에는 현재 인터넷 서점 말고 600여 개의 서점이 있는데, 트론스모서점은 '독립서점'으로서의 문제의식을 한사코 견지한다. 100여 개의 체인을 갖고 있는 아르크Ark서점과 120여 개의 체인을 갖고 있는 노르리Norli서점이 있지만 독립서점은 두서너 곳이 있을 뿐이다. 트론스모서점은 '오슬로 시민들이 필요로 하는 책'을 비치하면서 오슬로 시민들의 문화적 의식에 부응하는 서점이다.

트론스모서점은 어느 개인이나 회사가 운영하는 서점이 아니다. 100여 명의 주주가 함께 참여하는 문화공동체다. 주주들에게 배당 같은 건 물론 하지 않는다. 트론스모서점의 주식을 갖고 있다는 것은 오슬로 시민으로서의 명예와 긍지다. 주식을 사려 해도 내놓는 주주가 없다. 트론스모서점에 주주로 참여함으로써 사회적·문화적으로 일정 부분 기여한다는 생각을 할 뿐이다.

주주 총회가 1년에 한 번 정도 열리지만 보고를 받을 뿐이다. 이사회가 있지만 경영은 경영자들에게 전적으로 위임한다. 폴라에 옥토버 출판사와 팍스Pax 출판사도 대주주이지만, 이들도 서점과 지식인 운동을 성원한다고 생각한다.

"트론스모서점을 통해 우리는 세계를 읽는다."

트론스모서점이 창립 때부터 내세운 문제의식이다. 정치·사회·역사·국제·경제·라틴아메리카·아시아·중동·문학·예술·논픽션이 트론스모서점이 구비하는 책의 중심주제다.

"다른 서점에 없는 책들도 트론스모서점에 가면 만날 수 있다."

특정 작가의 컬렉션 코너를 설치하기도 한다. 『우체국』*Post Office*과 『여자들』*Woman*을 쓴 독일 출신의 소설가 찰스 부코스키Charles Bukowski,

1920-1994의 특별코너를 설치하기도 했다.

트론스모서점은 "노르웨이의 만화가들을 데뷔시키는 서점"이라고도 이야기된다. 지하에는 세계의 고전만화들이 비치되어 있다. 『샌드맨』*The Sandman*을 그린 미국의 만화가 닐 게이먼Neil Gaiman, 1960-, 도널드 덕Donald Duck을 그린 미국의 돈 로사Don Rosa, 1951-의 작품들을 접할 수 있다. 물론 노르웨이의 만화작가 리스 마이어Lise Myhre, 1975-의 작품들도 있다.

노르웨이의 중견 만화작가 라르스 피스케Lars Fiske, 1966-는 12세 때부터 아버지 손을 잡고 트론스모서점을 찾았다. 지하의 고전만화 코너에 살다시피 하면서 만화가로서의 꿈을 키웠다. 만화가로서 그의 생각을 키워준 트론스모서점의 안팎을 장식하는 작품을 기증했다. 그의 부인 안나 피스케Anna Fiske도 남편과 함께 트론스모서점에 작품을 기증했다.

2014년 창립 40주년을 맞아 서점 앞 광장에서 하루 종일 토론하고 낭독하고 음악회 열면서 '책과 정신의 축제'를 펼쳤다. 지식인·예술가·작가·저자들이 모여들었다. 시민들은 독자의 자격으로 축제의 주빈이 되었다.

트론스모서점은 현관 벽에 흰 종이를 한 장 붙여놓았다.

"우리 서점에 이런 것은 없습니다."

일회용 문신, 우표, 자물쇠, 종이 인형, 냅킨, 풀, 호루라기, 장식용 안경, 올림픽 포스터 등 56가지다. 요즘 서점들은 잡화점이 되어가고 있다. 잡화점이 되지 않겠다는 트론스모서점의 자기천명이다.

트론스모서점은 인문·문학·예술을 주제로 하는 서점이지만 갤러리와 미술관 역할도 한다. 기증했거나 임대해준 미술·사진 작품들이 곳곳에 전시되어 있다. 노르웨이의 미술가 해리톤 푸시바그너Hariton Pushwagner, 1940-2018의 작품이 걸려 있다. 미국의 여성로커 패티 스미스Pati Smith, 1946-의 사진도 걸려 있다. 미술·사진·만화 전시회가 기획된다. '모든 사람을 위한 트론스모'에 동의하는 예술가들의 예술정신이다.

노르웨이와 스웨덴, 핀란드와 아이슬란드 등 북유럽 국가들이 제정한 '노르딕평의회문학상'을 수상한 소설가 페르 페테르손Per Petterson, 1952-은 트론스모서점에서 12년 동안 근무한 바 있다. 트론스모서점에서의 경험을 그의 작품 『항적』航跡, *I Kjølvannet*에 쓰고 있다. 에세이집 『문 위에 걸린 달』*Månen over Porten*에서도 그 풍경을 그린다. 페르 페테르손은 새 책을 낼 때마다 트론스모서점에서 신간출시 행사를 한다. 우리 출판사도 페르 페테르손의 근작 『나는 거부한다』의 출간을 진행하고 있다.

헨릭 호블란Henrik Hovlan, 1965-과 토릴 코프Torill Kove, 1958-가 함께 제작한 그림책 '요한네스 옌센'Johannes Jensen 시리즈의 주인공인 악어 요한네스 옌센이 사랑에 빠진다. 트론스모서점이 그 현장이다.

트론스모서점에서 일하다가 출판사로 옮긴 중견 편집자들도 숱하다. 크나우스고르가 참여하고 있는 출판사 펠리카넨Pelikanen에서 일하는 에이리크 뵈Eirik Bøe도 그렇다.

2015년 3월 트론스모서점이 세들어 있는 건물의 주인이 그 자리에 쇼핑몰을 새로 짓겠다고 결정하자 작가·지식인·예술가·독자들이 연대하여 '모든 사람을 위한 트론스모' 운동을 펼쳤다. 이 운동은 온

SET

라인에서 금세 시민문화운동으로 확대되었다. 작가 페르 페테르손과 스테펜 크베르넬란Steffen Kverneland, 1963-, 톰 에겔란Tom Egeland, 1959-, 에릭 포스네스 한센Erik Fosness Hansen, 1965-이 나섰다. 라르스 피스케 부부 등 아티스트들, 문화·예술 관계자들과 언론인들이 나섰다. 출판사 카펠렌 담Cappelen Damm과 아스케하우그Aschehoug, 윌렌달Gyldendal, 폴라에 옥토버가 참여했다.

트론스모서점의 어려움을 전해 들은 독자들이 페이스북에 '트론스모를 지키는 사람들'을 만들었다. 며칠 사이에 1만 명을 넘어섰다. 라르스 피스케는 일간신문 『닥스아비센』*Dagsavisen*의 문화면에 일러스트를 실었다. '멍청이들의 도시'Idiotby라는 제목을 달았다. 트론스모서점 살리기 운동에 서명한 시민들이 폭발적으로 늘어났다.

"트론스모서점이 없으면 오슬로 지성이 죽는다."

한 남성 독자가 트론스모서점에 와서 1,000크로네14만 원를 주고 갔다. 한 여성 독자가 2,000크로네를 주고 갔다. 경영진들은 이름도 모르는 독자들의 성원에 감동했고, 백방으로 서점 살리기를 모색했다. 여기에 노르웨이의 대표적인 문화재단 '프릿 오르'Fritt Ord 재단에서 50만 크로네7,000만 원를 트론스모서점에 기부했다. 프릿 오르 재단은 노르웨이의 자유언론을 지키기 위하여 문화·언론단체를 후원하고 있다. 오슬로 문학회관도 프릿 오르의 후원을 받아서 운영한다.

1999년에도 트론스모서점은 부도 위기를 당했다. 독자들과 사회단체의 도움으로 이 어려움을 이겨낸 바 있다. 트론스모서점을 아끼는 시민들의 지극정성이 참 대단하다.

트론스모서점은 2015년 9월 독자와 저자, 작가와 예술가들의 성원으로 더 크고 좋은 공간으로 이전할 수 있었다. 미술가들이 자원하여 새 서점의 안팎을 꾸며주었다. 시민들의 격려 메시지가 쇄도했다.

트론스모서점이 새로 이전한 유니베르시텟츠가타Universitetsgata는 더 문화적인 거리가 되었다. 인근에 이미 자리 잡고 있는 고서점과 큰 체인서점이 어우러져 책의 거리가 되었다. 책을 사랑하는 시민들이 나들이하는 거리가 되었다.

트론스모를 경영하고 있는 에바 토르센Eva Thorsen, 1957-은 어릴 때부터 책벌레였다. 『거장과 마르가리타』*The Master and Margarita*를 써낸 우크라이나 작가 미하일 불가코프Mikhail Bulgakov, 1891-1940와 『군중과 권력』*Masse und Macht*으로 노벨문학상을 수상한 독일의 엘리아스 카네티Elias Canetti, 1905-1994를 좋아한다. 청소년 시절 도서관에서 빌려온 책이 너무 많아 어머니가 자동차에 실어 반납하곤 했다. 큰 체인서점에서 7년간 일하다가 트론스모서점으로 와서 20년째 일하고 있다.

"독자와 저자와 시민의 성원에 늘 감동하면서 일합니다."

올해 82세인 어머니도 책 읽기에 빠져 있다. 고전만화를 즐겨 읽는다. 크나우스고르의 『나의 투쟁』 전 6권을 독파해냈다.

노르웨이인들의 독서율은 아주 높다. 국민 1인당 연 17권의 책을 읽는 것으로 집계되고 있다. 전 인구의 73퍼센트가 서점에서 책을 사 본다. 93퍼센트가 1년에 한 권 이상의 책을 읽는다. 서점에서 연간 판매되는 타이틀은 4만 5,000권이다.

공공도서관이 1,000곳이나 된다. 출간되는 거의 모든 책을 공공도서관이 구입한다. 정가제를 실시하고 있다. 다른 상품에는 부가세가 25퍼센트 붙지만 책에는 부가세가 없다. 평균 책값은 200크로네3만 원로, 백야白夜인 여름보다 밤이 긴 겨울에 집중해서 독서한다.

『우신예찬』愚神禮讚을 저술한 지혜의 사람 에라스뮈스Erasmus, 1466-1536는 일찍이 우리들에게 말한 바 있다.

"나에게 돈이 생기면 우선 책을 사겠다. 그러고도 돈이 남으면 빵과 옷을 살 것이다."

먹고 마시고는 돈이 없다고 한다. 책이 비싸다고도 한다. 다른 일은 다 하면서 책 읽을 시간이 없다고도 한다. 글자를 안다고 독서인讀書人이라고 할 수 없을 것이다. 글자는 알지만 책을 읽지 못하는 '책맹'冊盲이 우리 주변 도처에 존재한다.

숲의 나라 노르웨이 사람들은 책 읽기를 즐기는 지혜로운 사람들이다. 책의 가치, 책 읽기의 행복을 일찍이 터득한 독서인들이다. 트론스모서점에 나들이하는 오슬로 시민들의 편안한 표정에서 나는 그것을 읽을 수 있다.

국무총리도 청바지 차림으로 경호원 없이 청사 앞 거리에서 소시지를 사먹는 나라가 노르웨이다. 국왕도 경호원 없이 전동차를 타고 외곽의 스키장으로 나들이하는 나라 노르웨이에는 아주 특이한 서점이 열리기도 한다. 아스케하우그 출판사 직원으로 추리소설 작가인 요 네스뵈Jo Nesbø, 1960-의 편집자이기도 한 크리스티안 셀스트롭이 가끔 돌출서점을 연다. 『불안의 책』*Livro do Desassossego* 작가인 페르난두 페소아Fernando Pessoa, 1888-1935의 책만 파는 '불안서점'을 한 달간 열었다. 페르난두 페소아의 팬인 왕자가 그 작은 서점에 와서 책을 사 갔다. 노르웨이 작가의 책만 파는 '바이올린서점'을 사흘간 열기도 했다.

2013년 트론스모서점은 오슬로 시가 수여하는 '올해의 예술가'상을 받았다. 2014년 창립 40주년을 맞아 그동안 쌓인 자료들로 기획한 것이 '올해의 가장 아름다운 책'으로 선정되어 그라필Grafill상을 수상했다. 1,500부 한정판인데 에바 토르센은 나에게 제528권째를 방문

선물로 주었다.

2015년에는 문학인과 언론인에게 수여하는 '올해의 황금상' 가운데 최고상인 '황금달걀상'Gullegget을 에바 토르센과 그의 남편이자 시인인 테리에 토르센Terje Thorsen이 함께 수상했다. 서점과 서점인의 역할과 가치가 이렇게 평가되고 있다. 사실은 놀라운 일이 아니라 당연한 일일 것이다.

유명작가뿐 아니라 이름 없는 신진작가에게도 비중을 두어 다양한 행사를 여는 트론스모서점. 책 팔기 위해 온갖 수단과 방법을 동원하는 베스트셀러 서점이 아니다. 독자들이 필요한 책을 편안하게 살펴볼 수 있다. 난리를 치는 상업적인 서점이 아니기에 사실은 더 많은 독자의 사랑을 받는다.

오슬로 시민들이 여유롭게 사유하는 주제적 공간이자 노르웨이의 문화적 품격을 반듯하게 지켜나가는 트론스모서점. 우리는 이런 서점을 명문서점이라고 칭송한다.

나는 오슬로를 떠나는 날 일찍 뭉크 미술관을 찾아갔다. 오슬로를 여행하면서 뭉크를 보지 않는다면 예의가 아닐 것이다. 뭉크는 내가 좋아하는 예술가 반열의 선두에 늘 선다. 크나우스고르는 물론 소설가이지만 그는 전방위 작가다. 음악과 미술은 그의 소설에 중심구성이다. 뒤셀도르프에 열린 뭉크특별전을 기획하기도 했다. 『에드바르트 뭉크의 미술』을 써내기도 했다.

입센과 그리그와 뭉크와 크나우스고르의 나라 노르웨이. 그 바다와 산악 대륙과 숲의 나라 노르웨이. 트론스모서점을 함께 성원하는 오슬로 시민들. 그 오슬로에 나는 다시 가고 싶다.

젊은 부부의 생각은 적중했다.
무너져 내린 건물의 안팎을 수리해
2010년에 문을 연 중고서점 미드타운 스콜라는
낙후한 지역 일대를 '재생'시키면서
일약 미국 동부의 주목받는 서점이 되었다.
"서점은 사람들을 만나게 합니다.
지식과 지혜를 공급합니다.
책을 읽고 세상 돌아가는 일을 토론합니다."

낙후된 도시와 지역을 책과 서점이 재생시킨다

펜실베이니아의 미드타운 스콜라

'천국은 도서관 같은 곳'일 거라고 보르헤스Jorge Luis Borges, 1899-1986는 말했지만, 서점이야말로 천국이다. 언제나 열려 있어 온갖 영혼의 책들과 자유롭게 만날 수 있는 책을 위한 책의 공간이다. 도서관보다 더 열려 있는 책의 숲, 지식과 지혜의 자유 공간이다.

서점에는 없는 것이 없다. 동서고금의 현인들이 이야기해준다. 어떻게 살 것인지를 묻고 대답해주는 책들이 있다. 거장들의 예술을 만날 수 있다. 돈 벌고 돈 쓰는 방법도 있다. 온갖 정보를 얻을 수 있다. 그러나 이 책은 읽어야 한다, 그런 생각은 안 된다는 법이 없다. 도그마가 없다. 우상도 없다. 자유로운 사유의 공간이다.

폐허가 되어 방치된 극장이 모든 주제가 존재하고 모든 사유가 허용되는 서점으로 다시 탄생했다. 미국 펜실베이니아의 주도州都 해리스버그Harrisburg의 '미드타운 스콜라'Midtown Scholar가 바로 그 서점이다. '극장서점' 미드타운 스콜라는 서점으로의 새로운 변신으로 지역

1302 N 3rd St. Harrisburg,
PA 17102, USA
1-717-236-1680
www.midtownscholar.com

EXIT
FIRST WORDS
Abandoned America
MARCH MYSTERIES
The Early
PUNCH

ART HISTORY
AMERICAN HISTORY
EXIT
COFFEE
HOUSE COFFEE
OTHER DRINKS

을 새롭게 일으켜 세우고 있다.

1920년대에 지어진 이 극장은 백인과 흑인이 함께 어울리는 나름 해리스버그의 명소였다. 펜실베이니아에서 최초로 백인과 흑인이 함께 영화를 관람하는 역사적 공간이었다. 예일대 출신의 동갑내기 부부 에릭 파펜푸세Eric Papenfuse, 1971-와 캐서린 로런스Catherine Lawrence는 버려져 있는 이 극장을 발견했다.

젊은 부부의 생각은 적중했다. 무너져 내린 건물의 안팎을 수리해 2010년에 문을 연 중고서점 미드타운 스콜라는 낙후한 지역 일대를 '재생'시키면서 일약 미국 동부의 주목받는 서점이 되었다.

"서점은 사람들을 만나게 합니다. 지식과 지혜를 공급합니다. 책을 읽고 세상 돌아가는 일을 토론합니다."

미드타운 스콜라에서는 일주일에 20여 프로그램을 진행한다. 저자들이 사인회를 하고 독자들과 대화한다. 인디 뮤지션들의 무대가 된다. 클래식이 연주된다. 북클럽의 토론장이 된다. 지역 작가들을 배려한다. 어린이책의 작가들을 초청한다. 어린이들의 스토리텔링 행사가 열린다. '리틀 스콜라' 프로그램이다.

현실적인 주제로 강연회와 토론회를 이어간다. 폭력과 죽음으로 점철된 콩고 내전으로 아버지를 잃고 미국으로 망명해온 아프리카의 청년 마카야 레벨Makaya Revell, 1986-이 그의 슬픈 가족사를 이야기한다. 펜실베이니아 출신의 젊은 영화작가이자 베스트셀러 저자인 아산테M.K. Asante, 1982-의 생각과 목소리를 듣는다.

"왜 이런 모험을 하느냐고 걱정들 했지만, 지금 커뮤니티칼리지가 이 지역에 문을 열었습니다. 미술관이 개관했습니다. 영화관이 다시 생기기 시작했습니다. 아트숍과 카페와 식당들이 문을 열고 있습니다. 젊은이들이 찾는 지역이 되었습니다."

다시 젊은이들이 모이는 도시가 된 해리스버그는 자동차로 뉴욕에서 3시간, 워싱턴에서 2시간, 필라델피아에서 2시간, 볼티모어에서 2시간 걸린다. 주말이면 이런 도시의 사람들이 미드타운 스콜라를 찾는다. 7~8시간 차를 몰고 오는 충성독자들도 있다. '스콜라'라는 서점 이름에 걸맞게 인문서와 학술서를 대량 확보하고 있다.

고서점 오너들은 책을 사냥하러 동서남북을 뛰어다닌다. 여러 해 전 영국 웨일스 지방 책방마을 헤이온와이Hay-on-Wye를 방문했을 때, 나는 책방마을 운동을 선구적으로 전개한 리처드 부스에게 그의 책 사냥 이야기를 들었다. 영국은 물론이고 뉴욕으로 어디로 책을 찾아 다니는 리처드 부스가 해리스버그에도 왔었다. 10여 년 전 에릭 파펜푸세는 그의 서점에 와서 책을 뒤지고 있는 리처드 부스를 만났다. 둘은 신나게 책을 토론했다.

에릭 파펜푸세는 열정적인 북헌터다. 팔겠다는 책이 나타나면 어디든 달려간다. 2002년에는 텍사스의 작은 도시 아처시티Archer City에 갔다. 한때 미국 헌책방의 전설이었던 '북드 업'Booked Up이 문을 닫는다고 했기 때문이었다. 소설 『고독한 비둘기』*Lonesome Dove*로 1986년 퓰리처상을 수상하기도 한 래리 맥머트리Larry McMurtry, 1936-가 갖고 있는 책 45만 권 가운데 30만 권을 경매한다는 것이었다.

책이 귀한 마을에서 자라났지만 독특한 문학세계로 일가를 이룬 래리 맥머트리는 그의 고향에 헤이온와이 같은 책방마을을 꿈꾸었다. 그러나 은퇴하면서 60년 이상 열었던 서점 문을 닫아야 했다. 『뉴욕타임

MIDTOWN SCHOLAR ~ ONE OF AMERICA'S GREAT INDEPENDENT BOOKSTORES
COF

INSONS
~ ART ~ LIVE MUSIC ~ BOOKS
MidtownScholar
BOOKSTORE • CAFÉ
Now Open 7 Days!

스』가 안타까운 이 소식을 전했고 여러 서점인이 대형트럭을 몰고 아처시티로 달려갔다. 에릭 파펜푸세는 5만 권의 책을 실어왔다.

파펜푸세 부부가 학창시절에 노스캐롤라이나에서 늘 찾던 서점 매킨타이어 앤 모어McIntyre & More도 오너가 은퇴하면서 2012년에 문을 닫았다. 부부는 거기 가서 10만 권을 실어왔다.

"독립서점은 대를 이어 운영하기가 쉽지 않아요. 정신노동이자 육체노동이거든요."

미드타운 스콜라의 직원은 60여 명. 온라인 비즈니스도 한다. 그러나 에릭 파펜푸세는 종이책의 유용성과 가능성을 환기시킨다.

"전자책을 보거나 온라인으로도 책을 볼 수 있지만, 종이책을 몸으로 만져보고 뒤져보면서 미처 몰랐던 새로운 세계를 발견하게 됩니다."

전자책으로도 지식과 정보는 얻을 수 있다. 그러나 전자책으로 인간의 진정한 심성을 가슴으로 만날 수 있을까. 인간의 숨소리를 들을 수 있을까. 육성을 들을 수 있을까. 전자책은 편리와 효율을 추구하는 자본주의자들의 상리商利 같은 것이다. 아침저녁으로 돈을 열심히 세는 사람들은 전자책을 예찬할 것이다. 진정한 지혜와 지성이 전자책으로 가능하다고 큰 소리로 주창하는 자들은 뭔가 수상하다.

4년 전부터 미드타운 스콜라가 중심이 되는 해리스버그 책 축제가 3월에 열린다.

"민주주의란 책을 읽고 지적으로 교류하고 대화함으로써 가능합니다. 독서는 공동체 성원들이 더불어 함께 살아가는 지혜를 일깨워 줍니다."

메릴랜드 출신인 파펜푸세 부부는 대학에서 가르치고 연구하는 일을 하려고 했다. 그러나 책의 세계, 책의 마력이 그들을 서점의 길로 이끌었다.

"나보다 더 많은 책을 갖고 있는 이 사람이 좋아서 결혼했지요. 우린 서로의 서가書架가 좋아서 결혼하자 했습니다."

부부의 책사랑·독서사랑은 올해 열네 살인 큰딸 클라라 파펜푸세Clara Papenfuse에게 이어진다.

"벌써 자기 컬렉션을 갖고 있답니다. 판타지를 좋아해서 자기 방을 판타지로 채워가고 있지요."

나는 부부에게 나의 출판일기 『책들의 숲이여 음향이여』와 한길그레이트북스 독자들을 위한 노트 '발터 베냐민'Walter Benjamin, 1892-1940을 주었다. 부인 캐서린이 "아, 베냐민!" 하면서 반색했다.

"베냐민도 책과 독서에 관해 글을 많이 썼지요."

미드타운 스콜라가 교육단체와 비영리단체들의 활동을 위한 장소로 활용된다는 것이 부부의 보람이다. 특별한 경우를 제외하고 모든 프로그램이 무료로 진행된다. 연 500여 회나 진행되는 프로그램은 당연히 서점의 비즈니스를 돕는다. '문화적 프로그램'이 '경제적 성과'가 된다는 사실이 미드타운 스콜라에서 확인되는 사례다.

한국 청년 전승 씨의 안내로 서고書庫를 보러 갔다. 6미터 높이의 장대한 서가들에 꽂혀 있는 50여만 권 책의 숲이 경이롭다. 같은 규모의 서고가 해리스버그 교외에도 있다. 미드타운 스콜라가 보유하고 있는 책은 100만 권을 넘어섰다.

전승 씨가 미술책 코너에서 아무 책이나 한 권 집으라고 한다. 선물로 주겠단다. 나는 가로 48센티미터, 세로 67센티미터의 *UPON*

LITERATURE
Famous Authors

EXIT
AMERICAN HISTORY

*PAPER*를 집었다. 베를린의 미술 출판사 하네뮐레Hanemühle가 기획하는 예술계간지로 2012년 가을호다. 세계에 널리 알려졌거나 떠오르고 있는 아티스트와 사진작가들의 작품과 비평을 실은 '큰 책'이다. 종이책의 영역을 확장하는 큰 책, 나는 큰 책을 컬렉션하는 재미를 즐긴다. 2012년 레드닷Reddot의 베스트디자인상을 수상했다.

1950년 데이비드 리스먼David Riesman, 1909-2002은 『고독한 군중』*Lonley Crowd*을 써냈다. 세상이 물질로 풍요로워지고 기계로 편리해지고 있지만, 그 물질과 기계 속에서 살아가는 인간들은 더욱 고절孤絶해진다. 외부지향형 인간이 되지만 내면으로는 더 고독해진다. 인간들이 도시로 모여들지만, 도시의 광장에서 인간은 자기정체성을 잃어버린다. 물질·기계만능의 자본주의를 강요받는 현대인들의 몸과 마음은 더 지친다. 집단의 광기 속에서, 군중의 폭력성에 노출되면서, 현대인들은 자신으로부터 소외된다.

고독한 군중이, 군중 속에서 익명이 되어 허우적거리는 현대인들이 스스로의 정체성을 확보하면서 심신을 치유받을 수 있는 매체는 책이고 그 매개행위는 독서다. 책들의 숲에서, 책들의 합창을 들을 수 있는 서점에서 현대인들의 몸과 마음은 건강해진다. 고독한 인간들의 지친 몸과 마음을 어루만지고 치유해줄 수 있는 따뜻한 이야기가 있는 공간, '인간으로 살기 위해' 스스로의 정체의식을 재생해내는 공간이 서점이다.

영국 작가 윌리엄 서머싯 몸William Somerset Maugham, 1874-1965은 자신의 문학적 자서전인 『서밍업』*The Summing Up*을 1938년에 펴낸다.

"우리는 어디에서 와서 어디로 가는가."

그는 이렇게 묻고 있다. 책으로 탐험하는 생의 여정을 이야기한다.

생은 끝없는 선택의 과정일 것이다. 무엇을 할 것인가, 어떻게 살 것인가를 선택해야 한다.

우리 생의 앞에는 매시간 다양한 선택지가 놓인다. 지혜로운 선택이란 무엇인가, 합리적인 선택이란 어떤 것인가. 책과 독서는 우리 생에서 지혜롭고 합리적인 선택을 가능하게 하는 힘이다.

사람들이 선택해서 읽은 헌책들의 지혜가 운집雲集해 있는 미드타운 스콜라. 지혜로운 선택을 가능하게 하는 정신과 사상의 힘이 거기 있다.

폐허의 공간과 쇠락한 지역을 헌책과 헌책방이 재생시키는 한 현장이 미드타운 스콜라다. 한 도시의 새로운 지적·문화적 풍경을 미드타운 스콜라가 만들고 있다.

이른 봄날, 해리스버그로 달리는 고속도로에는 눈발이 흩날렸다.

눈길을 뚫고 들어선 극장서점 미드타운 스콜라.

아, 장대한 책의 숲이다. 책들의 음향이다.

다양한 빛깔의 생각들이 자유롭게 춤춘다.

책을 뒤지는 사람들의 넉넉한 표정들.

카페에서 풍겨오는 커피향.

오래된 책들의 냄새.

소밀 강변의 방앗간서점은 새삼 '슬로 라이프'를 생각하게 한다.
'슬로 푸드운동'을 떠올린다. 천천히 생각하기,
천천히 책 읽기다. 디지털 문명의 거대한 괴물 아마존은
'패스트 라이프'를 강요한다. 이북과 스마트폰은 자본주의와
기계 만능주의를 표상한다. 사색하는 독서는 불가능하다.
창조적이지 않다. 기억력을 감퇴시킨다.

계곡의 방앗간이 서점이 되었다

매사추세츠의 북밀

미국 매사추세츠의 몬터규Montague. 인구 8,000의 이 작은 도시 가운데로 소밀Sawmill 강이 흐른다. 그 강변에 '북밀'Bookmill이라는 방앗간서점이 있다. 2007년부터 이 서점을 운영하는 시나리오 작가 수잔 실리데이Susan Shilliday, 1952-는 뉴욕에서 두 시간을 달려 찾아간 나에게 아마존과 방앗간서점의 차이가 화장실에 있다는 유쾌한 이야기를 꺼냈다.

이 아름다운 소밀 강변에 자전거길이 뻗어 있다. 바이커들이 떼를 지어 달리는 숲속의 코스다. 바이커들은 이 방앗간서점에 들른다.

"소밀 계곡을 찾는 사람들에게 우리 서점은 화장실입니다. 우리 서점 참 유용한 곳이지요?"

한 무리의 바이커들이 훑고 지나가면 수잔 실리데이는 화장실을 청소해야 한다.

"서점 하겠다는 나에게 아무도 화장실 청소 같은 건 귀띔해주지 않았습니다."

440 Greenfield Rd., Montague,
MA 01351, USA
1-413-367-9206
www.montaguebookmill.com

THE
MONTAGUE
MILL
1834
NATIONAL REGISTER OF HISTORIC PLACES
THE ALVAH STONE
Food & Drink
THE BOOKMILL

수잔 실리데이는 할리우드에서 30년 동안 잘나가는 시나리오 작가로 일했다. 짐 해리슨Jim Harrison, 1937-2016의 소설을 1994년 에드워드 즈윅Edward Zwick, 1952-이 연출한 「가을의 전설」Legend of the Fall 각본을 썼다. 역시 에드워드 즈윅이 연출한 ABC 방송의 연속드라마 「30대」Thirtysomething의 대본을 썼다.

20세기 초반 자유로운 이성을 신뢰하던 예술가와 지식인 그룹 블룸즈베리Bloomsbury의 지성을 좋아한다. 버지니아 울프Virginia Woolf, 1882-1941와 샬럿 브론테Charlotte Brontë, 1816-1855를 즐겨 읽는다.

시나리오 작가가 왜 화려한 할리우드와 대도시 LA를 결별했을까.

"30년을 살았지만 할리우드와 LA는 나에겐 늘 낯설었습니다. 내 동네가 아니었습니다. 문득 할리우드를 떠나야겠다고 생각했습니다."

2006년 이 소밀 강 계곡으로 들어왔다. 1년을 머물렀다. 소밀 강과 깊은 사랑에 빠졌다.

"내가 미쳤지요, 이 소밀 강과 소밀 강 계곡에!"

1987년에 시작된 방앗간서점은 그녀가 인수하면서부터 달라졌다. 그녀의 독서편력과 문예적인 지향이 서점의 분위기를 새롭게 변신시켰다.

"나는 책은 좋아했지만, 책 비즈니스는 물론이고 어떤 비즈니스 경험도 없었지요. 그러나 책에 빠져들듯이 서점 비즈니스에 빠져들었습니다. 새로운 걸 계속 배웁니다."

소밀 강 계곡에는 한때 방앗간이 27곳이나 있었다. 지금은 한 곳이 남아 있을 뿐이다. 1834년에 지어진 지금의 북밀은 문화재로 지정되어 있다. 그러나 정부는 문화재라면서 도와주지는 않는다. 함부로 고

THE
BOOK MILL
BOOKS & MUSIC
A
THE ALVAH STONE
Food & Drink
FRESH
OPEN DAILY
10-6

BOOK MILL

치지도 못하게 한다.

북밀이 현재 갖고 있는 책은 3만여 권. 소설과 문예비평, 역사와 인문학 책들이다. 방앗간으로 사용된 흔적들이 그대로 남아 있다. 책꽂이는 일부가 비어 있다.

"천천히 채워가려고요. 가득 채우기보다는 좀 비워놓고 싶어요. 우리 서점을 찾는 이들은 우리 서점이 갖고 있는 모든 책과 만날 수 있을 겁니다."

소밀 강변의 방앗간서점은 새삼 '슬로 라이프'Slow Life를 생각하게 한다. '슬로 푸드운동'Slow Food Movement을 떠올린다. 천천히 생각하기, 천천히 책 읽기다.

디지털 문명의 거대한 괴물 아마존은 '패스트 라이프'를 강요한다. 이북과 스마트폰은 자본주의와 기계 만능주의를 표상한다. 모든 걸 후루룩 읽게 한다. 사색하는 독서는 불가능하다. 매사에 수동적인 인간이 되게 한다. 창조적이지 않다. 기억력을 감퇴시킨다.

시나리오 작가 수잔 실리데이의 방앗간서점 북밀은 속도와 효율에 목을 매는 작금의 책 만들기와 책 읽기와 지식생산 구조와는 다르다.

"우리 서점에는 에어컨이 없습니다."

한여름에는 창문을 열어놓는다. 계곡에서 바람이 쏟아져 들어온다. 숲이 말을 걸어온다. 숲의 목소리는 청량하고 우렁차다.

계곡을 흐르는 강물 소리. 세상의 그 어떤 소리보다도 아름답다는 아이들의 책 읽는 소리, 독서성讀書聲이란 말이 떠오른다.

한 엄마가 아이를 데리고 왔다. 창문 밖으로 숲을 바라본다. 강물

소리를 들으면서 책을 펼친다.

"그래도 한여름에 너무 더우면 어떻게 하지요?"

"강물로 풍덩 뛰어들지요."

봄·여름·가을·겨울, 꽃이 피고 녹음이 우거지고
단풍이 들고 눈이 내린다.
순백의 설경이 사람들을 감동시킬 것이다.
서점이 된 방앗간,
찾아오는 책 마니아들이 늘어난다.
그녀는 더 바빠진다.
바닥을 걸레질하고, 책장의 먼지를 털어야 한다.
화장실 휴지도 채워넣어야 한다.
북밀을 처음 찾는 독서인들이 탄성을 지른다.
"세상에, 이런 곳이 있다니!"

바쁘게 세상을 살아가는 현대인들은 일탈이라도 꿈꿔야 할 것이다. 때로는 저 적막의 숲으로 도피라도 해야 할 것이다. 숲이 있고 물이 흐르는 계곡의 방앗간서점은 '속도'에 지친 현대인들에겐 유토피아 같은 곳이다. 소밀 강변의 방앗간서점에서 사람들은 어떻게 살 것인지를 다시 생각할 것이다.

"책과 함께 있는 것만으로 좋아요. 방앗간서점은 사실은 나의 유토피아입니다."

주변에 여러 명문대학이 있다. 스미스대학Smith College, 애머스트대학Amherst College, 햄프셔대학Hampshire College, 마운트 홀리요크대학Mount

Holyoke College, 매사추세츠대학University of Massachusetts이다. 이들 대학의 교수·연구자·학생들이 방앗간서점의 고객들이다. 방앗간서점의 팬들이다.

은퇴한 학자들이 찾는다. 뉴욕이나 보스턴에서도 찾아온다.

"비관주의자들은 세상의 종말을 이야기하지만, 나는 동의하지 않습니다. 책을 만들고 책 읽기를 일상으로 삼는 사람들이 여전히 많기 때문입니다. 선생님같이 먼 한국에서도 찾아오지 않습니까. 이상의 세계를 향하여 이성적인 삶을 사는 사람들이니까요."

방앗간서점은 학생들의 공부방이다. 자기 책 갖고 와서 공부하다가 서가에 꽂혀 있는 이 책 저 책 뒤적거린다.

"우리 서점은 커뮤니티센터입니다."

현직 교수들이 주민들과 대화한다. 퇴직한 연구자들이 그의 학문세계와 삶을 이야기한다. 새로 책을 펴낸 저자와의 대화가 열린다.

"책 속에서, 책과 함께 주말엔 음악회가 열리지요."

클래식과 대중음악, 장르를 가리지 않는다. 전공자들이 노래하고 피아노를 치지만, 심리학 교수가 바이올린을 연주한다.

노을이 내리는 계곡의 밤, 별들이 쏟아진다. 달빛이 출렁인다. 창문너머로 흐르는 물소리, 서점에 울려퍼지는 음악이 사람들을 신비감에 물들게 한다. 번다한 세상과 절연絶緣한 숲속의 작은 서점은 분명 환상 동화책에만 나올 법한 이야기다.

강의와 연주는 마을공동체를 위한 봉사다. 참가자들에게는 아주 상징적인 입장료를 받는다. 장내를 정리정돈하는 비용이다.

All books
discounted
& priced
on first
page.

수잔 실리데이는 서점을 운영하는 한편 햄프셔대학에서 영화를 가르친다. 선댄스영화제Sundance Film Festival의 심사위원으로도 참여하고 있다. 박철수朴哲洙, 1948-2013 감독의 「학생부군신위」學生府君神位와 이명세李明世, 1957- 감독의 「인정사정 볼 것 없다」를 초청한 바 있는 영화제다.

"서점을 취미로 하느냐고 묻지만 서점은 내 삶입니다. 북밀은 내 삶의 현장입니다."

직원 네 명과 함께 서점을 꾸려나간다. 글 쓸 틈도 없이 바쁘다.

"나처럼 책 좋아하는 사람들 만날 수 있어서 좋아요. 서점 비즈니스는 고독한 글쓰기와는 전혀 달라요. 서점을 하면서, 나는 사람들과 생각과 마음을 주고받습니다. 책 사랑하는 사람들에게 책 권하고, 책에 대해 토론할 수 있어서 행복합니다. 하다보니 서점 일이야말로 나를 위한 일 같아요."

북밀을 찾는 애서가들이 많아지면서 이웃에 카페와 레스토랑이 생겼다. 작은 갤러리와 음반가게가 생겼다. 책이 인간의 심성을 다듬어내고 서점이 지역을 아름답게 만들어낸다는 사실을 몬터규의 소밀 강변, 방앗간서점 북밀이 말해주고 있다.

방앗간서점 북밀에 하루에 책이 몇 권 팔리느냐고 묻는 건 예의가 아닐 것이다. 많이 팔리지도 않을 것이다. 하루에 얼마나 팔아내는지를 계산하는 건 방앗간서점 북밀의 장르가 아닐 것이다. 그건 모든 것을 돈으로 평가하는 자본주의의 대량생산·물질만능의 세계관일 것이다.

스티븐 킹Stephen King, 1947- 같은 대중작가는 책을 써냈다 하면 전 세계를 통해 어마어마한 부수를 찍어낸다. 책 판매를 위한 온갖 작전이

동원된다. 이렇게 많은 책을 찍어내도 되는 것일까. 큰 나무들이 수없이 쓰러지겠다. 인간을 숨 쉬게 하는 숲이 깡그리 사라지겠다.

경제학자 에른스트 슈마허Ernst Schumacher, 1911-1977는 『작은 것이 아름답다』*Small is Beautiful*를 1973년에 펴냈다. 성장 지상주의에 대한 비판적 성찰이다. 어제와 오늘의 세계 자본주의의 벌거벗은 본능을 경고한다. 에른스트 슈마허의 문제의식은 오직 비즈니스를 향해 달리는 '거대 상업 출판'에도 해당된다. 책문화의 다원성을 구현해내는 독립서점들의 존재와 의미가 더 주목받는 이유가 여기에 있다.

북밀의 수잔 실리데이는 몬터규 일대의 대학에서 은퇴한 연구자들이 읽던 책을 주로 구입한다. 내용이 좋은 헌책들이다. 규모야 작지만 방앗간서점의 책들을 무시 못 하는 이유이기도 하다.

중고서점은 책의 수명을 연장시키고 재생시킨다. 내용이 좋은 책을 계속 기획해서 펴내는 것이 출판사와 저자에게 주어지는 일이지만, 좋은 내용의 헌책을 다시 읽게 하는 중고서점의 존재가 그래서 더욱 소망스럽다.

"서점을 하면서 실감하는 주제입니다. 보석 같은 헌책이 많습니다. 헌책을 살려내는 것이 나의 일이기도 합니다."

사람들의 생각과 지혜를 담아내는 책, 그 책들이 소통되게 하는 서점이란 거대한 규모가 아니라 진지한 문제의식일 것이다. 뉴욕의 원로출판인 제이슨 엡스타인Jason Epstein, 1928-이 "서점 없는 문명이란 생각할 수도 없다"고 한 말이 새삼 큰 울림이 되어 다가온다.

시애틀과 뉴욕에서 일하는 두 딸을 둔 수잔 실리데이는 몬터규 계곡 소밀 강변에서 서점을 하면서 다시 시를 쓰기 시작했다. 숲속의 서점이 시심詩心을 불러일으켰을까.

"당신이 찾아낼 수 없는 곳에 숨어 있어
당신이 필요로 하지 않는 책."

수잔 실리데이는 자신의 시 한 구절을 넣은 카드를 만들어 서점의 현관에 놓아두었다. 북밀을 찾아온 애서가들이 하나씩 들고 갈 수 있다. 사람들은 카드에 자신의 시심을 기록할 것이다.

시심을 선물하는 방앗간서점.

책 좋아하는 사람들은 여행이라도 가면 트렁크는
언제나 책으로 가득 차고 그 무게로 고생하게 될 것이다.
미술책이나 하드커버의 고전들은 무겁기 이를 데 없다.
그러나 무겁기 때문에 그 콘텐츠도 신뢰할 수 있을 것이다.
이건 한 출판인으로서 나의 지론이다.
깊고 높은 수준의 콘텐츠는
본질적으로 존재감·무게감일 것이다.

수많은 책들이 세계의 독자들을 불러모은다

뉴욕의 스트랜드

시인이자 비평가이며, 철학자이자 교육자인 엘리 시걸Eli Siegel, 1902-1978은 1890년대부터 1960년대까지 헌책방 48곳이 어깨를 나란히 하던 맨해튼 4에비뉴의 '책의 거리'Book Row에 헌시를 바친 바 있다.

"책들이 당신을 기다리고 있다.
우리 삶의 희망이 서점에 있다."

'일기작가'로서 한 경지를 보여준 에드워드 엘리스Edward Ellis, 1840-1916도 이 책의 거리를 드나든 단골이었다. 2,200만 단어의 장대한 일기를 남긴 에드워드 엘리스는 어느 날의 일기에서 재미있는 이야기를 남겼다.

"오른쪽 다리가 부러졌다. 이거 야단났네, 책의 거리를 배회하지 못하게 되었으니."

828 Broadway 12th St., New York,
NY 10003, USA
1-212-473-1452
www.strandbooks.com

BOOKSTORE
OLD
RARE
NEW
BOOKS
BOUGHT
& SOLD
STRAND BO

책의 거리는 애서가들에겐 책의 지성소至聖所였다. 교양인들에게 서점은 무엇과도 비교할 수 없는 마음의 보물창고 같은 곳이었다.

뉴욕도 어쩔 수 없을까. 책의 거리에 즐비하던 서점들이 사라지고 말았다. 대도시 맨해튼 거리의 1층은 레스토랑, 카페, 패션숍들의 차지가 되었다. 스트랜드Strand가 홀로 그 책의 거리를 지키고 있다.

『장미의 이름』*Il nome della rosa*을 쓴 움베르토 에코Umberto Eco, 1932-2016는 장서가로 유명했다. 뉴욕에 가면 으레 스트랜드를 들렀다는 움베르토 에코의 스트랜드 예찬론은 널리 알려져 있다.

"스트랜드는 미국에서 내가 가장 좋아하는 곳이다. 스트랜드에서 나는 늘 무언가 다른 책을 발견한다. 기대하지 않았던 것을 만나게 된다."

나는 1983년 초여름 처음으로 뉴욕을 여행했다. 스트랜드에 들어서면서 나는 경악했다. 일찍이 경험하지 못한 장대한 책의 숲이 내 앞에 펼쳐졌다. 그때부터 스트랜드는 나에게 그 깊이와 넓이를 늘 새롭게 경험하게 하는 책의 세계, 책의 숲이었다.

맨해튼의 브로드웨이와 12스트리트 교차지점에 있는 스트랜드는 건물 외벽에 '18마일의 서가書架'라는 큰 간판을 내붙였다. 서점의 서가 길이가 18마일약 29킬로미터이 넘는다는 뜻이다. 1970년대에는 8마일이었던 서가가 12마일이 되었고, 다시 18마일이 되었으니 언젠가는 더 길어질 수도 있겠다. 스트랜드가 현재 갖고 있는 책은 250만 권이다.

3대 오너 낸시 와이든Nancy Wyden을 그의 작은 사무실에서 만났다.

"책 속에서 사니 즐거워요. 책은 나에게 늘 영감을 줍니다."

낸시 와이든은 2014년 8월 한국인 친구와 함께 한국을 방문했다.

INFERNO
MARK STRAND
ROBERTO BOLAÑO

DMZ를 둘러보고 교보문고에도 가보았다. 한국이 문화국가라는 걸 알게 되었다고 했다.

"최근에 발표된 한 연구에 따르면, 책 읽는 사람들이 더 창조적이라고 합니다."

스트랜드는 1927년 벤저민 배스Benjamin Bass가 창립했다. 딸 낸시 와이든과 함께 스트랜드를 공동으로 소유하고 있는 프레드 배스Fred Bass는 아버지가 스트랜드를 시작한 다음 해인 1928년에 태어났다. 지금 80대 후반이지만 일주일에 나흘은 서점 1층에 출근해 서점 일을 진두지휘한다. 책 사러오는 고객들과 대화하고, 책 팔러오는 사람들과 흥정한다. 책 구매여행을 떠나기도 한다.

"책이라는 보물을 찾아나서는 것이 나의 일입니다."

1956년 아버지에게서 서점을 물려받은 프레드 배스는 현재의 11층 건물을 1966년에 사들였다. 스트랜드의 굳건한 토대를 마련하는 계기가 되었다. 스트랜드는 이 건물의 지하층부터 3층까지 사용한다. 3층에서는 희귀도서 · 앤티크도서를 취급한다.

스트랜드는 출판사에서는 새 책과 재고도서를 구매하고, 신간과 교체하기 위해 내다 파는 도서관들의 책을 구매한다. 일반인들이 읽던 책도 사들인다. 들여오는 책을 선별하는 '선책'選冊 작업에 12명이 나선다. 스트랜드가 비치하는 책은 경험 많은 직원들의 심사를 거친 것들이기 때문에 그 콘텐츠의 질이 일단 보장된다. 많은 종류의 책을 갖고 있기도 하지만 수준 있는 책들이 스트랜드의 비즈니스 전략이다.

하루 5,000여 권의 책을 팔아내는 스트랜드에서 책 마니아들은 여느 서점보다 30~40퍼센트 싼 가격에 구입할 수 있다. 신간도 20퍼센트 싸게 살 수 있다. 1년에 150만여 권을 팔아내고 사들이는 책도 150만여 권 된다. 1년 방문객이 150만여 명쯤 될 것 같다고 낸시 와이든은 추산한다.

"고전과 예술 도서는 꾸준하게 팔립니다. 역사와 사회과학, 평전과 자서전도 변함없어요. 우리 서점에 오면 영어로 발행되는 책은 거의 다 만날 수 있습니다."

낸시 와이든은 25세 때 서점 일을 시작했다. 올해 28년째다.

"뉴욕에는 많은 대학이 있습니다. 지식인들과 예술가들이 있습니다. 월스트리트로 상징되는 기업들이 있습니다. 수많은 출판사가 있습니다."

출판사들은 신간을 내면서 500권에서 1,000권 정도의 '리뷰카피' Review copy를 만들어 서평자들과 미디어에 돌린다. 스트랜드는 이 리뷰카피들을 싸게 확보해서 싸게 판다.

2002년 나는 미국 서부의 작은 도시 산마리노San Marino에 있는 세계 최고수준의 책박물관 헌팅턴라이브러리The Huntington Library를 방문했다. 헌팅턴Henry Huntington, 1850-1927은 세계의 출판역사를 빛내는 고서들은 물론이고 링컨Abraham Lincoln, 1809-1865 같은 저명인사들의 육필과 사인이 들어 있는 책을 대량 확보하고 있다.

스트랜드도 저자가 서명한 초판본을 중시해 확보한다. 나는 캐빈 버밍엄Kevin Birmingham이 2014년에 펴낸 『가장 위험한 책: 제임스 조이스의 「율리시스」를 위한 전쟁』*The Most Dangerous Book: The Battle for James Joyce's Ulysses*을 스트랜드에서 구입했다. 저자가 사인한 것이다.

스트랜드를 찾은 유명인사는 수도 없이 많다. 작가 솔 벨로Saul

Bellow, 1915-2005가 늘 찾았다. 아티스트 앤디 워홀Andy Warhol, 1928-1987과 디자이너 캘빈 클라인Calvin Klein, 1942-, 배우 리처드 기어Richard Gere, 1949-, 톰 크루즈Tom Cruise, 1962-, 줄리아 로버츠Julia Roberts, 1967-, 제이슨 시걸Jason Segel, 1980-이 고객이다.

마이클 잭슨Michael Jackson, 1958-2009은 서커스 관련 책들과 절판된 아동도서를 잔뜩 구입해갔다. 버락 오바마Barack Obama, 1961-의 두 딸 말리아Malia Obama와 나타샤Natasha Obama도 고객이라고 한다.

명사들은 낸시 와이든에게 특정 주제의 컬렉션을 의뢰하기도 한다. 영화감독 스티븐 스필버그Steven Spielberg, 1946-는 낸시 와이든에게 3만 달러의 예산으로 4,000여 권의 예술·역사·영화·연극·문학서를 추천받아 구입해갔다. 동업자들도 자기 서점에 없는 책들을 사간다.

스트랜드는 애서가들의 서재에 꽂힘 직한 책들이 단연 많다. 책을 좋아하는 사람들은 스트랜드에 일단 들어서면 빈손으로 서점 문을 나서지 못할 것이다.

프랭클린라이브러리Franklin Library가 펴내는 아름다운 가죽장정의 고전들이 눈길을 사로잡는다. 아름다운 삽화를 곁들인 리미티드 에디션 클럽Limited Edition Club이 펴내는 고전들이 장서가들을 매료시킨다. 리미티드 에디션 클럽은 1,000부에서 1,500부를 발행한다. 내가 구입한 세르반테스Miguel de Cervantes, 1547-1616의 『돈키호테』*Don Quixote*는 1950년판으로 1,500부 발행했는데 발행번호 1210이라고 표시되어 있다. 에디 르그랑Edy Legrand, 1892-1970의 삽화가 아름답다.

지식인이나 장서가들뿐 아니라 뉴욕의 부자들에게 서재나 라이브러리는 '품격'의 기본조건일 것이다. 최근엔 중국과 러시아의 회사들과 재력가들이 뉴욕으로 몰려들면서 뉴욕의 부동산 가격이 계속 오르고 있다. 스트랜드는 이들에게 서재나 라이브러리를 맞춤해주는 비즈니스를 하고 있다. 드라마나 영화 촬영을 위한 세트장에 책이 필요할 때 그 일을 해주기도 한다.

"독자들의 취향도 변했습니다. 매대 위에 올려져 있는 책들이 팔려요. 전에는 두툼한 책을 집는 독자들이 많았지만 요즘에는 가벼운 책을 집습니다. 물건 쇼핑하듯이 책을 구입합니다. 펀fun한 책들을 선호해요."

스트랜드는 뉴욕의 관광코스가 되었다. 세계인들이 찾아온다.

전통적인 책 비즈니스를 선호하는 아버지 프레드 배스와 달리 딸 낸시 와이든은 달라지는 고객의 취향에 대응하고 있다. 책의 이미지를 디자인한 가방·티셔츠·머그컵 같은 아트상품을 대량 제작해내고 있다. 책을 사가지 않는 관광객들 손에 쥐어주자는 상품이다. 전체 매출의 15퍼센트를 이들 아트상품이 차지한다.

스트랜드는 반스앤노블Barnes & Noble 같은 여느 서점들이 제공하는 편의시설은 전혀 없다. 불편하고 불친절한 서점이다. 오직 수많은 책의 콘텐츠로 독자들을 맞는다. 일반 서점들이 독자들에게 '아부'하는 것과는 달리 근엄하다고 할까.

스트랜드도 독자들을 위한 이벤트를 하기 시작했다. 3층의 희귀도서·앤티크도서 매장 가운데 있는 매대를 구석으로 밀고 독자들과 대화하는 행사를 한다. 아티스트들을 초청해 강연을 하기도 한다. 철조각가 리처드 세라Richard Serra, 1939-와 음악가 킴 골든Kim Gordon, 1953-은

Voyagers III: Star Brothers
BEN BOVA
THE KINSMAN SAGA
BEN BOVA
LIFE ON THE RUN
STARTIDE RISING
David Brin
The Honorable Barbarian
THE SCHOOL AND SOCIETY
John Dewey
DAVID COPPERFIELD
CHARLES DICKENS
WOLF AND IRON
Gordon R. Dickson
A BOOK OF COMMON PRAYER
JOAN DIDION
The Crossroads of Freedom
JAMES MACGREGOR BURNS
The Way of All Flesh
BUTLER
Peter Ibbetson
DU MAURIER
Peter Ibbetson
DU MAURIER
EURIPIDES
EURIPIDES
EURIPIDES
Bataan The March of Death

Moll Flanders
REGINALD MARSH
Moll Flanders
REGINALD MARSH
LEN DEIGHTON
THE IPCRESS FILE
The EINSTEIN INTERSECTION
The EINSTEIN INTERSECTION
THE POSSESSED
DOSTOEVSKY
W. H. AUDEN
COLLECTED POEMS
CRUSADE IN EUROPE
Eisenhower
SISTER CARRIE
SISTER CARRIE
CAMILLE
CAMILLE
GREEN MANSIONS
GREEN MANSIONS
The MILL on the FLOSS
The MILL on the FLOSS
SILAS MARNER
SILAS MARNER
SILAS MARNER
MADAME BOVARY
GUSTAVE FLAUBERT
EURIPIDES
EURIPIDES
EURIPIDES

NEW BOOKS 1/2 PRICE
EXPLORE NYC
AMERICAN PASSAGE
NEW YORK DIARIES
NEW YORK
RUSSO

INFORMATION
IN CASE YOU MISSED IT
#1
New York
NEW YORK REGIONAL
HARLEM

엄청나게 많은 고객을 불러모았다.

스트랜드는 그러나 대형 슈퍼마켓 같다. 곳곳에 책을 담는 수레들이 준비되어 있다. 수레에 책을 담아서 계산대로 간다. 스트랜드야말로 미국적인 책의 슈퍼마켓이다.

한 권의 책은 진정한 독자가 구입하여 읽으면서 다시 태어난다. 독자들의 독서행위가 한 시대의 출판문화를 일으켜 세운다. 스트랜드 안에 들어서면 애서가들은 우선 수많은 책의 존재에 놀란다. 책을 뒤지는 수많은 사람의 존재에 다시 놀란다. 책 읽는 사람들이 줄어든다고 다들 통탄하지만 책을 찾는 사람들은 변함없이 책을 찾아나서는 것이 미국이다.

스트랜드에서 허리가 약한 독자들은 조심해야 한다. 90년대 초반 예술서들을 잔뜩 구입해 공항으로 움직이던 중 내 허리와 가방에 문제가 생긴 적이 있다. 나는 고장난 허리로 한동안 고생해야 했다.

어디 나뿐이겠는가. 책 좋아하는 사람들은 여행이라도 가면 트렁크는 언제나 책으로 가득 차고 그 무게로 고생하게 될 것이다. 미술책이나 하드커버의 고전들은 고급 용지를 사용하기 때문에 무겁기 이를 데 없다. 그러나 무겁기 때문에 그 콘텐츠도 신뢰할 수 있을 것이다. 이건 한 출판인으로서 나의 지론이다. 깊고 높은 수준의 콘텐츠는 본질적으로 존재감·무게감일 것이다.

나는 1986년에 기획을 시작해서 1994년에 『한국사』 전 27권을 한꺼번에 펴냈다. '민찬 한국사'라고 칭송받기도 한 이 책은 부피도 크고 참 무겁다. 집필진 170여 명이 참가한 이 거질巨帙의 『한국사』가 너무 무겁다고 불평하기도 했다. 나는 그때 단호하게 말했다.

"우리 역사가 얼마나 오래되고 깊은가. 얼마나 찬란한가. 이 찬란하고 장엄한 우리 민족의 역사가 어찌 무겁지 않겠는가."

요즘의 디지털 세대들은 몸도 마음도 가벼워지고 있다. 허약해지고 있다. 종이책이 담아내는 진지한 콘텐츠와 그 정신의 무게를 감당하기 힘들게 되어간다.

우리 아이들의 몸과 마음을 튼튼하게 교육시켜야 하는 특단의 대책이 필요하다. 무거운 종이책도 거뜬하게 들어올릴 수 있는 마음의 힘, 몸의 힘을 키우는 수련이 필요하다.

"아마존은 엄청난 양의 책을 팔지요.
그러나 아마존에서 일하는 사람들은,
나는 이 책을 사랑한다고 말하지 않을 겁니다.
지극히 기능적으로 일하니까요
아마존에 책 문화를 맡겨둔다는 게
끔찍하지 않습니까?"

뉴욕 시민들의 아고라

뉴욕의 맥널리 잭슨

인간들은 이야기를 먹고산다. 인간들은 이야기하면서 성장한다. 책은 인간들의 이야기다. 인간들의 삶의 이야기를 담아내는 그릇이 책이다.

뉴욕 맨해튼의 독립서점 맥널리 잭슨McNally Jackson은 인간들의 이야기가 꽃피는 책의 집이다. 이야기를 나누고 싶어 하는 인간들이 모여드는 인간들의 아고라다. 담론의 광장, 아카데미아다.

그리스 시민들은 폴리스의 한가운데에 담론의 광장 아고라를 만들었다. 그리스 시민들은 아고라에 모여 담론하기를 즐겼다. 심포지온이라는 담론의 형식과 전통을 창출해냈다. 이 형식과 전통을 통해 인류의 위대한 철학과 사상, 정신과 이론이 탄생했다. 사르트르Jean Paul Sartre, 1905-1980는 "대화를 나눔으로써 나와 우리는 세계를 발견하고 창조한다"고 했다.

책의 도시 뉴욕. 2004년 9월 맨해튼의 소호에 문을 연 독립서점 맥널리 잭슨은 연륜이 짧은데도 뉴욕의 독자들과 지식인들이 애호하

52 Prince St., New York,
NY 10012, USA
1-212-274-1160
www.mcnallyjackson.com

는 이야기와 담론의 공간으로 자리 잡았다. 『뉴욕타임스』를 비롯한 주요 미디어들이 주목한다. 출판사들은 그들의 책을 독자들과 만나게 하는 채널로 활용한다. 11년밖에 안 된 서점인데, 이런 일이 어떻게 가능할까.

맥널리 잭슨을 창립한 캐나다 출신의 사라 맥널리Sarah McNally는 작은 서점의 역할이 분명 있다고 확신한다. 인터넷 서점 아마존이나 반스앤노블Barnes & Noble 같은 대형서점이 해낼 수 없는 일을 작은 서점이 해낼 수 있다는 것이 그녀의 문제의식이다.

1990년부터 2000년까지 4,000여 곳의 독립서점이 문을 닫았다고 미국서적상협회ABA는 집계했다. 맥널리 잭슨이 문을 연 2004년은 일찍이 경험하지 못한 쓰나미가 미국 서점계를 강타한 해였다. 1,000여 곳의 독립서점이 문을 닫았다. 그런 상황에서 그녀는 서점의 문을 열었다. 스스로도 "정신나간 짓"이라고 했다. 출판계도 서점인들도 의아해 했다.

"아마존에서는 쇼핑을 즐기지 못합니다.
사회적 경험도 불가능합니다."

그녀는 어려서부터 책 속에서 살았다. 책과 온몸으로 스킨십하면서 자랐다. 부모님이 캐나다에서 큰 서점을 열고 있었다.

"서점은 사람들을 모이게 합니다.
이 책 저 책 읽을 수 있습니다.
생각을 기록할 수 있습니다.
서점에서 사람들은 창조의 과정을 체험합니다."

사라 맥널리는 1999년에 대학을 졸업하고 캐나다에서 뉴욕으로 왔다. 베이직 북스Basic Books에서 잠깐 편집자로 일했다. 서점을 열기 전 9개월 동안 아프리카를 여행했다. 탄자니아, 짐바브웨, 모잠비크를 방랑했다. 말라위Malawi 호수의 아득한 치주물루Chizumulu 섬에서 스스로의 삶의 행로를 생각했다.

"우리 서점은 미디어에서 다뤄 친근한 책들도 들여놓지만 전혀 논의해주지 않는 책들도 중시합니다. 우리 서점만의 고유한 책의 세계를 만들고 싶습니다."

반스앤노블 같은 대형서점이 비치하지 않는 책들이 맥널리 잭슨에는 있다. 아프리카와 스페인, 포르투갈과 이탈리아, 러시아와 아시아 작가들의 책을 확보해놓고 있다. 독일 코너, 오스트리아 코너, 중동 코너를 독자들은 금방 찾게 된다. 이스라엘과 페르시아 작가들의 작품도 돋보이게 진열해놓는다.

"미국뿐만 아니라 '세계'가 우리 서점의 주제입니다."

맥널리 잭슨은 현재 6만여 종의 책을 확보하고 있다. 7,000권이 '세계문학'이다. 문학을 중시해왔지만 차츰 '세계의 인문학'으로 주제를 넓히려 한다.

서점 규모는 '중형'이다. 1층과 지하층 합쳐 660제곱미터가 조금 더 될까. 주제별 코너마다 탁자와 의자를 놓아두었다. 독자들을 책 속으로 한 걸음 더 들어가게 하자는 배려다. 그러나 맥널리 잭슨의 또 하나의 중요한 문제의식은 '선책'選冊이다. 출판사가 펴내는 책 가운데 어떤 책들을 가져다놓을지를 중시한다. 전체 직원이 49명인데, 선책 작업에 20여 명이 참여하고 있다.

naked
Mailer

THE COLOR MILL
Compleat Catalogue of Comedic Novelties
Boyfriend Mountain
MATURE
BAN EN BANLIEUE
ON THE TRACKS OF WILD GAME
BEACH
emily toder
Sorting Facts; or, Nineteen Ways of Looking at Marker
Susan Howe

UNIVERSE
Emily Dickinson The Gorgeous Nothings
THE MEDEAD
SINA QUEYRAS
APOCRYPHAL
LEVINE
ANCESTORS
KAMAU
BRATHWAITE
UNIVERSE
DIANA HAMILTON
OU DA ONE
ENNIFER TAMAYO
Armando Suárez Cobián
New York
no eres tú

"아마존은 엄청난 양의 책을 팔지요. 그러나 아마존에서 일하는 사람들은, 나는 이 책을 사랑한다고 말하지 않을 겁니다. 지극히 기능적으로 일하니까요. 아마존에 책 문화를 맡겨둔다는 게 끔찍하지 않습니까?"

맥널리 잭슨은 독자들만 찾는 서점이 아니다. 독자와 저자와 편집자들이 더불어, 책이 담아내는 문예와 인문을 담론한다. 작가를 초청할 때 으레 패널이 붙는다. 담론의 다양성과 깊이를 꾀하려는 것이다. 때로는 사라 맥널리가 직접 진행한다.

맥널리 잭슨은 한마디로 '지적 이벤트 서점'이다. 1주일에 6~7회 행사를 진행한다. 세계문학의 밤, 시의 밤이 열린다. 해외작가를 초청한다. 인문학 책을 놓고 토론한다. 이 다양한 프로그램을 통해 참가자들은 '세계 시민'이 된다. 맥널리 잭슨의 프로그램과 이벤트들은 세계시민을 지향하는 열린 문제의식에 기반을 둔다.

2014년 6월에는 세계문단에 비상한 관심을 불러일으키고 있는 노르웨이의 젊은 작가 칼 오베 크나우스고르Karl Ove Knausgård, 1968-를 초청했다. 2009~2011년에 발표한 그의 6부작 자전소설 『나의 투쟁』*Min Kamp* 영어판 1, 2, 3권 출간에 즈음해서였다.

비평가 제임스 우드James Wood, 1947-를 비롯한 수많은 비평가의 찬사를 받았다. 잡지 『뉴요커』도 그의 작품을 대서특필 했다. 마침 우리 출판사가 『나의 투쟁』을 출간하려고 번역작업을 진행하고 있었는데, "독자 반응이 어떠냐"는 나의 질문에 사라 맥널리는 바로 컴퓨터를 두드렸다.

"꾸준히 나가네요. 1, 2, 3권 합쳐 1,000권 이상 나갔습니다."

뉴욕의 독립서점들은 크나우스고르의 '뉴욕 출현'을 알리는 포스터를 내붙였다. 뉴욕대 교수이자 소설가인 제이디 스미스Zadie Smith, 1975-가 패널로 나섰다. 보통 30~40명이 참석하지만 이날은 100명 이상 모였다.

작가와의 담론뿐 아니라 북클럽과 스터디클럽이 다양한 주제로 서점 한구석에 자리한 카페에서 모인다.

"우리는 입장료를 받지 않습니다. 시민들에게 주는 선물입니다."

사라 맥널리는 『뉴욕타임스』나 『워싱턴 포스트』의 북리뷰에 비판적이다.

"미디어들도 브로커가 되어가고 있지 않나요? 『뉴욕타임스 북리뷰』도 따분해요. 직업상 그걸 읽어야 하기에 읽고는 있지만 장황해요. 신뢰할 수 없어요."

사라 맥널리는 올해 열두 살인 아들 잭슨의 이름을 따서 서점 이름을 맥널리 잭슨이라고 붙였다. 컴퓨터로 공부시키지 않는 학교에 보낸다. 스마트폰을 허용하지 않는다. 중세문명을 초토화시킨 페스트pest의 창궐처럼, 21세기 물신주의物神主義의 상징인 스마트폰이 젊은이들의 몸과 마음을 심각하게 훼손시킨다는 것이 나의 문제의식이고 그의 문제의식이다.

맨해튼은 문명의 정글, 출판의 정글이다. 맨해튼의 출판생태가 어떻게 변할지 예측할 수 없다. 책의 4분의 1을 아마존이 좌지우지한다. 2011년에는 거대 체인서점 보더스Borders가 무너졌다. 2008년부터 2013년까지 종이책은 22퍼센트가 줄어들었다.

이 정글에서 살아남은 맥널리 잭슨은 실로 경이로운 존재가 아닐

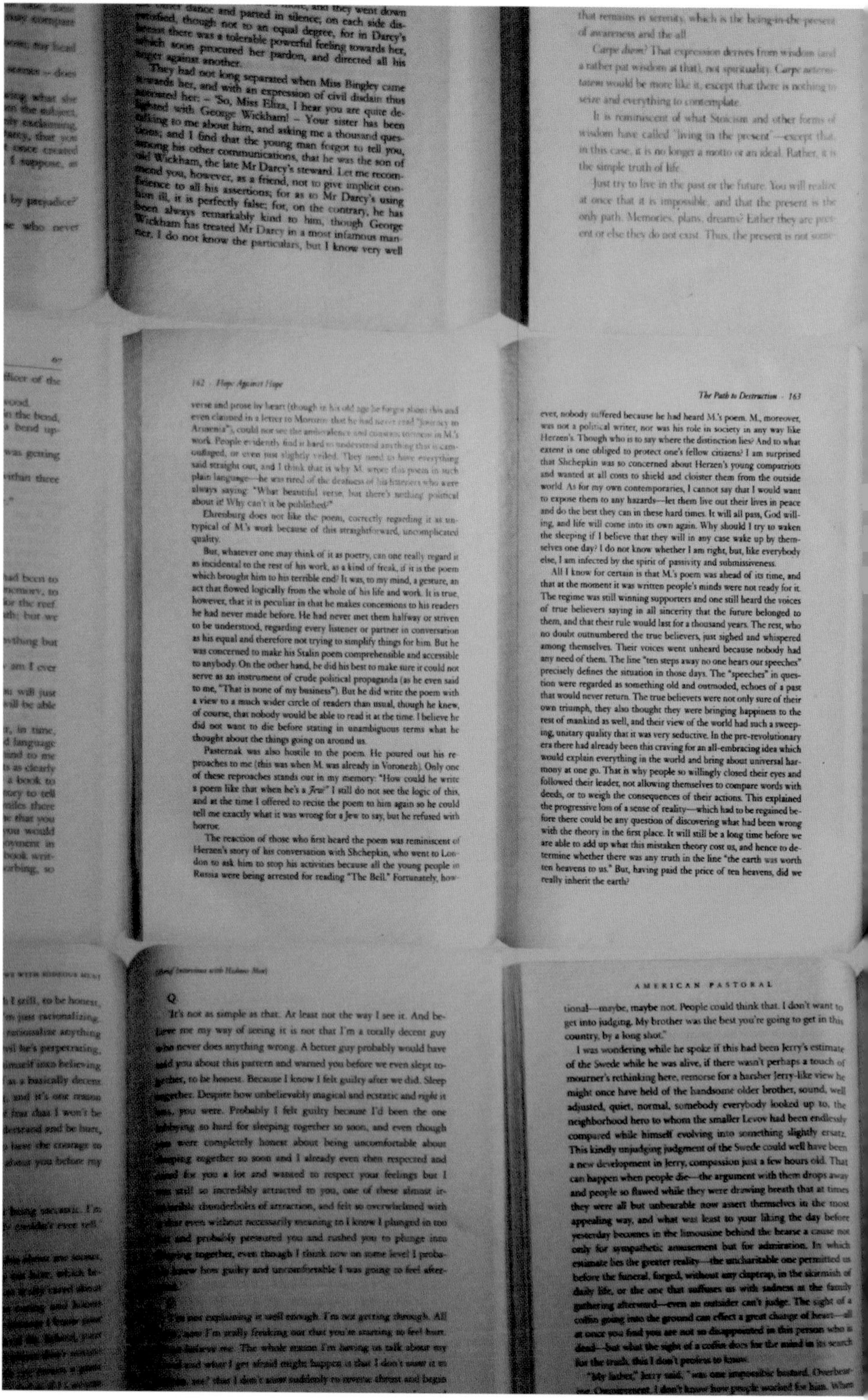

other dance and parted in silence; on each side dissatisfied, though not to an equal degree, for in Darcy's breast there was a tolerable powerful feeling towards her, which soon procured her pardon, and directed all his anger against another.

They had not long separated when Miss Bingley came towards her, and with an expression of civil disdain thus accosted her: – 'So, Miss Eliza, I hear you are quite delighted with George Wickham! – Your sister has been talking to me about him, and asking me a thousand questions; and I find that the young man forgot to tell you, among his other communications, that he was the son of old Wickham, the late Mr Darcy's steward. Let me recommend you, however, as a friend, not to give implicit confidence to all his assertions; for as to Mr Darcy's using him ill, it is perfectly false; for, on the contrary, he has been always remarkably kind to him, though George Wickham has treated Mr Darcy in a most infamous manner. I do not know the particulars, but I know very well

that remains is serenity, which is the being-in-the-present of awareness and the all.

Carpe diem? That expression derives from wisdom (and a rather pat wisdom at that), not spirituality. *Carpe aeternitatem* would be more like it, except that there is nothing to seize and everything to contemplate.

It is reminiscent of what Stoicism and other forms of wisdom have called "living in the present"—except that, in this case, it is no longer a motto or an ideal. Rather, it is the simple truth of life.

Just try to live in the past or the future. You will realize at once that it is impossible, and that the present is the only path. Memories, plans, dreams? Either they are present or else they do not exist. Thus, the present is not some-

verse and prose by heart (though in his old age he forgot about this and even claimed in a letter to Morozov that he had never read "Journey to Armenia"), could not see the ambivalence and constant torment in M.'s work. People evidently find it hard to understand anything that is camouflaged, or even just slightly veiled. They need to have everything said straight out, and I think that is why M. wrote this poem in such plain language—he was tired of the deafness of his listeners who were always saying: "What beautiful verse, but there's nothing political about it! Why can't it be published?"

Ehrenburg does not like the poem, correctly regarding it as untypical of M.'s work because of this straightforward, uncomplicated quality.

But, whatever one may think of it as poetry, can one really regard it as incidental to the rest of his work, as a kind of freak, if it is the poem which brought him to his terrible end? It was, to my mind, a gesture, an act that flowed logically from the whole of his life and work. It is true, however, that it is peculiar in that he makes concessions to his readers he had never made before. He had never met them halfway or striven to be understood, regarding every listener or partner in conversation as his equal and therefore not trying to simplify things for him. But he was concerned to make his Stalin poem comprehensible and accessible to anybody. On the other hand, he did his best to make sure it could not serve as an instrument of crude political propaganda (as he even said to me, "That is none of my business"). But he did write the poem with a view to a much wider circle of readers than usual, though he knew, of course, that nobody would be able to read it at the time. I believe he did not want to die before stating in unambiguous terms what he thought about the things going on around us.

Pasternak was also hostile to the poem. He poured out his reproaches to me (this was when M. was already in Voronezh). Only one of these reproaches stands out in my memory: "How could he write a poem like that when he's a *Jew*?" I still do not see the logic of this, and at the time I offered to recite the poem to him again so he could tell me exactly what it was wrong for a Jew to say, but he refused with horror.

The reaction of those who first heard the poem was reminiscent of Herzen's story of his conversation with Shchepkin, who went to London to ask him to stop his activities because all the young people in Russia were being arrested for reading "The Bell." Fortunately, how-

ever, nobody suffered because he had heard M.'s poem. M., moreover, was not a political writer, nor was his role in society in any way like Herzen's. Though who is to say where the distinction lies? And to what extent is one obliged to protect one's fellow citizens? I am surprised that Shchepkin was so concerned about Herzen's young compatriots and wanted at all costs to shield and cloister them from the outside world. As for my own contemporaries, I cannot say that I would want to expose them to any hazards—let them live out their lives in peace and do the best they can in these hard times. It will all pass, God willing, and life will come into its own again. Why should I try to waken the sleeping if I believe that they will in any case wake up by themselves one day? I do not know whether I am right, but, like everybody else, I am infected by the spirit of passivity and submissiveness.

All I know for certain is that M.'s poem was ahead of its time, and that at the moment it was written people's minds were not ready for it. The regime was still winning supporters and one still heard the voices of true believers saying in all sincerity that the future belonged to them, and that their rule would last for a thousand years. The rest, who no doubt outnumbered the true believers, just sighed and whispered among themselves. Their voices went unheard because nobody had any need of them. The line "ten steps away no one hears our speeches" precisely defines the situation in those days. The "speeches" in question were regarded as something old and outmoded, echoes of a past that would never return. The true believers were not only sure of their own triumph, they also thought they were bringing happiness to the rest of mankind as well, and their view of the world had such a sweeping, unitary quality that it was very seductive. In the pre-revolutionary era there had already been this craving for an all-embracing idea which would explain everything in the world and bring about universal harmony at one go. That is why people so willingly closed their eyes and followed their leader, not allowing themselves to compare words with deeds, or to weigh the consequences of their actions. This explained the progressive loss of a sense of reality—which had to be regained before there could be any question of discovering what had been wrong with the theory in the first place. It will still be a long time before we are able to add up what this mistaken theory cost us, and hence to determine whether there was any truth in the line "the earth was worth ten heavens to us." But, having paid the price of ten heavens, did we really inherit the earth?

tional—maybe, maybe not. People could think that. I don't want to get into judging. My brother was the best you're going to get in this country, by a long shot."

I was wondering while he spoke if this had been Jerry's estimate of the Swede while he was alive, if there wasn't perhaps a touch of mourner's rethinking here, remorse for a harsher Jerry-like view he might once have held of the handsome older brother, sound, well adjusted, quiet, normal, somebody everybody looked up to, the neighborhood hero to whom the smaller Levov had been endlessly compared while himself evolving into something slightly ersatz. This kindly unjudging judgment of the Swede could well have been a new development in Jerry, compassion just a few hours old. That can happen when people die—the argument with them drops away and people so flawed while they were drawing breath that at times they were all but unbearable now assert themselves in the most appealing way, and what was least to your liking the day before yesterday becomes in the limousine behind the hearse a cause not only for sympathetic amusement but for admiration. In which estimate lies the greater reality—the uncharitable one permitted us before the funeral, forged, without any claptrap, in the skirmish of daily life, or the one that suffuses us with sadness at the family gathering afterward—even an outsider can't judge. The sight of a coffin going into the ground can effect a great change of heart—all at once you find you are not so disappointed in this person who is dead—but what the sight of a coffin does for the mind in its search for the truth, this I don't profess to know.

"My father," Jerry said, "was one impossible bastard. Overbear-

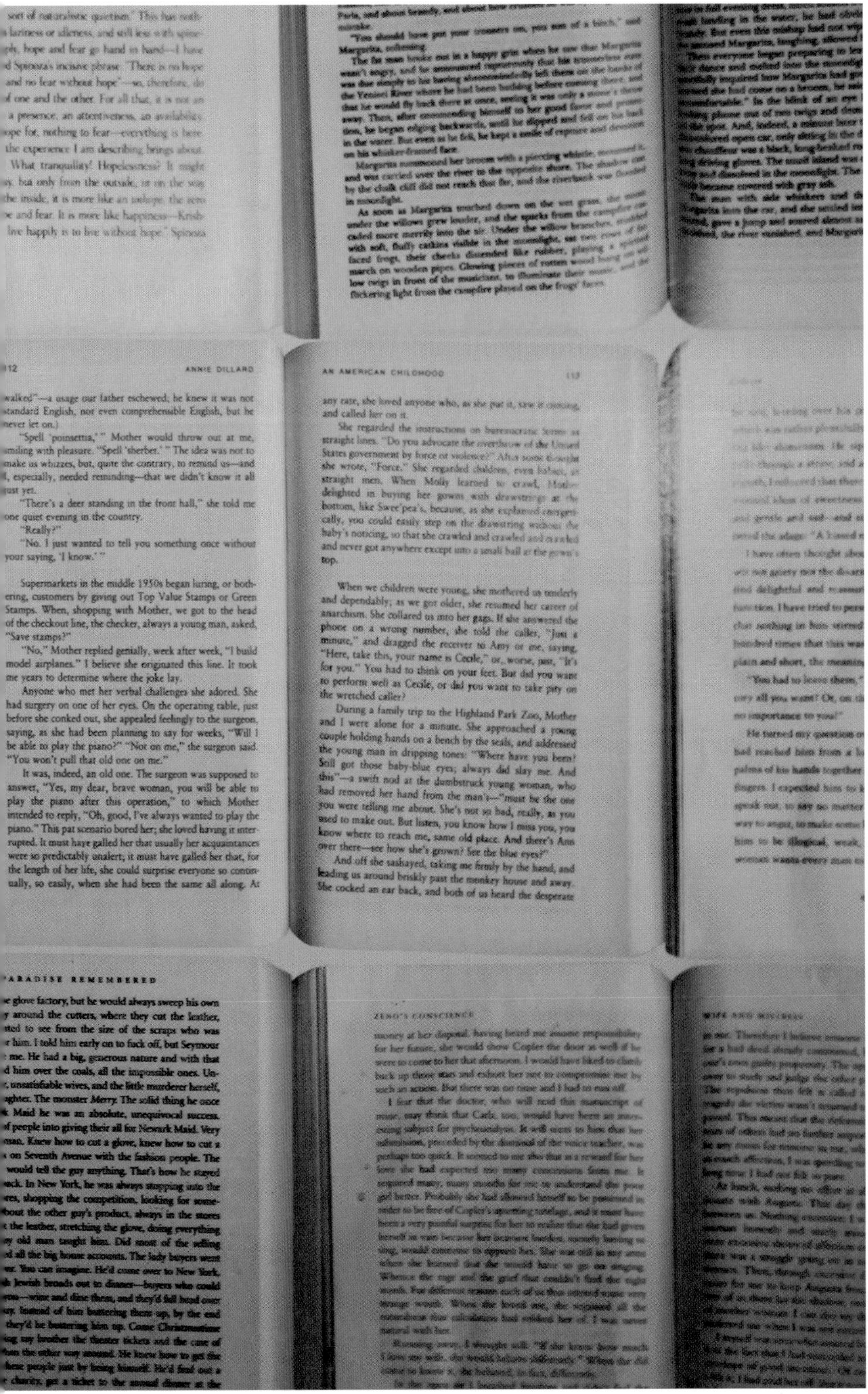

112 ANNIE DILLARD
walked"—a usage our father eschewed; he knew it was not standard English, nor even comprehensible English, but he never let on.)
"Spell 'poinsettia,'" Mother would throw out at me, smiling with pleasure. "Spell 'sherbet.'" The idea was not to make us whizzes, but, quite the contrary, to remind us—and all, especially, needed reminding—that we didn't know it all just yet.
"There's a deer standing in the front hall," she told me one quiet evening in the country.
"Really?"
"No. I just wanted to tell you something once without your saying, 'I know.'"
Supermarkets in the middle 1950s began luring, or bothering, customers by giving out Top Value Stamps or Green Stamps. When, shopping with Mother, we got to the head of the checkout line, the checker, always a young man, asked, "Save stamps?"
"No," Mother replied genially, week after week, "I build model airplanes." I believe she originated this line. It took me years to determine where the joke lay.
Anyone who met her verbal challenges she adored. She had surgery on one of her eyes. On the operating table, just before she conked out, she appealed feelingly to the surgeon, saying, as she had been planning to say for weeks, "Will I be able to play the piano?" "Not on me," the surgeon said. "You won't pull that old one on me."
It was, indeed, an old one. The surgeon was supposed to answer, "Yes, my dear, brave woman, you will be able to play the piano after this operation," to which Mother intended to reply, "Oh, good, I've always wanted to play the piano." This pat scenario bored her; she loved having it interrupted. It must have galled her that usually her acquaintances were so predictably unalert; it must have galled her that, for the length of her life, she could surprise everyone so continually, so easily, when she had been the same all along. At
AN AMERICAN CHILDHOOD 113
any rate, she loved anyone who, as she put it, saw it coming, and called her on it.
She regarded the instructions on bureaucratic forms as straight lines. "Do you advocate the overthrow of the United States government by force or violence?" After some thought she wrote, "Force." She regarded children, even babies, as straight men. When Molly learned to crawl, Mother delighted in buying her gowns with drawstrings at the bottom, like Swee'pea's, because, as she explained energetically, you could easily step on the drawstring without the baby's noticing, so that she crawled and crawled and crawled and never got anywhere except into a small ball at the gown's top.
When we children were young, she mothered us tenderly and dependably; as we got older, she resumed her career of anarchism. She collared us into her gags. If she answered the phone on a wrong number, she told the caller, "Just a minute," and dragged the receiver to Amy or me, saying, "Here, take this, your name is Cecile," or, worse, just, "It's for you." You had to think on your feet. But did you want to perform well as Cecile, or did you want to take pity on the wretched caller?
During a family trip to the Highland Park Zoo, Mother and I were alone for a minute. She approached a young couple holding hands on a bench by the seals, and addressed the young man in dripping tones: "Where have you been? Still got those baby-blue eyes; always did slay me. And this"—a swift nod at the dumbstruck young woman, who had removed her hand from the man's—"must be the one you were telling me about. She's not so bad, really, as you used to make out. But listen, you know how I miss you, you know where to reach me, same old place. And there's Ann over there—see how she's grown? See the blue eyes?"
And off she sashayed, taking me firmly by the hand, and leading us around briskly past the monkey house and away. She cocked an ear back, and both of us heard the desperate

수 없다. 사업 초기 5, 6년 동안에는 다소 어려웠지만 2010년부터 해마다 15퍼센트의 성장을 기록하고 있다. 할아버지에게 재정 지원을 받아 맥널리 잭슨을 창립한 사라 맥널리는 오늘도 서점의 프런트를 지키고 있다.

전자책과 아마존이 종이책과 오프라인 서점을 대신할 것이라고 호들갑을 떨어댔지만 그렇지 않다는 여러 징후가 나타나고 있다. 미국서적상협회의 집계에 따르면 2009년에 1,651곳이었던 독립서점이 2014년에는 2,094곳으로 늘어났다. 반스앤노블의 종이책 매출은 2014년에 5퍼센트 증가했지만 전자책 단말기 누크는 7,000만 달러의 적자를 냈다고 미국의 경제잡지 『포브스』*Forbes*가 보도했다. 아마존의 킨들도 2011년에는 1,300만 대가 팔렸지만 2012년에는 970만 대로 줄어들었다.

"종이책은 패션에 민감한 다른 상품과는 근본적으로 다릅니다."

맥널리 잭슨은 2014년에 매출 550만 달러를 달성했다. 서점 인근에 아트숍을 따로 열었다. 100만 달러를 매출했다. 브루클린에 또 하나의 서점을 여는 걸 검토하고 있다. 서점의 담론공간이 되는 카페가 서점보다 수익률이 높다.

"세상이 이상하게 돌아가고 있지만 난 사람들의 심성을 믿습니다. 뷰티풀 마인드!"

서점을 열 때 이 지역은 한산했다. 그러나 카페도 생기고 레스토랑도 생겼다. 지식인과 작가들이 드나들고 독자들이 몰려오면서 맥널리 잭슨이 성공하고 있다고 미디어들이 보도하자 투자회사들이 이런 저런 곳에 서점을 내면 어떻겠느냐면서 투자를 제의해오고 있다.

"책 비즈니스가 아니라 책의 힘입니다. 내가 읽는 책, 내가 읽은 문

EVENTS
March 5-11
March 10-12
March 16-24
I Will Teach You
Contemporary Piano
Jazz | Rock | Pop | R&B
CALL BY THIS
A Useless Man
SHAOLIN
KUNG
FU
new
alternatives
EXPERIENCED MATH TUTOR
Competitive Rates, Flexible Schedule
IFAC
OPENING MARCH 6TH
AT CINEMA VILLAGE
STREET DESIGN
Holy Smokes
FRIDAY NIGHT
MARCH 6, 2015
PETE'S CANDY STORE

학과 인문학의 힘!"

작은 서점은 대형 체인서점과의 경쟁이 불가능하다고 흔히 생각한다. 그러나 작은 독립서점들에겐 그들의 길이 있다. 크기 때문에 좋은 프로그램들을 진행하지 못할 수도 있다. 작기 때문에 고유하고 독특한 프로그램들을 기획할 수 있다는 것이다.

"난 낙관주의자입니다. 늘 새로운 길을 모색합니다."

사람들은 책을 읽고 싶어 하지만 책을 쓰고 싶은 소망도 있다. 저자가 독자가 되고 독자가 저자가 되는 시대다. 글읽기와 글쓰기의 자유와 평등이 실현되는 시대다. 사라 맥널리는 인간의 이 같은 소망을 그의 서점 비즈니스에 연계시킨다. '에스프레소 북 머신'Espresso Book Machine이 그것이다.

나의 책, 나만의 책을 만들어준다. 글을 써오면 10분 안에 디자인하고 편집해서 소량의 부수를 인쇄·제책해준다. '나의 고전'을 한 권의 책으로 만들어주기도 한다. 저작권 없는 700만 타이틀의 책이 구글에 의해 데이터베이스화되어 있다.

누구든 이들 책을 내려 받아 '나만의 고전'을 만들 수 있다. 맥널리 잭슨은 샬럿 브론테Charlotte Bronte, 1816-1855의 『제인 에어』*Jane Eyre*, 제인 오스틴Jane Austen, 1775-1817의 『오만과 편견』*Pride and Prejudice*, 찰스 다윈Charles Darwin, 1809-1882의 『종의 기원』*Origin of Species*, 허먼 멜빌Herman Melville, 1819-1891의 『모비딕』*Moby Dick* 같은 고전을 '한 권의 나의 고전'으로 만들어주겠다고 예시하고 있다.

구텐베르크Johannes Gutenberg, 1397-1468 이전엔 필사로 한두 권의 책을 만들곤 했지만, 이 디지털 시대에 '한 권의 고전'이 커피 한 잔처럼 탄생하는 것이다. 맥널리 잭슨은 1년에 700여 권의 책을 에스프레소 북 머신으로 제작해주고 있다.

맥널리 잭슨을 자주 찾는 『뉴욕타임스』의 베스트셀러 작가 캐롤라인 리비트Caroline Leavitt, 1952-는 "특정 저자를 편애하지 않고 모든 작가와 책에게 평등한 기회를 주는 서점 맥널리 잭슨을 나는 좋아한다"고 했다. '나만의 책'을 의뢰하는 독자도 당당한 저자가 되어 담론의 주역이 되는 것이다.

"늙은 노숙자가 길에서 죽는 것은 뉴스가 되지 않지만, 주가지수가 한두 포인트 떨어지면 뉴스가 되는 세상입니다."

프란치스코 교황Pope Francesco, 1936-의 말씀이다. 월스트리트로 상징되는 맨해튼의 자본주의이지만, 서점 맥널리 잭슨에 드나드는 뉴요커들에게는 교황의 이 말씀이 들릴 것이다.

책으로 꿈꾸는 사람들은 독서를 통해 그 책이 제기하는 문제를 인식하고 이를 공유함으로써 현대사회가 안고 있는 문제들의 심각성을 알게 될 것이다. 문제의 인식은 실천의 전제다.

"오늘의 중국, 외양으로는 공화국이지만
본질적으로는 공화국이 아니다.
공화란 다른 의견이 만났을 때 성립한다.
불완전한 쌍방의 공존이 사실은 공화다.
논쟁은 어느 한쪽을 섬멸하는 것이 아니라
공존하게 하는 것이다."

베이징의 서점인 류수리와 책을 담론하다

베이징의 완성서원

"인류는 토론하면서 전진하고 논쟁하면서 발전한다. 인류는 대화하는 존재이고, 대화를 통해 인간의 본성은 성숙한다. 논쟁은 인류의 생존조건이다."

인류 역사상 최초의 성문헌법으로 1787년에 성립된 미합중국 헌법은 13개 주 대표들의 치열한 논쟁의 소산이었다. 베이징의 학술도서 서점 완성서원萬聖書園을 창립해 이끌고 있는 서점인 류수리劉蘇利는 미국 제헌의회가 펼친 논쟁과 토론은 인류문명사에 빛나는 정신적·사상적 성과라고 강조한다.

"공화共和란 논쟁과 토론으로 가능해진다. 권력자의 한마디 호령으로 공共하고 화和할 수 없다. 국가사회의 구성원이 공유해야 할 기본적인 문제를 같이 인식하려면 논쟁과 토론, 심지어 말다툼까지 거치지 않으면 안 된다. 나는 미국 독립시기 13개 주 대표들이 대립되는 논쟁을 통해 개인과 전체를 인식해가는 과정이 감동스럽다."

서점인 류수리는 '위대한 편집자' 공자孔子에게 비판적이다. 몸

中國 北京市 海淀區 成府路
59-1號 100190
86-10-6276-8750
www.allsagesbooks.com

은 시정에 있으면서 마음은 제후의 궁중에 가 있었다. 공자사상은 이론異論을 용납하지 않는다.

"주周 왕조의 유산을 수습하여 편집하고 다시 조합하면서 자기 마음에 들지 않는 부분은 삭제하고 자기 마음에 드는 부분만 남겨놓은 인물이 공자다."

오늘의 중국정치는 이미 결론을 정해놓고 하는 방식이라는 것이다. 본격적인 비판이 불가능하다. 논쟁과 토론을 용납하지 않는다.

"오늘의 중국, 외양으로는 공화국이지만 본질적으로는 공화국이 아니다. 공화란 다른 의견이 만났을 때 성립한다. 불완전한 쌍방의 공존이 사실은 공화다. 논쟁은 어느 한쪽을 섬멸하는 것이 아니라 공존하게 하는 것이다."

책은 폭력이 아니라 말과 글로 하자는 것이다. 책은 쌍방이 공존하게 하는 구체적인 담론의 과정일 것이다. 책은 그 책이 담고 있는 지식과 이론으로 새로운 지식과 이론을 존재하게 하는 합리적이고 생산적인 대안이다. 책이 상대방의 지혜를 이끌어낸다면, 책을 부인하는 폭력은 상대방을 섬멸한다.

"토론과 논쟁은 인격과 지식의 평등을 의미한다. 오늘 중국사회에서 가장 필요한 것은 자유정신이다. 자유정신이 평등을 구현할 수 있다."

프랑스의 볼테르Francois Voltaire, 1694-1778가 일찍이 말한 바 있다. "나는 당신의 말에 동의하지 않는다. 그러나 나는 당신이 그 말을 할 수 있는 권리를 지키기 위해 죽을 때까지 싸울 것이다"라고. 어디 볼테르뿐인가. 검열 없는 출판의 자유를 주장한 『아레오파지티

新书台
萬聖書園
政治的代价
人类文明的结构

카』Areopagitica, 1644의 저자 존 밀턴John Milton, 1608-1674도 같은 말을 했다. 민주주의는 누구나 말할 수 있고 말할 수 있는 권리가 보장되는 사회체제를 의미한다.

20세기의 정치철학자 한나 아렌트Hannah Arendt, 1906-1975는 '권위의 붕괴와 상실'로 전체주의가 등장했다고 분석한다. 『과거와 미래 사이』를 비롯한 일련의 그의 저서에서 권위가 약화되면서 강권과 폭력이 그 권위를 대체했다는 것이다. 권위의 가치와 사상을 지속적으로 지켰다면 20세기에 횡행했던 전체주의를 억제할 수 있었을 것이라고 한나 아렌트는 성찰했다.

권위란 무엇인가. 사유의 힘과 판단의 척도를 의미한다. 권위가 붕괴되는 상황에서 인간들은 사유와 판단의 능력을 상실한다. 인간사회를 지탱하는 보편적 가치체계가 붕괴되는 상황에서 전체주의가 발호한다.

독서란 사회적 삶을 인식하고 터득하는 과정이지만, 더 구체적으로 나는 오늘 어떻게 살 것인가라는 물음에 응답하는 실존적·실천적인 과정일 것이다.

인류역사상 한 권의 고전이란 인간의 개인적·사회적 삶을 반듯하게 인식하고 실천하는 이론과 지혜일 것이다. 인간다운 삶을 모색하기에 고전일 것이다. 위대한 고전 공자에 대한 류수리의 견해에 대해 우리는 얼마든지 다른 이론을 당연히 제기할 수 있을 것이다. 그러기에 공자는 당연히 고전일 것이다.

베이징의 서점인 류수리는 한 권의 책이 궁극으로 지향하는 정신과 가치를 늘 궁구하는 학인學人이다. 공자와 오늘의 중국 정치현실에 대해 비판적 인식을 하고는 있지만 기본적으로 그는 책을 신뢰하는 서점인이자 독서인이다. 세상을 더 아름답게 만들고, 세상을 더 민주적이고 정의로우며 도덕적인 차원으로 구현해내는 책의 그 기능을 신뢰한다.

베이징의 서점인 류수리를 만나고 대화하면서, 그의 완성서원을 방문하고 그 책들을 살펴보면서, 나는 한나 아렌트를 떠올린다. 주지하다시피 한나 아렌트는 20세기 인류가 당면했던 현실정치의 문제들, 인간이 저지른 위선과 죄악을 철학적·사상적으로 고발하고 새롭게 해석해냈다. '공공지식인'Public Intellectual으로서 현실사회에 참여했다. 그가 써낸『전체주의의 기원』『인간의 조건』『예루살렘의 아이히만』『혁명론』『공화국의 위기』등을 펴내면서 한 출판인으로서 나는 그가 산 현실세계를 학문적으로 천착하고 고발하는, 그 인식과 실천에 매료되고 있다.

나는 2015년 2월 뉴욕의 바드대학 숲속 공원묘원, 한나 아렌트 선생이 영면하고 있는 묘지를 찾아갔다. 그 묘지의 소박함에 나는 놀랐다. 노트북만 한 묘석에 아무런 수식도 없이 "1906년 10월 4일 독일 하노버에서 태어나 1975년 12월 4일 뉴욕에서 운명했다"고 새겨져 있을 뿐이었다. 전쟁과 폭력으로 격동하는 20세기, 그 인간의 '광기'와 '근본악'을 천착한 불멸의 사상가는 그러나 함께 만들어가는 '세계사랑'Amor Mundi을 오매불망했다. 지적 자유인이었다.

서점인 류수리도 '공공지식인'이다. 완성서원에 출입하는 사람들도 비치되어 있는 그 책들 속에서 '공공지식'을 생각하게 될 것이다. 완성서원의 책들이, 그 저자들이, 시대를 함께 살아가는 우리 모두에게 말을 걸어온다. 그 이론과 사상이 오늘의 우리 삶을 비추는 빛이 된다.

이탈리아 통일운동 지도자 마치니Giuseppe Mazzini, 1805-1872는 "한 번의 혁명이 수십 년 수백 년 걸리는 역사를 일거에 단축시킨다"고 천명한 바 있지만, 나는 말하고 싶다. 때로는 한 권의 책이 그 혁명을 가능하게 한다고.

인류의 위대한 문명사·문화사·사상사·정신사는 바로 책의 역사다. 독일의 역사학자 야코프 부르크하르트Jacob Burckhardt, 1818-1897는 루소의 『사회계약론』이 존재했기에 프랑스혁명이 가능했다고 하지 않았나. 완성서원에서 서점인 류수리와 책을 이야기하면서 나는 새삼 책의 정신, 책의 힘을 떠올린다. 한 해 200여 권씩 독파해내는 독서인, 오늘의 중국사회에 책의 힘, 책의 정신을 '전파'하는 서점인 류수리는, 한 권의 책이란 한 손에 들어올 정도로 형체는 지극히 작지만 그 역량은 경이롭다는 것을 실증해 보인다.

나는 일찍이 이탁오李卓吾, 1527-1602의 『분서』와 『속·분서』를 펴냈고 『명등도고록』明燈道古錄도 펴냈다. '혹세무민'했다는 죄를 뒤집어쓰고 투옥되었다가 자살로 생을 마감한 명대의 사상가 이탁오 같은 사상가는 당연히 출판인들이 선호하는 존재이고 소재일 것이다. 기존의 체제·사상과 다른 견해와 이론을 담론하는 사상가들이 사실은 역사와 시대를 변혁·발전시킬 것이다. 오늘에 살아 있는 '이단'이지만 그러기에 '고전'일 것이다.

등불을 밝히고 옛일을 논한다! 한 권의 책이란 새로운 시대와 새로운 삶을 전망하는 불의 꽃이다. 한 권의 명저란 지난 시대의 지성과 사상을 새롭게 해석해내는 담론일 것이다. 이단의 사상가 이탁오는 공자의 도리를 밝히기 위해 그 공자를 넘어서길 주저하지 않았다. 모든 고전이란 사실은 이단이 아닌가.

"이문회우 이우보인以文會友 以友輔仁"

나는 『논어』의 「안연」顔淵 편에 나오는 증자曾子의 이 말을 좋아한다. 그렇다, 글과 책으로 친구들을 만나고, 친구들과 함께하는 삶으로 나의 마음과 행동은 더 아름다워질 것이다. 세상을 아름답게 만드는 책, 책을 읽고 만들고, 책을 위해 헌신하는 친구들을 만날 수 있어서 나는 오늘도 행복하다. 친구들과 함께 있어서 세상을 아름답게 변화시킬 수 있을 것이다. 책 읽는 친구들과 여럿이 손잡음으로써 혁명도 가능할 것이다.

나는 중국·한국·일본·타이완·홍콩·오키나와의 출판인들과 함께 동아시아 출판인회의를 진행하고 있다. 책 만들기, 책 읽기를 토론하면서 지적 우정을 키우고 있다. 15년이 되어간다.

책은 경계와 영역을 뛰어넘는다. 경계와 영역을 뛰어넘기에 책이다. 동아시아 여러 국가 영역에서, 경계의 이쪽저쪽에서 창출되는 책의 문화를 함께 살펴보면서, 동아시아의 출판공동체·독서공동체를 확장·심화하는 우리들의 운동이다.

나는 이 동아시아 출판인들의 지혜와 문제의식을 성원받아 파주북어워드PAJU BOOK AWARD를 진행하고 있다. 한국의 파주출판도시PAJU BOOK CITY가 진행하는 책축제·지식축제 '파주북소리'의 일환으로 기획되고 있는 파주북어워드의 심사·운영위원으로 나는 책의 사람 류수리를 초대하고 있다.

2019년 여덟 번째 진행되고 있는 파주북어워드는 동아시아의 출판성과를 성원하는 프로그램인데, 이 프로그램을 함께 진행하면서 나는 책의 사람 류수리의 세계로 한 걸음 더 들어갈 수 있다. 완성서원이 소장한 장대한 책의 숲에서, 그 책들이 들려주는 웅장한 음향을 들을 수 있다. 나는 그의 책과 서점의 세계, 책의 철학을 진지하게 이야기할 수 있겠다는 생각을 더 하게 된다.

중국의 현존 시인 시촨西川, 1963- 이 말했다.

"완성萬聖이라는 서점 이름은 수많은 양서와 수많은 저자를 의미할 것이다. 완성서원의 서가에 꽂혀 있는 책의 저자들은 나에겐 성인들이다. 나는 이 성인들이 써낸 책들의 첫 번째 독자가 되고 싶다."

어디 시촨뿐일까.

베이징의 청푸루成府路, 베이징대학과 칭화대학 인근에 문을 열고 있는 완성서원은 중국 지식사회의 오늘의 이정표가 되었다. 완성서원의 서가에 꽂혀 있는 책들과 완성서원의 도서판매 상황은 당대 중국 아카데미즘의 풍향계 같은 것이다. 연구자·교양인들뿐 아니라 학술서점 관계자들이 완성서원에 들러 비치된 책들의 내용과 이론을 만나게 된다.

1993년에 창립해, 오늘 중국 지식사회에 큰 영향력을 미치고 있는 완성서원을 이끌고 있는 류수리는 그러나 나에겐 '현실적인 로맨티스트'로 여겨지기도 한다.

"다락방에 등불 하나 빛을 내고 있네.
집 안은 컴컴하고
대문은 굳게 닫혔어도
나는 반짝이는 등불을 볼 수 있네."

미국의 그림책 작가 셸 실버스타인Shel Silverstein, 1930-1999의 잘 알려진 작품 『다락방의 불빛』*A Light in the Attic*에 실려 있는 시편이다. 류수리에게 서점이란 중국사회를 밝히는 하나의 등불일 것이다.

서점인 류수리는 1960년 동북의 우쑤리烏蘇里 강변에서 태어났다. 1979년에 공부하러 베이징으로 왔다. 1983년 베이징대학 국제정치학과를 졸업했고 1986년 베이징정법대학 대학원에서 정책학을 전공했다.

류수리는 오늘 중국에서 가장 영향력 있는 '서평가'의 한 사람이다. 도서시장의 '민간관찰자'다. 중국의 정치·사회를 비판하는 에세이를 발표한다. 저명한 학자·지식인들이 담론하는 마당을 펼친다. 인터넷 포털 '시나닷컴'新浪이 운영하는 '중국하오수방'中國好書榜의 서평위원이기도 하다. 온라인에는 류수리의 다양한 북리뷰가 떠 있다. '류수리평선評選'을 만나게 된다. '올해의 책 10권' 선정작업에도 참여한다. 그의 서평은 광범하게 인용된다.

"네 가지 일을 한다. 첫째는 서점 운영이다. 둘째는 정치·사회에 대한 비판적 글쓰기다. 셋째는 중국과 주변국가의 관계 연구하기다. 넷째는 탄압받거나 감옥 가는 '자유주의자들' 뒷바라지 하는 일이다."

류수리가 개인적으로 갖고 있는 책이 5만여 권 된다. 책을 집에 다 둘 수 없어 아파트를 하나 얻었다. 완성서원 창고의 한 코너를 빌렸다. 중국사·세계사·국제관계사·법률학·인류학·철학·사회학을 읽는다. 빅뱅에 관한 책, 인류의 기원에 관한 책, 인종학을 읽는다. 책에 관한 책, 서점에 관한 책, 평전을 읽는다.

"5천 권은 집중해서 읽은 것 같다. 40년 동안 책 읽기가 밥 먹기보다 더 중요한 일이었다. 밥보다 책이 더 좋았다. 우리가 대학 다닐 땐 모두 돈이 없었다. 식권으로 책을 사기도 했다. 결국 책이라는 밥을 먹었다."

그의 정신과 사상을 형성하는 데 많은 영향을 받은 책과 저자와 사상가는 누구인지를 수많은 독자들에게 질문받는다. "밤마다 내가 누구의 영향을 받았는지 생각해본다. 누구라고, 어느 책이라고 말할 수 없다. 수많은 책과 사상가의 영향을 받지 않았을까."

그럴 것이다. 어느 한 권의 책으로 인생의 행로를 바꾸게 되었다는 것은 우문에 대한 우답일 것이다. 수많은 책을 읽었지만, 수많은 책이 그가 읽어주기를 대기하고 있다. 책 읽기가 그의 직업이 되었다. 중국엔 지금 1년에 45만여 종의 책이 출간되는 것으로 집계되고 있다. 이 수많은 책을 '선서'選書 해서 완성서원에 갖다 놔야 한다.

"책 읽는 것이 즐거워 보이지만, 실제로 고단하다. 소일거리로 책 읽는 경우가 없으니까. 늘 '의문'을 갖고 책들에 대한 '시비'是非를 해야 하는 과제가 나에게 주어져 있으니까. 책 읽기는 이제 나의 '투쟁'이 되었다."

—류 선생은 지상에서 책을 가장 많이 읽는 한 서점인이 아닐까.

"중국에서는 아마 가장 많이 읽는 사람일 수 있겠다는 생각도 해본다. 유럽이나 미국에도 정말 책 많이 읽는 사람들이 있을 것이다. 아무튼 책 읽기가 엄숙해진다. 책 읽기의 중요성을 자각한다. 신중해진다."

—이제 류 선생은 대중적인 독자들의 책 읽기에 영향력을 미치는 일종의 '권력' 같은 것은 아닐까.

"나의 북리뷰가 친구들에게 상처를 주기도 했을 것이다. 그러나 책에 대한 나의 신중함이 여러 사람들에게 동의받고 있는 듯도 하다. 때로는 리뷰를 거절하기도 한다. '신중한 영향력'을 행사하려 한다. 신

心为身役

중할수록 진정한 힘을 갖게 될 것이다."

―고금의 지극한 글과 책은 피와 눈물로 이루어진 것이다古今至文 皆血淚所成라고 청나라 문학가 장조張潮, 1735-1762가 말한 바 있지만, 천하의 책들은 나름대로 자기 얼굴, 자기 성격을 갖고 있을 것이다. 제대로 읽히거나 주목받지 못한 책들도 참 많기는 하다.

"영향력을 함부로 행사할 수 없게 내 나름의 제도가 필요하다. 나에겐 어떤 공식적인 제도가 없지만 내면의 제도를 두어 스스로 억제하고 있다. 나름 원칙을 두고 리뷰한다.

첫째, 너무 보편적인 주제는 주목하지 않는다. 현실적 상황에 어떤 해답을 제시해야 한다는 것이다. 분명한 해답이 불가능하더라도, 해결을 위한 방향성이라도 제시해야 한다. 일정하게 시사하는 바를 제시해준다면 나는 가치 있는 책이라고 생각한다.

둘째, 인간 개개인의 정신을 함양하는 책이라야 한다. 인간다운 삶을 고양시켜야 한다는 것이 나의 책에 대한 견해다.

셋째, 문장이 아름다워야 한다. 책의 내용은 기본적으로 인문이지만, 그 형식은 예술이다.

넷째, 스토리텔링이 좋아야 한다. 흥미롭게 구성되어 있어야 독자의 책 읽기를 유인할 수 있다.

이런 몇 가지 조건은 나의 독서경험에 기초하지만, 범용될 수 있다고 생각한다."

―수많은 미디어들이 류 선생의 북 리뷰를 요청하겠다.

"미디어를 통해 책을 이야기하는 일은 중요하다. 토론에 나서는 것도 독서운동이라고 할 수 있다. 그러나 인터뷰 70~80퍼센트는 거절한다. 완성서원 자체가 우리 시대 책의 정신, 책 문화의 수준을 말해준다고 생각한다. 서점이 스피커 역할을 한다고나 할까."

—류 선생과 대화하면서 나는 긴장하게 된다. 긴장하면서 때로는 창조적인 발상을 하게 된다. 우리가 만나고 읽는 이 시대의 책의 콘텐츠는 기본적으로 보편적이다. 책이 담아내는 콘텐츠는 이미 문명화 과정을 통해 상호소통적인 존재가 되었다. 책 읽기는 이제 전 지구적인 차원에서 보편적인 현상이 되었다. 수많은 책들이 순식간에 각 나라 말로 번역 출판된다. 중요한 콘텐츠나 이론을 담아내는 책들이 곧바로 소개된다. 정말 '평평한 세계'가 되었다. 그렇기에 책 만들기도 쉬워지고 있다. 어느 나라나 번역되는 책의 비율이 높다. 그러나 책 내기가 쉬워지면서 훈련되지 않은 사람들이 출판에 나서기도 한다.

"중국의 경우, 고민하지 않고 만드는 책이 수다하다. 커피 내리기는 미국에서 들여왔다. 그러나 커피 내리기도 연구해야 한다. 커피 내리기뿐 아니라 커피 자체를 연구해야 한다. 번역 출판이 많아지면 자기 저술도 많아질 것이다. '번역'하다가 '개조'하고, 다시 '창작'할 것이다."

—책이란 본디부터 문화적인 것, 정신적인 것이다. 그런데 책 만들기가 쉬워지고 대량화되면서 세계적으로 '상업주의'가 득세하고 있다. 미국의 큰 출판사들은 지극히 상업적인 전략을 구사한다. 미국의 저술가 토머스 프리드먼Thomas Friedman, 1953- 이 『세계는 평평하다』*The World is Flat*는 책을 썼지만, 책 쓰기, 책 만들기, 책 읽기가 세계적 차원과 규모에서 이루어지고 있다.

"내용이 좋다 나쁘다로 책을 기획하는 것이 아니라, 읽힐 것이냐 읽히지 않을 것이냐로 판단한다."

—현단계 중국 출판을 평가한다면.

"나름 만족한다. 중국이라는 나라는 한편으로 정부의 '통제'를 받으면서 다른 한편으로 '시장'에 서 있다. 책이 일당 지배하에 있지만,

中国地图

다른 한편으로 '시장'으로 열려 있다. 역설적이긴 한데, 공산당 지배가 오히려 '비상업적인 책'을 존재하게 한다. 중국은 거대국가이기에 막대한 책의 수요가 있다. 출판이 기본적으로 국영이지만 '자유파'가 영향을 미치고 있다. 뿐만 아니라 '면목'을 중요시하는 중국사회이기 때문에 '얼굴이 되는 책'의 간행이 중시되고 있다. 그 출판사의 얼굴이 되는 '형상 프로젝트'가 기획된다. 출판사들은 간판이 되는 책 만들기 경쟁을 하고 있다.

중국 출판사들은 공안당국의 통제 아래 있지만 돈을 많이 번다. 그렇기에 좋은 책도 낼 수 있다. 큰 프로젝트를 출간하지 못하는 출판사는 사회적으로 인정받지 못한다. 정부뿐 아니라 사회기구나 개혁·개방으로 큰 돈을 번 회사·개인들이 대형 프로젝트를 지원한다. 구독자가 아주 적은 전문적인 책의 기획출판도 가능하게 된다. '성숙사회'의 관점에서 중국을 보면 이해하기 어렵지만, 그래도 성숙사회로 가고 있다. 모든 변화에는 시간이 필요하다."

—중국은 장대한 시장을 형성하는 독자층이 있지만, 엘리트 독자들도 많지 않은가. 높은 수준의 문제의식과 지적 역량을 갖고 있는 연구자들과 독서가들이 존재하고 있다는 것이 중국 출판의 역량이 아닌가.

"한 국가사회를 건강하게 이끌어 나가는 데는 엘리트의 존재가 정말 중요하다. 엘리트의 지식과 지성, 덕성이 절대로 필요하다. 완성서원은 '대중'大衆이 아니라 '소중'小衆을 위한 서점이다. 그런 점에서 아주 개성적이고 전문적인 서점이다. 어떤 사회에서도 엘리트가 관건이다."

—그렇기에 완성이 들여오는 책의 선정은 소중을 위한 맞춤주문

같은 것이겠다.

"내가 책을 보는 관점도 그렇지만, 책을 들여올 때 그 책이 논술하는 지식뿐 아니라 그 저자와 책의 '덕성'을 나는 중시한다. 그 덕성이란 다른 말로 하면 심성·지성·미덕·용기·양식·책임감 같은 것이다. 현시대에 책이란 도구적이고 기능적이기도 하다. 그렇기 때문에 책의 주제와 철학이 중요해진다. 중국은 신앙이 없는 사회다. 따라서 덕성이 더 중요해진다."

—덕성과 신앙의 상호관계에 대해서는 좀더 설명이 필요할 듯하다. 윌리엄 제임스William James, 1842-1910는 그의 『종교적 경험의 다양성』*The Varieties of Religious Experience*, 1902에서 종교적 체험의 유용성을 주창하고 있다. 모든 종교 속에는 보편적인 성자다움universal saintliness이 담겨 있다는 것이다. 기본적으로 인간은 종교적인 동물이라고 보는 것이다. 믿는 게 안 믿는 것보다 더 좋다고 인식한다.

"신앙이 반드시 덕성은 아닐 것이다. 그러나 신앙을 통해 덕성을 함양할 수 있을 것이다. 지식이 덕성으로 가는 가교 같은 역할을 할 수 있다. 신앙이 있어도 덕성이 없는 경우가 있지만, 신앙이 없는 사회에서는 덕성이 더 중요해진다. 한 사회에 신앙이 없는 것보다 있는 게 좋다고 나는 생각한다."

—책을 읽지 않는 인간들이 운집해 있는 사회보다 책 읽기를 일상의 삶으로 누리는 인간들의 사회가 나는 더 도덕적이고 더 정의롭게 운용된다고 생각한다. 책이 담아내는 콘텐츠란 기본적으로 인문정신이다. 인문정신이란 생각하는 힘이다. 더불어 함께 살아가는 인문공동체를 염원하는 사람들은 그렇기에 책들이 숲을 이루고 책들이 합창하는 서재와 서점과 도서관의 풍경을 꿈꾼다. 철인 세네카Seneca,

BC.4-65도 말했다. 서재와 정원을 가진 자의 품격과 행복을. 이는 동과 서, 남과 북이 다르지 않을 것이다. 완성서원의 성립과 운영에 대해 이야기를 듣고 싶다. 왜 서점을 생각하게 되었는가.

"몇몇 동지들과 서점을 열기로 한 데는 두 가지 이유가 있었다. 하나는 생계를 마련하기 위해서였다. 요즘 세대는 자기의 생계를 스스로 해결해야 한다고 강조하면 이상하게 들릴지 모르나, 1980년대 중국에서는 지식인이 국가가 마련해주는 밥을 먹느냐 먹지 않느냐는 매우 중요한 선택이었다. 또 하나는 우리 세대가 품고 있던 어떤 꿈이었다. 우리 힘이 미칠 수 있는 범위 안에서 자신의 생각을 표현하고 싶다는 꿈이 있었다. 그렇다고 잡지를 발행할 수도 없었고 신문사나 방송국을 세운다는 것은 더 생각할 수 없었다. 고심한 끝에 서점을 열자는 것이었다. 우리가 어릴 적에는 책이 귀했다. 돈 들이지 않고 책을 읽을 수 있는 방법으로서 서점을 연다는 것이 나의 오랜 꿈이기도 했다. 그런 꿈을 이루어보자는 생각도 있었다."

—완성서원은 문을 열면서부터 주목을 받지 않았나. 어떤 경영방법이 그렇게 주목받게 했는가.

"서점을 여는 자세가 순수했다고 할까. 문제의식이 분명했기 때문이 아닐까 한다. 철저하게 학술·사상 도서류만 들여와서 판다는 것이 우리의 방침이었다. 소수의 확실한 독자들을 상대한다는 점에서 '소중'이 우리의 중심에 있었다.

또 하나는 도서 도매시장에서 책을 들여오지 않는다는 방침을 마련했다. 우리는 도서공급상인 도매가 출판사의 입장을 대변하지 않을 수 없다는 점을 잘 알고 있었다. 우리는 개별 출판사들을 잘 알지 못했지만, 우리는 출판사와의 직접거래를 시도했다. 완성은 다른 사람이 골라주는 책을 들여오지 않고 우리 스스로, 나 스스로, 직접 출판사에 가서 책을 들여왔다. 책을 구입하러 티베트에 직접 가기도 했다. 우리 스스로 책을 선택했기 때문에 일반 서점처럼 온갖 책을 갖추지는 못했으나 특색이 있다. 이것이 완성의 가장 중요한 정체성이다. 중간에 누군가가 책을 선정해주었다면, 분명 잘 팔리는 책을 권했을 것이다.

완성의 책 선정은 잘 팔리는 책이 아니다. 여기에 또 하나는 새로 출간된 책들을 어느 서점보다도 먼저 갖춰놓으려 했다. 이런 자세와 전통들은 지금도 이어가고 있다."

—세계의 독립서점 · 명문서점들은 '선책'選冊을 가장 중시하고 있다. 의미 있는 주제를 담고 있는 좋은 책들이 운집하면, 이미 그 서점은 그 어떤 지적 공간보다 탁월한 역할을 해내는 공공적이고 문화적인 기구가 된다. 지상에 이런 서점들이 살아 움직이는 한 인류에게는 희망이 있다는 생각을 하게 된다.

"우리 세대는 태생적으로 사명감 같은 것을 갖고 있다. 1970년대, 1980년대 이후 중국의 정치적 낙후현상의 원인을 규명해보고, 중국이라는 국가와 사회가 무엇을 추구해야 할 것인가를 생각하게 되었다. 우리는 비교적 일찍부터 동서방의 교류에 문제가 있다고 생각했다. 우리는 서점을 통해서 동서방 문화교류의 유기적 플랫폼을 만들자는 생각을 했다."

—완성서원은 "그 무엇도 대체할 수 없다"는 말을 지셴린季羡林, 1911-2009 선생이 했다고 알고 있다. 완성은 통상적인 서점의 의미를 뛰어넘었다. 중국 아카데미즘의 정신적 랜드마크가 되고 있다.

"깃발과 같은 존재라는 식으로 완성을 이야기하는 사람도 있지만, 지나치게 자기도취적이 되면 안 된다. 사람도 그렇지만 완성도 평가

만으로 먹고살 수 없다. 그런 평가는 완성에 대한 기대라고 받아들인다. 완성은 계속 존재해야 하고 일정한 수준을 유지해야 한다."

—완성을 운영해오면서 어떤 문제가 있었는가.

"상업적 목표와 이상적 목표의 관계 설정이 사실은 큰 문제였다. 하나의 사업이라고 했을 때, 거들먹거림은 전혀 도움이 안 된다. 사업으로 자리 잡지 못하면 이상을 추구할 수 있을까. 그러나 이상과 영혼이라는 목표는 사업을 위한 방향과 전략이 된다. 좋은 책을 들여와서 정교하게 분류하고 정성스럽게 진열할 때 독자들은 만족하고 더 구매하게 된다. 이는 상업적인 행위이지만 문화적 행위이기도 하다. 상업적인 언어를 통해 문화적인 언어를 구현하게 되는 것이다.

처음부터 생각 안 한 것은 아니지만 완성은 '공공공간'公共空間이 되어갔다. 처음엔 뜻이 통하는 친구들이 '모이는 장소'去處였다. 그러나 '모이는 장소'란 모호하고 지나치게 시적詩的인 표현이다. '공공공간'이란 개념이 정립되었을 때 완성은 번데기에서 나방으로 변했다고 할 수 있다. 완성이 지금 운영하고 있는 카페 '성객'醒客이 올해로 16년이 되는데, 카페 성객의 등장은 완성이 번데기에서 나방으로 변하는 결정적인 또 하나의 계기였다. 카페를 찾는 손님들은 차 마시는 것은 다음이고 공공의 화제를 두고 논쟁하는 것이 우선이었다. 토론이란 머릿속에 들어 있는 관념적인 것을 현실에서 구체화시키는 과정이다."

—지금 세계적으로 '독립서점'이란 말이 화두가 되고 있다. 한국의 경우도 그러한데, 대형 체인서점들은 서점이라기보단 '잡화점' 같아지고 있지 않은가.

"독립서점이란 말이 중국에 소개된 것은 아마도 1990년대 중반쯤이었을 것이다. 독립서점이 성공하려면 일반 서점보다 전문성을 갖추어야 한다. 전문성은 독립서점의 핵심요소라고 나는 생각한다. 중국에서 완성은 독립서점의 한 개척자라고도 할 수 있지 않을까 한다. 그러나 독립서점은 체계적인 전문성을 요구한다. 서점의 한 유형이지만, 독립서점도 하나의 사업이다. 순진하게 흥미와 동정심으로 서점을 하려는 사람들도 있다. 사업은 사업답게 하지 않으면 바로 무너진다. 서점인도 장사해야 한다. 장사하려면 전쟁에 나가는 전사처럼 철저하게 준비하고 나가 싸워야 한다."

—완성의 장사방법에 대해 구체적으로 듣고 싶다.

"쉽게 구할 수 없는 책은 완성에 가면 있다는 '신화' 같은 말이 있다. 우리는 이 신화를 위해 큰 대가를 치렀다. 오랜 시간의 대가. 그러나 이것이 완성의 긍정적인 버팀목이 되고 있다. 잘 팔리지 않는 책이 있기 때문에 사람들이 완성으로 찾아온다. 잘 팔리지 않는 책을 사기 위해 오지만 서점을 나갈 때는 책을 한 무더기 들고 나간다. 우리가 갖고 있는 8만여 종의 책 가운데 3만여 종은 1년에 한 권도 움직이지 않는 것도 있다. 우리는 완성이 살아남는 중요한 원인이 이 움직이지 않는 책 때문이란 사실을 알게 되었다. 잘 팔리는 책과 잘 팔리지 않는 책을 구분하는 수많은 이유가 있겠지만 우리는 안 팔리는 책들을 여전히 서가에 꽂아두고 있다."

—전문 북리뷰어로서 류 선생은 개성적인 관점이 강한 것 같다. 개인의 색채와 완성서원의 길을 어떻게 조정하는가.

"서점을 운영하면서 나는 두 가지 방향을 강화하고 있다. 하나는 개인적인 색채를 덜어내는 것이고 다른 하나는 공공성을 강화하는 것이다. 동전의 양면이지만, 책을 사들일 때 나는 개인의 관점을 기준으로 삼지 않고 공공공간의 관점에서 결정하고 있다. 우리가 지키려는 '자유주의 원칙'에도 부합하는 일이다. 또한 완성은 '어떤 목소리도 수용한다'는 열린 자세를 견지한다."

—완성의 독자구성·매출구성은 어떤가.

"매출의 3분의 1은 베이징 시내거주 독자들로부터, 3분의 1은 베이징 밖의 내국인 독자들로부터, 3분의 1은 해외 독자들로부터 나온다. 해외 독자는 두 종류로 나뉜다. 하나는 외국인 또는 외국기관이고 또 하나는 해외에 나가 있는 중국인과 중국인 유학생이다. 매출액의 구성으로 볼 때, 완성은 지역서점·동네서점의 지위를 벗어났다. 국제적인 서점이란 명성을 유지해오고 있다. 독립서점의 경우, 60~70퍼센트가 2, 3킬로미터 이내에 거주하는 독자들로부터 나오는데, 완성은 7, 8퍼센트밖에 안 된다. 사스SARS가 유행했을 때 완성은 외국 독자가 많기 때문에 구매회복에 반년이 더 걸렸다. 해외에서 찾아오는 고객이 줄었기 때문이다. 대부분의 서점이 방학이면 매출이 줄지만 우리는 매출이 더 왕성해진다. 베이징 등에서 국제회의·학술교류가 빈번해지면서 외국인·외지인이 많이 찾기 때문이다. 온라인 판매도 하지만 매출 점유율은 미미한 편이다."

—서구에서도 한동안 전자책, 전자책 하다가 최근 다시 종이책의 가치를 새롭게 인식하는 경향이 있는 듯하다. 나는 전자책이란 기본적으로 자본주의의 기계만능주의·물질만능주의에서 비롯된다고 생각한다. 종이책의 미래를 어떻게 보는가.

"인류의 종이책에 대한 편애는 유전자에 가깝다는 생각을 하고 있다. 인터넷이 비록 위세를 떨치고 있기는 하지만 종이에 인쇄하는 전통적인 책의 존재양태는 인간의 심미적 욕구와 일치된다. 종이책을 읽으면서 우리는 밑줄을 치고 메모한다. 특히 어린이들에게 종일 전

西藏
中华人民共和国

新书台
中国
社会
中国
民俗

자책이나 아이패드를 맡기는 엄마는 없을 것이다. 이것이 독립서점을 존재하게 하는 가장 근원적인 이유라고 나는 생각한다. 인터넷이 공급하는 정보란 사실은 기억에서 금방 사라져버리는 것들이 대부분이다. 나는 그래서 오늘도 종이책방을 열고 있다."

—완성만이 갖고 있는 업무상의 고유한 방침이나 내규 같은 것이 있는가.

"서점이라는 공간은 여러 독자들이 동의하는 공공의 광장이다. 방문하는 다양한 독자들을 만족하게 해야 한다. 예컨대 여름에 반바지에 슬리퍼를 신고 오는 남성고객은 입장시키지 않는다. 그러나 여성은 민소매 원피스에 슬리퍼를 신을 수 있다. 서점 안에서 통화를 못하게 한다. 물병을 들고 와서 물 마시는 것도 금하고 있다. 그러나 더 중요한 것은 '독자의 시선'과 '독자의 마음'으로 일한다는 것이다. 직원들에게 독자의 눈높이로 일하자고 강조한다. 독자들은 사실 불편함을 잘 말하지 않는다. 방문하는 독자가 무엇을 찾는지 알아차릴 수 있는 서점인이 되어야 한다."

—류 선생이 자리를 비워도 완성은 문제가 없을까.

"나는 완성서원이라는 하나의 체제를 정립하려고 노력했다. 나름 체제가 잡혔다. 내가 자리를 비우더라도 서점은 돌아간다. 훈련되고 문제의식을 갖춘 직원들이 일하기 때문이다."

중국의 지식사회에서 완성서원은 이제 하나의 '체제'가 되었다. 중국의 지식인뿐 아니라 중국을 연구하는 세계의 지식인들이 주목하는 '문화적 체제'가 되었다. 작가 천관중陳冠中, 1952- 은 소설 『성세盛世 중국 2013』에서 완성서원을 다룬다. 미래의 어느 날 완성서원이 정부당국에 의해 폐쇄되는 풍경을 그리고 있다. 완성서원은 이미 중국

사회의 문화와 지성을 상징하기 때문에 완성의 존재는 그만큼 엄혹한 주제가 된다는 것을 보여주는 작품일 것이다.

중국의 경우 30년 전에 1위안 하던 책이 지금은 40위안으로 올랐다. 책값이 40배가 뛴 셈이다. 30년 전에는 1년에 2만 종의 책이 발행되었는데 지금은 45만 종 이상 발행된다. 세계의 온갖 책이 번역되고 있다. 책 디자인도 눈부시게 발전하고 있다. 그러나 '출판의 자유'는 아직도 대제국 중국의 현실이다.

"중국의 지식인들이 당면하고 있는 현실이자 고민이다. 불합리한 이 암덩어리 같은 것도 중국의 역사적 유산이다. 쉽게 고쳐지지 않는 병이다. 그렇다고 자살할 수는 없지 않는가. 조심스럽게 살아가야 한다."

책과 독서가 중국이라는 국가와 사회를 새롭게 변화시킨다는 신념을 고수하는 그는 오늘도 서점 일을 구체적으로 펼치고 있다. 그는 그의 서점 경영철학을 세 가지로 요약한다.

"첫째, 책을 파는 사람이 책을 사는 사람 편에 서는 서점을 경영해야 한다. 그렇지 않으면 소비자와 이익을 다투게 된다. 둘째, 길이 있는 한 계속한다는 생각을 해야 한다. 학술도서 서점을 경영하는 서점인은 이상理想을 갖지 않으면 해내지 못한다. 셋째, 창조적인 마인드를 갖고 있어야 한다. 완성서원은 책만 팔지 않고 문화와 사상도 함께 팔려고 한다. 상업을 영위하면서 사회적 관심사에 대한 의견을 밝히고 사회문화 현상을 비판하려 한다."

완성서원의 서가에서 우리는 현시대 중국과 세계가 당면하는 과제를 만난다. 중국과 세계의 지성이 창출해내는 사상과 정신을 발견한다. 이 책들이 오늘의 중국사회에 '자유의 혼'을 심어주고 있다.

독립서점이란 그 주인이 손수 일하는 서점일 것이다. 완성의 대표 류수리는 물론이고 그의 부인 환핑煥萍도 서점 현장에서 구체적으로 일하는 사람이다. 2014년 12월 마지막 날 완성서원의 '안주인'이 쓴 일기는 독립서점 완성의 풍경을 잘 보여준다.

"점포를 운영하면서 스물네 시간을 함께 지내는 부부가 미치지 않으려면 남자가 아주 상냥하거나 여자가 멍청해야 한다. 그런데 우리 둘은 다 같이 고집이 세다. 류수리의 선조들은 장쑤 성 사람들이지만 류수리 자신은 우쑤리 강변에서 엄마 뱃속을 박차고 나왔다. 그래서 수리蘇里란 이름을 얻었다. 중국 동북지방에서 자란 남자들이 으레 그렇듯 그는 '사내대장부' 기질이 가득하다.

이런 남자를 만나 함께 살려면 내 스스로가 멍청해지는 수밖에 도리가 없다. 어쩔 수 없이 멍청해진 나는 인내를 배웠다. 다행스러운 것은 그가 반성할 줄 아는 사람이란 점이다. 돈관리가 야무지지 못한 점을 알고 나서부터는 나는 그에게 돈에 관해서는 묻지 않는다.

일상생활에서 우리는 늘 다투지만 일할 때는 의견이 충돌하는 경우가 별로 없다. 서점경영에 대해서 우리는 십중팔구 묵계하고 있다. 분명한 역할 분담의 규칙이 있다. 그는 구매와 대외홍보를 맡고 나머지는 내가 관할한다. 서로 간섭하지 않는다.

완성의 오랜 친구들은 류수리와 내가 저녁이 되어서야 서점에 나온다는 사실을 잘 알고 있다. 친구들이 서점에 와서 묻는다.

'류수리 어디 있어요?'

나는 늘 이렇게 대답한다.

'숙제하고 있어요.'

언제부턴가 친구들은 아예 '류수리는 숙제하고 있어요?'라고 묻기 시작했다. 그는 새로 도착한 책들을 한 권도 빠짐없이 들추어보고, 중요하다고 판단되는 책들은 추가로 주문하라고 지시한다. 직원들과 이 추가주문 책들을 놓고 토론한다.

류수리와 나는 완성의 장점이자 승부처는 다름 아닌 '책'이라고 생각한다. 우리가 아는 것은 책뿐이니 다른 것은 할 수가 없다. 그 길로 완성은 오늘까지 이르렀고 완성에는 여전히 책이 그득하다."

나는 올해로 책 만들기 43년이 되었다. 제법 많은 책을 기획하고 만들었다. 사람들은 나름 열심으로 책 만드는 나에게 다른 일 하고 싶은 때가 있느냐고 묻기도 한다. 그럴 때마다 나는 말한다. 난 다른 것 할 줄 모른다고.

언론계에서 해직되고는 한때 공부를 해볼까 하다가 출판사를 창립해 지금까지 책을 만들고 있지만, 때로는 책 만들기를 잘했다는 생각을 하게 된다. 다른 일은 잘 해내지도 못했을 것이다.

나는 출판사의 살림 상태에 대해서 잘 모른다. 관심을 갖지도 않는 편이다. 아내 박관순朴冠淳의 몫이다. 나는 내가 만들고 싶은 책들만 줄곧 만들고 있다. 류수리 부인의 일기를 보면서, 류수리가 걷고 있는 책의 행로가 내가 걷고 있는 책의 행로와 닮아 있다는 생각을 하게 된다.

"나는 류수리처럼 책에 대해 끊임없는 열정을 가진 사람을 본 적이 없다. 그는 세상에 존재하는 모든 책을 읽으려 하고, 세상의 모든 책을 평가하려 든다. 서점경영을 위한 일이기는 하지만, 이십 년 이상을 하루같이 다량의 책을 읽기란 결코 쉽지 않을 것이다. 그는 그것밖에 할 줄 모르는 사람 같다. 책을 들면 주변세계는 완전히 잊어버린다. 책을 읽을 때 그는 서점 사람이면서 출판편집자가 된다. 연구자이자 학생이 된다.

그는 30초 안에 책의 수준을 파악해야 한다는 지론을 갖고 있다. 세 번은 통독해야 한다는 지론도 갖고 있다. 책에 관한 그의 기억력은 놀랍다. 어떤 저자가 어떤 책을 써냈는지, 어느 출판사에서 그 책이 나왔는지, 책 표지는 어땠는지, 유사한 주제의 책은 어떤 것이 있는지, 그의 머릿속에는 이런 정보들로 가득하다. 바로 그렇기 때문에 책의 체계적 진열에는 무관심하다. 나는 그래서 서가 정리에는 그가 간여하지 못하게 한다.

류수리가 내게 말했다.

'난 학자가 될 재목은 아니지만 책 읽기를 사랑하기 때문에 책과 영원히 사귈 수 있다. 나는 책을 팔 수 있어서 내 스스로가 자랑스럽다. 완성은 하늘이 내게 내린 복이다.'

그가 숙제를 열심히 하는 동안 완성은 순조롭게 굴러갈 것이다. 그가 숙제를 마칠 수 있도록 나는 몇 년은 더 멍청이가 될 작정이다."

'펜은 칼보다 강하다'The pen is mightier than the sword라는 말이 책 쓰고 책 읽고 책 만드는 사람들 사이에 유전되어오고 있다. 미합중국을 건국하는 데 결정적인 영향을 준 토마스 페인Thomas Paine, 1737-1809에게 잘 어울리는 경구다. 그의 작은 저술『상식』*Common Sences*, 1776은 당대의 슈퍼셀러이기도 했지만, 이 책이 없었다면 미국의 독립은 지체되었을 것이라는 견해도 있다. 미국의 제2대 대통령 존 애덤스John Adams, 1735-1826는 "페인의 펜이 없었다면 조지 워싱턴George Washington, 1732-

1799의 칼은 쓸모없었을 것이다"라는 말을 남겼다.

'펜'이란 책의 힘, 책의 정신을 의미한다. 서점인 류수리의 주제이자 신념이다. 나의 주제이고 나의 신념이기도 하다. 어디 그와 나뿐일까. 책의 힘, 책의 정신을 옹호하는 지상의 독자·저자·출판인·서점인들의 주제이고 신념일 것이다. 한 권의 책을 통해 인간은 공共하고 화和할 수 있다. 책이야말로 찬란한 아름다움이고 위대한 이성이다.

고금의 혁명가·군사가·정치가 중에서 마오쩌둥처럼
독서에 몰두한 사람도 드물 것이다.
그는 광범한 주제의 책을 읽고 활용한 '위대한 독서가'였다.
고전은 그의 독서에서 중심이었다.
그에게 독서란 하면 좋고 하지 않아도 되는 선택이 아니라
그의 혁명과 정치에서 필요·충분조건이었다.

24시간 불 밝히는 싼롄타오펀서점의 정신

베이징의 싼롄타오펀서점

고전사상가 순황荀況, BC 298-BC 238은 그의 책 『순자』를 '권학'勸學으로 시작한다. "학문을 하면 사람이 되지만, 그것을 버리면 짐승에 불과하다"고 했다. 통치자의 자격은 가문이나 재산이 아니라 교양과 도덕에 있다고 했다. 끊임없는 학문을 통해 인간은 인간답게 된다는 것이다.

학문이란 무엇인가. 독서를 삶의 질서로 삼는 것이다. 일상의 독서를 통해 생각하는 인간이 될 수 있다. 생각하는 인간이 도덕적이고 정의로운 국가사회의 기반이 될 것이다. 순황의 유가사상은 과학적인 사유와 합리주의다. 그의 과학적인 사유와 합리주의는 책 읽고 토론하고 성찰하는 삶의 지속적인 과정에서 가능해진다.

합리적이고 도덕적이며 정의로운 인간들과 그 인간들이 구현하는 국가사회는 캐논Canon 또는 정전正典을 전제로 한다. 그 국가사회의 인간들이 동의하는 캐논과 정전이 없다면 그 국가사회는 정당하다 할 수 없다.

中國 北京市 東城區
美術館東街 22號 100010
86-10-8404-0989
www.slbook1996.com

역사를 새롭게 일으켜 세우는 혁명이란 새로운 사상과 새로운 이론을 담론하는 저술들의 등장과 함께 그 저술들을 독서하는 과정에서 진행된다. 18세기의 계몽사상가 장 자크 루소Jean-Jacques Rousseau, 1712-1778의 『사회계약론』*The Social Contract*은 프랑스혁명을 추동시키는 역량이 되었다. 루소의 『사회계약론』은 새로운 시대와 새로운 혁명에 답하는 이론이자 사상이었다. 정전이자 권위였다.

'새로운 중국'을 일으켜 세우는 '인민공화국혁명'도 같은 차원에서 이야기할 수 있다. '책'과 '독서'가 인민공화국혁명의 당위와 실천적 전략을 가능하게 하는 것이었다. 책 없이, 독서하지 않고, 진정한 권위와 정전을 대중적으로 확보하기는 불가능할 것이다.

중국의 인민혁명은 독서하는 혁명가 마오쩌둥毛澤東, 1893-1976으로 상징된다. 독서하는 중국혁명군의 전설 마오쩌둥은 1945년 옌안延安에서 열린 중국공산당 제7차 중앙위원회에서 언명했다.

"우리는 원래 알지 못했던 것을 배워서 알 수 있다. 그럼으로써 우리는 낡은 세계를 파괴하는 데 뛰어날 수 있고, 새로운 세계를 건설하는 데 뛰어날 것이다."

고금의 혁명가·군사가·정치가 중에서 마오쩌둥처럼 독서에 몰두한 사람도 드물 것이다. 그는 광범한 주제의 책을 읽고 활용한 '위대한 독서가'였다. 고전은 그의 독서에서 중심이었다. 그에게 독서란 하면 좋고 하지 않아도 되는 선택이 아니라 그의 혁명과 정치에서 필요·충분조건이었다. 독서를 통해 새로운 시대에 타당한 새로운 정전을 만들었다. 장중한 권위를 도모했다. 인민들이 동의하는 정전과 권위로 혁명을 실현했다. 책과 독서는 그에겐 새로운 역사정신이었고 혁명 과정이었다.

24 hours opening
北京三联韬

마오쩌둥은 중난하이中南海의 국향서옥菊香書屋에서 거주했다. 그가 세상을 떠난 후 국향서옥에 남겨진 책이 9만 권이었다고 한다. 건국 후 베이징에서 살기 시작하면서부터 세상을 떠나기까지 모은 책이 그만큼이었다. 모든 책에는 그의 손길이 닿았다는 표시가 남아 있었고, 많은 책에는 그의 독후감이 메모되어 있었다.

미국의 언론인 해리슨 솔즈버리Harrison Salisbury, 1908-1993의 『대장정』*The Long March: The Untold Story*, 1985은 1934년 11월 샹장湘江 도하전투가 끝난 후의 상황을 모원화莫文驊, 1910-2000: 장정 당시 홍5군단 제13사단의 정치부 주임와의 인터뷰를 통해 중국혁명군의 독서풍경을 수록하고 있다.

"해가 떠오르자 사방이 분명하게 드러났다. 책과 문서들이 사방에 널려 있었다. 보병 교범, 지도, 전략론, 토지문제, 중국혁명을 논한 책, 정치경제학과 마르크스·레닌의 저작, 영문책, 독문책 등 홍군의 짐꾼들이 루이진瑞金에서부터 힘들게 운반해온 도서관의 책들이 그곳에 널려 있었다. 우리의 사상적 무기가, 우리의 군사문헌들이 그곳에 널려 있었다."

1949년 중화인민공화국 수립을 선포하고, 다시 오늘 개혁개방의 신중국을 구현하는 사상적·이론적 기반은 중국 지도층의 이 같은 일상적인 권학과 독서로 구축되었다. 그 중심에 '싼롄서점'三聯書店이 존재한다. 현대중국사의 고단한 역정에 헌신한 싼롄서점 출판인들의 문제의식과 그들이 펴낸 책들이 오늘의 중국을 만들어내는 것이다.

1932년 쩌우타오펀鄒韜奮, 1895-1944이 '생활서점'을 설립했다. 『생활주간』『항전』『전민항전』 등을 통해 인민들의 항일정신을 고취했다. 1936년 리궁푸李公樸, 1901-1946가 '독서출판사'를 설립했다. 마오쩌둥의 『신민주주의』와 『논論 연합정부』를 비밀리에 간행해 배포했다. 첸쥔루이錢俊瑞, 1909-1985가 1935년 '신지서점'新知書店을 설립했다. 쩌우타오펀과 리궁푸는 '신중국 성립을 위해 걸출하게 공헌한 영웅모범인물 100인'에 선정됐다. 첸쥔루이는 교육부 부부장과 문화부 부부장, 베이징대 교수를 역임했다.

이 세 출판사가 1948년에 합병함으로써 오늘의 싼롄서점이 되었다. 이 세 출판사가 펴낸 책과 잡지들은 20세기 중화인민공화국의 역사와 오늘의 중국을 건설하는 데 필요한 정보와 이론, 사상과 정신의 원천이 되었다.

싼롄서점은 고품격 인문도서를 출판함으로써 지식인·교양인·독서인들의 존경과 사랑을 받으면서 '중국 지식분자의 정신의 집'이란 명성을 얻고 있다. 잡지 『독서』와 『싼롄생활주간』은 수준 높은 문제의식으로 오늘의 중국 지식사회를 견인해내고 있다.

베이징대학 부총장을 지낸 고문자학의 세계적인 권위자 지셴린季羨林, 1911-2009은 「내 마음속의 싼롄」이란 글에서 싼롄서점의 의미를 기록한 바 있다.

"싼롄서점의 역사는 지난 반세기 중국 지식분자의 정신사다. 싼롄서점의 빛나는 정신은 개혁개방 20년의 역사다. 싼롄서점이 없었다면 이 20년의 사상과 지식의 역사는 어떻게 되었을까. 나는 늙은 지식분자로서 다년간 관찰과 사유를 해온 내 마음속 싼롄서점의 점격店格을 여덟 글자로 귀납한다. 청신清新, 장중莊重, 진지眞摯, 구실求實. 이 '격'이란 하루아침에 형성되는 것이 아니라, 긴 시간을 거쳐 가꾸고 자라난 뒤에야 점차로 대중이 받아들이는 것이다."

베이징 시 둥청구東城區 미술관동가美術館東街 22호에 자리잡은 싼롄타오펀서점三聯韜奮書店이 2014년 4월 8일 '24시간 개점'을 시작했다. 중국 대륙에서 밤새 불이 꺼지지 않는 최초의 서점이 되었다.

중국 지식인들이 신뢰하는 싼롄서점은 그 명성과 더불어 일찍이 '출판과 서점의 일체화'를 시도해 곳곳에 싼롄타오펀서점을 개설했다. 그러나 1990년대부터 인터넷서점이 급속하게 발전하면서 20여 군데의 직영서점이 문을 닫아야 했다.

'24시간 서점'은 신중국 성립을 도모한 영광스런 역사에 빛나는 싼롄의 새로운 몸부림일까. 본점에 이어 2015년 4월 23일 '세계 책의 날'에 두 번째 '24시간 서점'을 칭화淸華 대학 경내의 칭화동방과학기술광장 D동에 문 열었다.

싼롄서점의 판시안樊希安, 1955- 총경리는 '24시간 서점'을 열면서 시적詩的인 소회를 밝혔다.

"도시를 밝히는 등불 하나!"

디지털 시대에 펼치는 싼롄서점의 24시간 불 밝히는 새로운 서점 운동은 책을 사랑하고 책 읽기를 숭상하는 중국인들의 새로운 독서 운동이다. 각계 인사들의 헌사가 이어졌다. 리커창李克强, 1955- 국무원 총리가 메시지를 보냈다.

"24시간 불이 꺼지지 않는 서점, 심야의 서재를 독자들에게 제공한다는 것은 매우 창의적인 생각이고, 국민 전체의 책 읽기 운동에 동력이 될 것이다."

전임 문화부 부장이자 작가인 왕멍王蒙, 1934-이 짧지만 단호한 문장으로 책과 서점의 가치를 천명했다.

"책을 생명처럼, 책을 친구로!"

싼롄타오펀서점의 부총경리 왕위王玉가 24시간 서점의 분위기를 설명한다.

"밤에 몰려오는 독자들을 보면서 정말 신명나는 일 시작했구나 싶다. 24시간 서점 열겠다는 제의가 이곳저곳에서 오고 있다. 새로 서점 열겠다는 소식도 들려온다."

2015년 가을 나는 24시간 불 밝히는 서점 싼롄타오펀을 관찰하러 갔다. 서점은 밤 12시까지 독자들로 가득하다. 새벽 2시까지도 많다가 새벽 4시가 되면 줄어든다. 아침 7시가 되면 출근하는 사람들이 들른다. 서점이 다시 붐빈다.

"본점은 24시간 개점하면서 매출이 68퍼센트 늘어났다. 야간 근무자에겐 평상 임금보다 1,000위안을 더 준다. 야간에 책을 구입하면 20퍼센트 할인해준다. 야간 독자를 위해 의자와 책상을 제공한다."

내가 싼롄타오펀서점의 칭화대학점을 방문한 그날, 밤 12시경에 책을 보고 있는 독자가 50명은 더 되어 보였다. 12시가 지났는데도 계산대 앞에는 책값을 치르는 독자가 끊이지 않았다. 한 대학생과 이야기 나눴다.

"저녁 먹고 두 시간이나 버스 타고 왔다. 서점에서 밤샘을 체험해 보려고. 버스가 끊겨 집에 갈 수도 없다. 해 뜰 때까지 여기서 책 읽으

려 한다."

엎드려 자고 있는 젊은이도 보인다.

"살짝 깨워준다. 집에 들어가라고 권유하기도 한다."

중국 소수민족인 묘족苗族 출신의 왕위는 중국인의 삶의 방식과 기질이 24시간 서점을 가능하게 할 것이라고 분석했다. 낮에 자고 밤에 나다니는 야행족夜行族이 많다는 것이다.

본점은 본사 소유 건물이기 때문에 공간 임대료는 없다. 칭화대학은 임대료를 절반으로 내려주었다. 칭화대학이 '싼롄 24시간 서점'을 유치한 셈이다. 카페도 24시간 문을 열고 독자들을 맞는다.

"밤을 새워 독서체험하려는 젊은이가 많다."

본점은 한 달에 200만 위안 가까이 판매한다. 칭화대학점도 인근에 대학이 많기 때문에 이용 고객이 계속 늘어날 것으로 내다보고 있다.

"서점 열겠다면 현장 나가서 답사하고 자문해준다."

본점에서는 주말마다 공개강좌나 저자와의 대화를 진행한다. 200~300명이 몰려든다. 서가와 책을 구석으로 밀고 공간을 만든다. 분점도 행사를 준비하고 있다.

24시간 불 밝히고 문 여는 싼롄타오펀서점에서 나는 요한 하위징하Johan Huizinga, 1872-1945의 '유희하는 인간'을 떠올렸다. 책과 함께 유희하는 인간, 책의 놀이터에서 유희하는 인간. 책이란 최고 품격의 유희도구이고, 독서란 최고 품격의 유희가 아닌가.

책이란 어린이는 물론이고 어른에게도 즐거운 유희도구다. 책 읽기는 유희의 구체적 행위다. 싼롄타오펀서점은 책과 함께 즐기는 모든 사람의 유희공간이다!

우리는 시인 보르헤스Jorge Borges, 1899-1986의 도서관 예찬을 잘 알고 있다. 온갖 지식과 지혜, 흥미로운 스토리와 유익한 정보를 소장하고 있는 도서관, 인류의 위대한 정신유산을 수장하고 있는 도서관이야말로 천국 같은 것이라고 했다. 그러나 도서관보다 더 열려 있는 지혜와 지식의 자유공간·놀이공간인 서점이 존재하고 있음에 나는 늘 감사한다. 참으로 유익한 공공도서관이야말로 인간이 창안해낸 경이로운 문화유산이다. 그러나 도서관의 엄숙함이 나를 약간은 불편하게 한다. 도시의 이곳저곳에 존재하는 서점이야말로 자유롭다. 오래된 책뿐 아니라 그때그때 출간되는 새 책들을 도서관보다 더 빨리 만날 수 있다. 아주 오래된 온갖 책 속에 파묻혀, 막 출간되어 잉크 냄새 풍기는 수많은 새 책과 함께 지식과 지혜, 이야기와 정보를 체험할 수 있는 서점을 나는 좋아한다. 어찌 나뿐일까.

남녀노소 누구나 자유롭게 출입할 수 있는 서점이야말로 책을 사랑하고 책 읽기를 누릴 수 있는 자유천지다. 지혜와 지식과 정보와 스토리의 경계가 없는 유토피아다. 자유로운 지식의 축제공간이다. 계몽사상가 볼테르Francois Voltaire, 1694-1778가 말하지 않았나. "책을 읽자. 춤을 추자. 이 두 즐거움은 세상에 어떤 해악도 끼치지 않는다"고. 24시간 불 밝히는 싼롄타오펀서점이야말로 책 읽기와 춤추기가 가능한 신명나는 유희공간이다.

한국에서는 심산深山의 고찰에서 진행되는 '템플스테이'Temple Stay가 유행이다. 고찰에 머물면서 힐링하기다. 한국의 파주출판도시Paju Bookcity '지혜의 숲'Forest of Wisdom은 '라이브러리 스테이'Library Stay 프로그램을 운영하고 있다. 학생들과 학부모, 교육당국 모두 만족하는 프로그램이다. 한 번에 100여 명의 학생들이 교사들과 함께

라이브러리 호텔에서, 책 읽고 토론한다.

파주출판도시 '지혜의 숲'은 24시간 문 열어놓는 자유로운 책의 유희공간이다. 혼자 또는 그룹으로 와서 책과 함께 밤을 새우는 경험을 할 수 있다. 늘 열려 있는 공동서재 같은 개념이다. 나는 파주출판도시 '지혜의 숲'을 '책과 함께하는 책의 유희공간'이라고 이름 붙였다.

싼롄타오펀서점의 24시간 개점은 '북스토어 스테이' Bookstore Stay다. 밤을 새우면서 오래전에 출간된 책들과 새로 출간된 책들이 어깨동무하는 책의 숲에서 한없이 머물기다. 고전과 함께 어울린다. 신간과 함께 어울린다. 옛날과 오늘의 사상과 이야기를 함께 호흡한다. 한밤의 어둠을 밝히는 등불 아래서 책과 놀이하는 내 마음의 축제를 통해 나의 몸과 마음은 강건해진다.

중국에서는 예로부터 명문 장서가藏書家들이 책과 독서의 가치와 정신을 드높였다. 지식인의 최고의 인문적 놀이도구로서, 책의 가치와 정신을 오늘에 전하고 있다. 찬란한 책의 문화사, 독서의 정신사를 장식하고 있다.

남송南宋 시대의 시인이자 역사학자인 육유陸游, 1125-1210가 책 사랑에 대한 시를 남겼다. 책 읽기를 누리는 오늘의 독서인들에게도 여전히 감동을 준다.

"인생의 100가지 병은 그칠 때가 있으나
오직 책에 빠진 병은 고칠 수가 없으니."

人生百病有已時 獨有書癖不可醫

육유는 5대에 걸친 이름난 장서가 집안에서 태어나고 자라면서 책을 읽었다. 5만 권의 책을 수장했다는 청나라 건륭乾隆 시대의 장서가 오건吳騫, 1733-1813도 책에 대한 지극한 헌사를 남겼다.

"추위에 옷이 없어도 견딜 수 있고
배고파도 먹지 않고 견딜 수 있으나
책이 없으면 하루라도 지낼 수 없네."

寒可無衣 饑可無食 至於書 不可一日失

중국 정부는 2007년부터 2012년까지 60만 449개의 '농가서옥'農家書屋을 개설하고 9억 4천만 권의 책을 비치했다. "중국 인민들의 지적 수준을 높이기 위한" 이 농촌도서관 프로그램에 59억 위안을 투입했다. 2012년에는 12억 위안을 투입했다.

상하이 시는 2012년 '실체서점조혈'實体書店造血 조례를 제정해 64개 서점에 1,650만 위안, 2013년에는 33개 서점에 700만 위안을 지원했다. 중국에서 서점은 부가가치세와 영업세를 면제받는다.

2015년 2월 18일 시진핑習近平, 1953- 국가주석은 '독서동원령'을 내렸다.

"국가 지도자들과 당 간부들부터 책 읽기를 일상으로 삼아야 한다. 책 읽기를 사랑하고愛讀書, 책 읽기를 좋아하고好讀書, 열심히 책 읽어야 한다善讀書."

산시 성陝西省 황토고원黃土高原 출신인 시진핑 국가주석은 고향에서 쟁기질을 하다가도 쉴 때면 책을 읽었다고 한다. '독서하고 생각한다'는 것이 그의 좌우명이라고 한다. 시진핑 주석뿐만 아니라 중국 정부의 고위층들이 책 읽기를 일상으로 삼는다는 사실은 익히 알려진 바다.

중국 정부는 좀 더 본격적인 '전민全民 열독정책'을 구체적으로 펼치고 있다. 2017년 제19대 중국공산당 전당대회는 독서가 나라와 역사의 운명을 바꾼다讀書改變命運는 진리를 널리 펼친다는 지침을 천명하고 8대 중점 업무지침을 채택했다. 독서 인프라를 완비하고, 양질의 독서 콘텐츠를 제공하며, 청소년과 기층군중을 위한 독서운동을 펼치고, 당정과 민간조직의 협력을 도모한다는 것이다.

2003년부터 2004년에 걸쳐 싼롄서점의 출판정신을 다시 확인하는 의미 있는 운동이 여러 차원에서 전개되었다는 사실에 주목해야 한다. 싼롄서점의 출판방식이 싼롄의 전통과 정신에 어울리지 않는다는 비판이 2003년 출판사 내부에서 제기되었다. 이윤을 위해 교재와 학습참고서를 대량으로 출판하고 대중적인 잡지를 출판하자 직원들이 연명連名으로 경영진의 지나친 상업주의를 비판하는 공개서신을 발표했다.

2004년 3월에는 문학가이자 번역가인 양장楊絳, 1911-2016, 정치학자 천러민陳樂民, 1930-2008, 역사학자 쉬지린許紀霖, 1957-, 역사학 교수 거자오광葛兆光, 1950-, 국제전문가 쯔중쥔資中筠, 1930- 등 지식인·학자·교수·문학가들이 싼롄서점의 일탈을 우려했다. 4월에는 베이징의 완성萬聖서원과 상하이의 지펑季風서원 등 전국의 42개 민영서점이 '싼롄서점에 보내는 공개서신'을 발표하고 싼롄서점 대표의 탄핵을 요구했다.

중국문화계에서는 이 사건을 '싼롄보위전'三聯保衛戰 이라고 불렀다. 각계 인사들의 연대에 힘입어 2004년 9월 14일 싼롄서점 전체 직원 대회가 열렸고, 총편집장 왕지셴江季賢, 1953- 이 사임함으로써 180일에 걸친 '싼롄보위전'은 끝났다.

싼롄타오펀서점 이름은 싼롄서점의 또 다른 창립자인 쩌우타오펀의 이름을 따서 '싼롄타오펀'이라고 지었다. 쩌우타오펀은 서점을 창립할 때부터 '정성을 다해 독자들에게 봉사한다'는 사시社是 를 내세웠다. 쩌우타오펀의 생각을 오늘의 싼롄타오펀서점이 고수하고 있다.

싼롄서점은 1년에 2,000여 종의 책을 펴낸다. 싼롄타오펀서점 본점은 4만여 종의 책을 비치하고 있다. 총경리 판시안은 싼롄타오펀서점이 지향하는 바를 두 문장으로 언명한다.

"싼롄타오펀서점은 이념을 파는 서점이다.
싼롄서점은 돈 벌기 위해 책을 내지 않는다."

무협소설을 애독하는 성공한 기업인 알리바바의 총수 마윈馬雲, 1964- 이 말한 바 있다.

"성공한 자가 책을 읽지 않으면 반드시 망한다."

책과 독서는 새로운 역사를 창설해내는 지혜이고 역량이지만, 책과 독서는 그 역사를 지속시키는 현실적 · 대안적 조건이다. 책과 독서는 새로운 인류문명을 일으켜 세우는 이론이고 사상이지만, 책과 독서는 다시 이 인류문명을 창조적으로 전승시키는 실천적 대안이다.

싼롄서점과 싼롄타오펀서점의 책 만들기와 24시간 불 꺼지지 않는 서점운동은 문자의 나라이자 책의 나라이며 독서의 나라인 중국에서 어떤 모멘툼Momentum을 만들까. 그 출판현장·독서현장에서 한 출판인으로서 나는 또 다른 중국의 경이로운 지적·문화적 '운동'을 체험하고 있는 중이다. 책 만들고 책 읽는 그 국가·사회의 정책과 운동을 계속 관찰하고 싶다.

단샹공간은 중국 서점정신사에서 제3세대라고 할 수 있다.
전통적이고 정통적인 싼롄타오펀서점이 제1세대라면
류수리등이 운영하는 민간서점 완성서원이 제2세대다.
쉬즈위안은 대학시절에 완성서원을 열심히 들락거렸다.
완성서원의 창립자 류수리와는 15년 차이다.

세계를 읽는 베이징의 제3세대 서점

베이징의 단샹공간

"우리는 세계를 읽는다"We Read the World.

베이징 시 차오양 구朝陽區. 담쟁이덩굴로 뒤덮인 중국사회과학원 옛 숙소에 문을 연 단샹공간單向空間이 지향하는 서점의 철학이다. 2006년 쉬즈위안許知遠, 우샤오보吳曉波, 위웨이于威, 장판張帆 등 언론·출판계에서 일하던 젊은 지식인 13명이 5만 위안씩 모아 만든 '단샹제單向街서점'은 그해 '우수 소형서점'으로 뽑혔다. 발터 베냐민Walter Benjamin, 1892-1940을 좋아하는 서점동인書店同人들이 발터 베냐민의 저작 『일방통행로』*One Way Street*에서 서점 이름을 따와서 지었다.

서점에 들어서면 여느 중국 서점과는 분위기가 사뭇 다르다. 베냐민·카뮈Albert Camus, 1913-1960·츠바이크Stefan Zweig, 1881-1942 등 세계의 문예사·사상사를 장식하는 작가들의 사진이 벽에 걸려 있다. 자유분방한 분위기의 카페가 서점의 큰 부분을 구성한다. 창립한 지 10년도 안 된 단샹공간은 오늘의 중국 젊은이들이 선호하는 서점이 되었다.

中國 北京市 朝陽區 望京中環南路 1號
社會科學院研究生院 D座 1層 100015
86-10-8417-7266
www.owspace.com

我们致力于提供智力、思想和文化生活的公共空间
單向空間
OWSPACE

당초 동인 13명은 책 읽는 공간, 담론하는 모임 공간으로 서점을 열었다. 수익 같은 것은 이들의 목표가 아니었다. 서점도 비상업 지역의 외진 곳인 차오양 구에 자리 잡았다. 창업자들의 순수함이 느껴진다.

아무런 광고도 하지 않았다. 그러나 매주 열리는 지적·문화적 살롱 행사는 인터넷을 통해 급속하게 알려졌다. '입소문 광고'였다. 네티즌의 평판으로 서점의 존재를 각인시키는 것이다. 인문적 소양이 높은 젊은 화이트칼라와 대학생들이 주요 고객이다. 단샹제의 독특한 인문노선이 독립적이고 자유로운 개성을 추구하는 젊은 세대에게 먹혀든 것이다.

대학생들이 운영하는 블로그에 단샹제의 살롱 뉴스가 활발하게 올랐다. 지방에서 베이징을 방문하는 젊은이들이 으레 들르는 문화공간이 되었다. 타이완과 홍콩에서도 찾아온다.

주말마다 무료로 열리는 문화살롱에 초대되는 지식인·학자·작가·예술가들이 오늘의 중국 사회가 당면한 현실을 이야기한다. '다원적·개방적 교류와 대화'가 단샹공간이 기획하는 살롱의 목표다. 지금까지 700여 회의 살롱을 개최했고, 매회 50명에서 200명이 참가한다. 살롱의 누적 참가자가 10만 명을 넘어섰다. 베이징의 선진적인 언론인·출판인·교사·대학생들이 단샹공간에 출입한다. 서점이 또 하나의 정신과 사상과 이론을 창출해내는 기지基地가 될 수 있다는 것을 보여주는 사례다.

살롱의 형식도 다채롭다. 강연회와 저자 사인회가 열린다. 시낭독회와 음악회가 열린다. 연극을 공연하고 다큐영화를 상영한다. 좁은 공간에서 서로의 숨소리를 느끼면서 대화하고 생각을 교류한다. 초대되는 지식인·작가·예술가·연구자들의 면면에서 오늘 중국 지식사회의 인문·예술 정신을 관찰할 수 있다.

2012년 노벨문학상 수상작가 모옌莫言, 1955-과 2006년 베니스영화제 금사자상을 수상한 영화감독 자장커賈樟柯, 1970-가 초대되었다. 홍콩의 작가이자 방송인인 량원다오梁文道, 1970-가 출연했다. 시인 시촨西川, 1963-과 작가 위화余華, 1960-, 작가이자 연기자인 톈위안田原, 1985-, 희곡작가이자 연극연출가인 톈친신田沁鑫, 1968-, 작가 장다춘張大春, 1957-과 장웨란張悅然, 1982-, 정치학자 장밍張鳴, 1957-도 초대된 인사였다. 일본의 원로시인으로 파주북소리에 초청되기도 한 다니카와 슌타로谷川俊太郎, 1931-, 미국 작가 빌 포터Bill Porter, 1943-, 영국 작가 윈터슨Jeanette Winterson, 1959-과의 대화가 진행되었다.

이렇게 다양한 지식인·예술가·학자들을 동원해내는 기획의 힘이 놀랍다. 쉬즈위안 등 핵심 동인들의 지성과 문제의식, 그 네트워크가 서점 단상공간의 위상과 역량을 창출해내고 있다. 대표를 맡고 있는 쉬즈위안은 오늘의 중국 젊은이들에게 자유로운 정신을 심는 가장 강력한 논객이기도 하다.

1976년생으로 싼롄三聯서점에서 펴내는 잡지 『싼롄생활주간』三聯生活週刊에 근무한 바 있는 쉬즈위안은 이미 10여 권을 저술했다. 지금은 전 3권의 『량치차오梁啓超 평전』을 집필하고 있다. 한국의 개혁가 김옥균金玉均, 1851-1894도 논의된다고 한다. 『극권極權의 유혹』은 『독재의 유혹: 한 지식인의 중국 깊이 읽기』란 제목으로 한국에서 간행되었다.

쉬즈위안의 문제의식은 거침이 없다.

"중국은 지금 독재와 자본의 유혹에 빠져 있다.

우리에겐 암흑을 폭로하는 기자
정의감에 불타는 변호사
사회적 양심을 지닌 경제인
개혁 추진을 원하는 관리
존경받을 만한 비정부 조직이 필요하다."

쉬즈위안은 『항쟁자』抗爭者를 비롯한 자신의 책을 대륙에서 펴내지 못해 타이완이나 홍콩에서 출간하기도 했다. 우샤오보도 『역대경제변혁득실』曆代經濟變革得失과 『중국상인 2천 년』浩蕩兩千年 등 주목받는 책을 펴냈다. 장판은 연기자이자 연극연출가다. 독일에 유학한 위웨이는 인터넷 신문 『웨이자이트』*Weizeit*의 대표다. 이들의 문제의식과 네트워크가 중국 사회에 담론문화의 새로운 모델을 창출해내는 힘이다. 그러나 순수 지식인들에게 서점경영은 녹록한 일이 아닐 것이다. 쉬즈위안은 대표를 맡고는 있지만 비즈니스맨이라고는 전혀 생각되지 않는 풍모다.

"우리는 책과 독서라는 순수한 일이 상업적인 현실과 충돌된다는 사실을 서점을 하면서 차츰 알게 되었습니다."

서점 창립자들은 매년 10여만 위안의 결손을 메꾸어야 했다. 직원들 급여조차 제대로 지불하지 못하는 일이 벌어졌다.

"이런 고통을 누구에게 말할 수도 없었습니다. 모두가 열정으로 뭉쳤지만, 현실은 열정만으론 쉽게 해결되지 않는다는 것을 알게 되었습니다."

1,000여 명이 10만 위안을 모아 단샹제를 후원하자는 독자들의 연대운동이 일어났다. 하루 만에 23만 위안이 모였다. 2013년 말에는

벤처캐피털 회사 즈신자본摯信資本이 1,000만 달러를 투자했다.

2014년 서점 이름을 '단샹제'單向街에서 '단샹공간'單向空間으로 바꾸었다. 서점 개념의 확장이었다. 문화예술상품을 개발하고 카페 기능도 강화했다. 책뿐 아니라 아이디어 상품을 온라인으로 판매하기 시작했다. 분점이 늘어나 서점이 셋이 되었다.

벤처자금이 투입되면서 핵심 동인들은 경영에 전념하는 체제를 구축했다. 자기 일 하면서 서점을 경영했지만 이제 본격적으로 나서야 하는 상황이 벌어졌다. 직원도 90여 명으로 늘어났다. 단샹공간은 서점을 중심으로 하는 다원적 문화상품공간으로 확장되었다.

"우리는 오프라인 서점에서 온라인·오프라인이 결합된 문화공간을 만들려고 합니다. 오프라인에서는 살롱 활동을 펼치고 온라인에서는 우수한 문화플랫폼을 만들려고 합니다."

서점은 이미 100만 명 이상의 팬을 확보하고 있다. 이를 바탕으로 여러 출판사와 협력하고 있다. 쉬즈위안은 '단더우'單讀라는 팟캐스트를 운영하는데, 20여 분 방송에 10만 명이 접속한다.

"서점이 기왕에 해왔던 기능을 온라인으로 확장합니다. 지난 몇 년 동안 민영 오프라인 서점은 몰락기에 접어들었습니다. 살아남은 서점은 변신을 시도했습니다. 예컨대 카페와 문화상품으로 영역을 넓히는 것입니다."

동인들은 처음엔 파리의 명물 '셰익스피어 앤 컴퍼니'Shakespeare & Company와 샌프란시스코의 랜드마크 서점 '시티 라이츠'City Lights 같은 걸 생각했다. 베이징에도 시대정신이 살아 있는 서점을 만들어보자는 것이었다.

"책 읽는 사람들이 만들어내는 책 읽는 사회!"

열두 시간 쉬지 않고 책 읽는 행사도 진행한다. 저녁 8시에 모여 다

电影
音乐
迪士尼的艺术
Enchantment
Audrey Hepburn
奥黛丽·赫本
501位电影导演
位电影明星
有生之年非看不可的
1001部电影
香港最具艺术气质的影视天团
银河映像
官方纪念典藏

瘾君子
童年时光
VISIONS
OF
CODY
柯迪的幻象
在乡下
IN COUNTRY

음 날 아침 8시까지 같이 책 읽는다. 200여 명씩 참여한다.

"저자·작가들도 참여합니다. 소셜미디어를 통해 행사를 알립니다. 우리는 공동체성을 시도합니다."

한국을 두 차례 방문한 적이 있는 쉬즈위안은 두 달에 한 번씩 펴내는 잡지 『단더우』單讀의 주편을 맡고 있다. 광시廣西사범대학출판사와 단샹공간이 공동으로 펴내는 이 잡지는 문학·예술·사회비평을 다룬다. 2014년 7월에 펴낸 『단더우』 제6호의 주제는 '떠남과 돌아옴'이다.

"역사의 기조는 좌절이다. 좌절은 상상을 자극한다."

쉬즈위안은 광시사범대학이 펴내는 『동방역사평론』東邦歷史評論의 주편도 맡고 있다. 2개월에 한 권씩 펴내고 싶지만 5개월에 한 권씩 펴내게 되는 『동방역사평론』은 매호 특집으로 꾸며진다. 2013년 5월에 펴낸 제1호는 「공화제는 왜 실패했는가: 1913년으로 돌아가서」를 다뤘다. 1913년 신해혁명辛亥革命에 대한 반성적 고찰이다. 제2호 특집은 「샌프란시스코·동남아: 중국의 디아스포라」, 제3호 특집은 「역사의 새로운 목소리: 중국의 걸출한 청년 역사학자들」, 제4호 특집은 「변혁의 리듬」이었다. 제5호 특집은 「미얀마」였는데 정부에서 허가하지 않아 펴내지 못했다.

"1980년대의 한국을 특집으로 꾸며보고 싶습니다. 1980년대 한국의 민주화 운동과 그 성과를 우리는 높게 평가합니다."

단샹공간은 중국 서점정신사에서 제3세대라고 할 수 있다. 전통적이고 정통적인 싼롄타오펀서점이 제1세대라면 류수리劉蘇利, 1960- 등이 운영하는 민간서점 완성서원萬聖書園이 제2세대다. 쉬즈위안은 대학시절에 완성서원을 열심히 들락거렸다. 완성서원의 창립자 류수리와는 15년 차이다.

2004년 싼롄서점의 사장 겸 총편집장 왕지셴汪季賢, 1953-이 퇴진하면서 서점을 맡아 싼롄의 새로운 시대를 연 둥슈위董秀玉, 1941-는 쉬즈위안에겐 '큰누님'Big Sister이다. 베이징대학 선배이기도 한 류수리는 쉬즈위안에게 '독서란 무엇인가'를 가르쳐주었다. 둥슈위는 '출판이란 무엇인가'를 가르쳐주었다.

"우리는 둥슈위의 문도文徒입니다."

2005년부터 나는 둥슈위 선생 등과 함께 동아시아출판인회의를 진행하고 있다. 중국·일본·타이완·홍콩·한국의 인문학 출판인들이 책으로 소통하는 동아시아, 책으로 동아시아를 탐구하는 출판인들의 연대운동이다. 둥슈위 선생은 나와 함께 동아시아 출판인들이 함께 운영하는 파주북어워드Paju Book Award의 대표위원으로도 참여하고 있다.

중국의 젊은 지성 쉬즈위안은 다시 말한다.

"책들이 세상을 변화시킵니다. 독서가 중국 사회를 새롭게 만들 것이라고 생각합니다."

서점이란 한 시대의 사유와 사상이 표현되는 공간이고,

책의 선택과 진열이 그 행위다.

서점이란 시대정신을 자유롭게 표출한다.

서점은 태생적으로 시민사회다.

서점은 태생적으로 시민사회다
상하이의 지평서원

1990년대에 중국의 민영서점民營書店은 도처에서 꽃을 피워냈다. 93년에는 베이징北京의 완성서원萬聖書園이 문을 열었다. 94년에는 광저우廣州의 보르헤스博爾赫斯서점이, 96년에는 난징南京의 셴펑서원先鋒書園이, 97년에는 항저우杭州의 펑린완楓林晩서점과 상하이上海의 지펑서원季風書園이 문을 열었다.

한 도시의 문화적 랜드마크가 되기 위해선 기본적으로 수준 높은 지적 콘텐츠를 갖고 있어야 한다. 오늘의 상하이 지식인들은 품격 있는 인문도서를 비치해놓고 다양한 문화·예술·지식 프로그램을 펼치는 지펑서원을 상하이의 문화적 랜드마크라고 주저하지 않고 말한다. 인구 2,500만의 국제도시 상하이, 중화제국의 경제도시 상하이 시민들은 지펑서점이 펼쳐내는 지적 풍경을 긍지로 삼고 있다.

지하철 10호선 상하이도서관역에 지펑서원이 있다. 상하이 시민들은 저녁나절 일이 끝나면 지펑서원에 있는 문제적인 인문학 책들

中國 上海市 淮海中路 1555號 地鐵10號綫
(上海圖書館站站廳內季風書園)
86-21-5418-9093
yumiao@jifengbookstore.com

을 만나기 위해, 그 이벤트홀에서 진행되는 담론과 공연에 참여하기 위해 상하이도서관역에 내린다. 푸둥浦東의 압도하는 마천루와 휘황찬란한 조명예술에 세계인들은 감탄하지만, 생각하는 상하이 시민들은 지평서원이 오늘은 어떤 신간을 비치하는지, 이번 주에는 어떤 인사가 무슨 주제로 담론하는지에 관심을 보인다.

오늘의 지평서원을 만든 창립자 옌보페이嚴搏非를 우선 언급해야겠다. 화둥華東사범대학에서 공부한 옌보페이는 문화대혁명 이후의 대학 본과 첫 졸업생이다. 서점 일에 뛰어들기 전 10여 년간 상하이 사회과학원에서 중국 근대사상사를 연구했다.

옌보페이에게 서점이란 미국의 과학소설가 아이작 아시모프Isaac Asimov, 1920-1992의 작품에 나오는 '기지' 같은 것이다. 인류의 어두운 미래를 밝혀주는 '희망의 등대' 같은 것이다.

"서점이란 한 시대의 사유와 사상이 표현되는 공간이고, 책의 선택과 진열이 그 행위다. 서점이란 시대정신이 자유롭게 표출되는 공간이다. 서점은 태생적으로 시민사회다."

지평서원은 문을 열면서부터 '독립된 문화적 입장, 자유로운 사상의 표현'을 서점의 철학으로 삼았다. 자신의 길을 분명히 한 것이다.

한 서점의 사회적 명성은 '책의 선택과 진열'로 결정된다. 옌보페이는 "책의 선택과 진열이 지평서원의 가장 중요한 전략"이라고 천명한 바 있다.

"나는 서점의 핵심 업무는 구매와 진열까지 포함하여 책 선정이라

Since 1997
季风书园
SHANGHAI JIFENG BOOKSTORE

고 생각한다. 어떤 책을 사들이고 어떻게 진열하느냐가 한 서점의 문화적 가치를 표현한다. 지평서원이 막 문 열었을 때, 나는 책 선정하는 일에 정력을 쏟았다. 선정된 책을 집중해서 전시하고 반복해서 추천했다."

지평서원은 세계의 고전과 오늘의 중국인과 중국 사회가 요구하는 문제작들을 비치한다. 열린 문제의식을 담론하는 이론과 지성을 독자들에게 제시한다. 프리드리히 하이에크Friedrich Hayek, 1899-1992와 존 롤스John Rawls, 1921-2002, 발터 베냐민Walter Benjamin, 1892-1940과 자크 라캉Jacques Lacan, 1901-1981, 세계은행의 보고서와 전위예술이 지평서원의 주제적 책들에 속한다.

지평서원은 매주 『지평수신』季風書訊을 발행해 온라인으로 독자들에게 보낸다. 직원 5, 6명과 함께 옌보페이가 주편主編하는 북리뷰로, 2015년 7월 초 현재 406호까지 발행했다. 매주 20여 권의 책을 추천한다. 406호가 '중점 추천'한 예젠후이葉健輝의 『토피아: 라틴아메리카 해방신학 연구의 초보』에 대해 옌보페이는 쓰고 있다.

"1968년 세계를 휩쓴 혁명적 물결 가운데 우리가 아는 것은 '프랑스의 5월혁명', 미국의 반전운동과 신좌파 운동, 체코의 '프라하의 봄', 중국의 홍위병과 문화대혁명이다. 이런 것들 못지않게 당대를 휩쓴 '해방신학'에 대해서 우리는 알지 못한다. 계시록啓示錄처럼, 신의 강림降臨을 해방의 경험으로 표현한 라틴아메리카의 좌익혁명은 오랜 세월이 지나고서야 우리에게 알려졌다. 이 책은 중국연구자로서 처음으로 써낸 해방신학 연구서다.

해방신학은 매우 특수한 혁명운동이다. 천주교 신부들이 1968년에 가난한 자들을 위한 투쟁에 뛰어들었다. 군부독재에 맞서 해방신학은, 기독교의 핵심은 '전지전능'全知全能이 아니라 '전선'全善이라고 주장했다. 기독교는 고난의 세계를 변화시킬 책임이 있으며, 이를 통해 신의 존재를 증명해야 한다는 것이다.

1968년부터 78년까지 라틴아메리카에서는 성직자 850명이 가난한 자들을 위한 투쟁에서 목숨을 잃었다. 피델 카스트로Fidel Castro, 1926-2016는 '라틴아메리카의 혁명에서 해방신학은 마르크스보다 더 중요하다. 기독교는 가장 영광된 역사를 만들었다'고 했다. 『토피아』는 인민이 일어나 저항해야 유토피아가 현실이 될 수 있다는 것을 말한다. 우리는 저자의 이러한 태도와 생각을 지지한다."

지평서원이 기획하는 담론과 대화에 초대되거나 참여하는 작가·학자·지식인들의 면면이 대단하다. 작가 베이다오北島, 1949-와 첸단옌陳丹燕, 1958-과 예푸野夫, 1962-, 건국 후 중국의 언어정책을 주도한 언어학자 저우유광周有光, 1906-2017이 시민들과 만났다. 방글라데시의 빈곤퇴치운동가로 2006년 노벨평화상을 수상한 무함마드 유누스Muhammad Yunus, 1940-가 강연했다. 여름방학을 맞아 청소년을 위한 철학강좌가 연속으로 진행된다. 지평서원은 상하이라는 거대한 자본주의 속에 둥지를 튼 정신의 오아시스다.

지평서원은 짧은 기간에 급속하게 성장했다. 분점을 여덟 곳에 두었다. 2004년부터 2005년까지 지평서원은 전성기였다. 그러나 인터넷 상거래 파도가 거세게 덮쳐왔다. 독서인구도 줄어들었다. 인터넷이라는 기계와 물질은 공공영역에서 사유를 밀어낸다. 옌보페이의 진단을 빌릴 것도 없이 인터넷 상거래는 "정신과 사상을 사정없이 할인한다.” 인터넷 상거래란 “정신과 사상의 세계를 담아내는 책의 세계에서는 일종의 흉기 같은 것”이다. 독자들은 서점에 와서 책을 살펴보고 목록을 적는다. 그러고는 인터넷으로 책을 구입하는 참으로 야박한 일을 자행한다. 상하이의 지식인·문화인·언론인들이 탄식하는 사이에 지평서원은 빠르게 혹한의 계절을 맞았다.

지평서원은 지하철역을 중심으로 서점을 열었다. 가장 물질적이고 대중적인 공간을 따라 지적이고 정신적인 공간을 존재시키는 것이었다. 그러나 지평서원과 상하이지하철공사의 10년 임대차 계약이 2008년에 만료되었다. 지하철공사는 임대료 인상을 통보해왔고 지하철 1호선 산시난루陝西南路 본점은 문을 닫아야 할 상황이었다.

이 소식은 문화계 인사들과 독자들에게는 충격이었다. 청년들이 ‘지평보위’季風保衛를 위해 연좌농성을 계획했다. 인터넷에는 연좌농성 참여를 독려하는 글들이 올라왔다.

“지평에서 새로운 지식을 세례받은 모든 사람
지평에서 알게 되어 의기투합한 모든 사람
지평에서 감동의 새 책을 발견한 모든 사람
우리들은 엄숙하고 친근하며 온화한 지평을 좋아한다.
우리는 계절이 바뀔 때마다 지평에 나붙는
목록目錄과 독품讀品을 좋아한다.
우리는 지평의 통통 소리나는 나무바닥, 어둑한 카페, 값싼 커피
때때로 울리는 휴대전화 신호음을 좋아한다.
먼 길을 떠나와서도 지평이 생각난다.
지평은 1호선의 심장이다.
과로한 직장인의 마음의 안식처다.

지평이 문 닫으면 상하이는 삼류도시가 된다.
이제는 지행합일知行合一의 정신으로 일어나
자신의 생활환경을 지켜내자."

"지평이 문 닫으면 상하이는 삼류도시가 된다"는 구절이 상하이 시민들의 심금을 울렸다. 산시난루 본점은 각계 인사들의 주선으로 임대차 계약을 연장할 수 있었다.

상업자본과의 대응은 그러나 그리 오래 지속될 수 없었다. 2010년 쉬자후이徐家匯 분점이 문을 닫았다. 2011년 지평예술서점과 징안靜安 분점, 레이푸스來福士 분점도 잇따라 문을 닫았다. 개업한 지 15년 된 2013년에는 가장 오래된 롄화루蓮花路 분점이 문을 닫았다. 임대료 상승과 인터넷 상거래의 할인공세를 견뎌내지 못했다. 산시난루 본점도 마침내 폐업을 선언했다.

온라인 서점은 몸과 마음의 편리함에 익숙해진 현대인들의 피할 수 없는 삶의 조건이다. 그러나 온라인 서점의 등장으로 독자들은 책을 온몸으로 체험하는 즐거움을 잃고 있다. 독서의 품질도 떨어져버렸다. 서점에 들르면 집에 아직 읽지 않은 책이 남아 있어도 때로는 새 책을 사게 되지만 온라인 서점에서는 그럴 일도 없으니 책을 사는 기회와 양도 줄어든다.

상하이 시민들의 문화적 자존심 지평서원은 그러나 쓰러지지 않았다. 지평서원의 독자 위먀오于淼가 나섰다. 자본을 투입하고 새 대표에 취임했다. 상하이의 지식인·문화인·독자들은 두 손을 높이 들어 환호했다.

"지평서원은 나의 정신세계를 일으켜 세워준 곳입니다."

风书园

社科
Social Science

위먀오는 1999년에 독자로서 지평서원을 처음 찾아갔다. 2012년 11월 지평서원이 곤경에 빠졌다는 소식을 전해 듣고 지평을 '공익적인 서점'으로 계속 운영하기로 결정했다.

"지평서원의 인문정신을 일관되게 유지할 것입니다."

2013년 4월 23일, 세계 책의 날을 맞이하여 '새로운 지평'이 지하철 10호선 상하이도서관역에서 문을 열었다. 언론들은 '지평서원의 존속'을 크게 보도했다. 다른 한편으로는 '민영서점의 앞날'이 그리 밝지 않다는 분석도 내놓았다.

"옌보페이 선생은 여전히 지평서원의 정신적 지도자이자 '독서총감독'으로 지평의 창립정신을 이어가고 있습니다. 여느 서점은 책을 하나의 상품으로 취급하지만 우리는 책으로 사상과 가치를 구현하고자 합니다. 나는 지평의 문화이념과 사상이 좋아서 투자했습니다."

새 경영자 위먀오는 오프라인 서점의 생태변화에 신경 쓰지 않을 수 없었다. 산시난루 옛 본점보다 공간은 약간 줄어들었지만 200제곱미터의 이벤트 공간을 새롭게 마련하고 카페 기능도 강화했다. 서점의 문화활동을 계속 확대해야 한다는 것이 위먀오의 생각이다.

"이 공간에서 진행되는 논단과 독서회, 신간 사인회, 음악회, 연극공연, 독립영화 상영이 당장에 직접적인 경제효과를 가져오지는 못하지만 결국에는 더 많은 젊은이를 동원해냅니다."

일주일에 2~3회 열리는 행사에 100~150명이 참여한다. 저명 인사들도 지평서원의 행사에 참여하고 싶어 한다. 때로는 본격적인 연

속강좌도 기획된다. 상하이음악학원 연구원 한빈韓斌이 '서양 고전 음악의 문명사'를 12강 한다. 난징대 철학과 교수 멍전화孟振華, 1981- 가 '성경의 문화와 세계'를 12강 한다.

위먀오는 오전에는 자신의 다른 회사에 나가서 일하고 오후에는 서점으로 나와 일한다.

"오전에 벌어 오후에 쓰는 편이라고 할까요."

지평서원은 5만여 권의 책을 비치하고 있다. 하루에 평균 300권 정도씩 판매된다. 카페공간이 약간 도움을 준다. 서점이 빌려 쓰는 공간이 국가기관인 상하이도서관의 것이기 때문에 임대료는 그렇게 비싸지 않다.

"지평 같은 서점은 정부가 좋아하지 않지요. 우리의 고유한 성격을 지키기 위해, 독립을 유지하기 위해 우리는 정부의 지원을 받지 않습니다."

버지니아 울프Virginia Woolf, 1882-1941와 샤를 보들레르Charles Baudelaire, 1821-1867, 에드워드 사이드Edward Said, 1935-2003와 루트비히 비트겐슈타인Ludwig Wittgenstein, 1889-1951과 사뮈엘 베게트Samuel Beckett, 1906-1989, 작곡가 존 케이지John Cage, 1912-1992의 사진 액자가 서점에 걸려 있다. 세계로 열려 있는 지평서원의 지향志向을 읽을 수 있다.

텐위안田原, 1969- 은 그의 책 『서점의 미학』에서 베이징의 완성서원萬聖書園과 상하이의 지평서원을 재미있게 말한 바 있다.

"지평서원에 들어서면 베이징의 완성서원이 생각난다. 치국평천하의 대사를 논하는 기개에서는 둘이 같으나, 완성이 꾸밈 없고 거침

经济
Economy
农夫山泉

없는 행태를 보인다고 한다면, 지평은 품위를 잃지 않고 정교한 행태를 보인다."

홍콩의 『밍바오』明報 주필을 지낸 작가이자 역사학자인 웨이청스魏承思는 상하이에 가면 지평서원에 들르라고 권한다.

"지평서원은 우리들 정신의 화원花園이다."

1972년생인 한 독자는 그의 생각을 사이트에 올렸다.

"10대의 소년이 지평서원에 드나들면서 청년이 되었다. 항해에 지친 배를 품어주듯 지평은 내 영혼의 항구다."

계절이 바뀌면 새로운 바람이 분다. '지평'季風이란 새로운 바람을 의미한다. 새로운 사상이다. 창립자 옌보페이와 어려움에 처한 지평을 맡은 위먀오는 새로운 바람과 시대정신을 호흡하고 있다.

상하이 시민들의 지적·문화적 자존심 지평서원, 오늘의 상하이 시민들은 지평서원에서 여유롭게 위르겐 하버마스Jurgen Habermas, 1929-와 하겐다즈, 이탈로 칼비노Italo Calvino, 1923-1985와 카푸치노를 하나의 쇼핑백에 담을 수 있다.

치열함과 진지함과 달콤함을 함께.

새로운 바람 지평! 그러나 2018년 1월 31일 지평서원은 문을 닫았다. 상하이의 문화적 랜드마크가 젊은 독자들의 가슴에 아픈 기억을 각인시키고 '폐업'되는 것이었다.

지평서원이 문 닫는 날 밤, 독자들이 지평서원으로 몰려들었다. 지평서원의 수많은 그 책들과 이별하기 위해서.

어떤 독자는 악기를 들고 왔다.

어떤 독자는 직접 만든 케익을 들고 왔다.

여럿이 조명설비를 들고 와서 서점을 환하게 밝혔다.

그 빛으로 독자들은 마지막 독서를 했다.

지평의 독자들은 기타를 치면서 함께 석별의 노래를 불렀다.

케이크를 나눠 먹었다.

지평의 독자들은 이별이 안타까웠다.

상하이의 수치라고 탄식했다.

눈물을 뿌렸다.

지평서원 대표 위먀오는 2017년 4월 서점의 운명에 대해서 말한 바 있다.

"지평서원의 건물주 상하이도서관이 공문을 보내왔다. 이 공문에는 상하이 시 정부의 요구에 따라 국유재산의 이용 효율을 높이기 위해, 동시에 상하이 시 도서관 자체의 수요를 충당하기 위해 임대기간 만료 시 건물 임대계약을 갱신하지 않겠다고 했다. 배후의 심층적인 원인에 대해서 우리가 느끼는 바가 있지만 말하지 않는 게 좋겠다.

우리는 지난 1년 동안 적극적으로 새로운 공간을 찾아왔다. 최근에도 한 건물주와 협의를 마쳤는데, 건물주가 지방정부 선전부문과 통화하더니 그곳엔 지평서원이 문을 열 수 없다는 통지를 받았다고 했다. 건물주는 자세한 이유를 설명해주지 않았다."

지금 중국정부는 '전민열독'全民熱讀을 국가적 운동으로 추진하고 있다. 전 중국에서 실체서점 운동이 장려되고 있다. 정부 예산으로 서

점을 지원하고 있다. 대형서점들이 대도시에 분점을 잇달아 개설하고 있다. 그런데 왜 상하이 시 시민들뿐 아니라 책을 사랑하고 책 읽기를 즐기는 중국 인민들의 긍지가 실려 있는 개성 있는 독립서점 지평이 문을 닫아야 했을까.

겉으로는 '경영부실'이라고 알려져 있다. 그러나 그 깊은 내막은 드러나지 않고 있다. 열린 사유의 젊은 독자들, 이들의 독서력을 금기시하는 그 어떤 손이 작용한 것일까. 문제의식이 돋보이는 책들을 서가의 전면에 내세우는 지평의 일관된 '선책'과 '전시'가 문제되었을까.

지평서원은 2017년 6월 서점 출입구에 폐업을 예고하는 글을 내붙였다.

"지평의 바람은 상하이에서 20년이나 불었다.
임대계약 갱신이 가망 없다는 것은
머지않아 지평이 사라진다는 의미다.
오늘부터 내년 2018년 1월까지는 이별을 고하는 긴 기간이다.
실망하지 말자.
슬퍼하지 말자.
모든 이별은 더 나은 재회를 위함이다.
20년 동안 이곳에선 지식의 자양분이 끊이지 않게 제공되었고
사상의 꽃봉오리가 흐드러지게 피었다.
이제 낙엽으로 떨어져 뿌리로 돌아간다.
당신이 책에서 골라낸 한 단락의 글귀를 적어
이곳 유리창에 남겨놓아라.
그 글귀와 사상이 다시 이곳으로 돌아와

우리에게 힘이 되기를."

그렇다. 책으로 우리들 가슴에 심은 정신과 사상은 사라지지 않을 것이다. 독서로 우리 모두의 희망은 새로운 삶, 아름다운 역사를 만들 것이다. 철학자 프랜시스 베이컨Francis Bacon, 1561-1626이 통찰했다. 독서는 소비되는 것이 아니라 소화되어 새로운 정신과 사상의 에너지가 된다고.

지평의 새로운 바람, 그 아름다운 정신의 젊은 책들은 중국인에게는 새로운 희망이자 정신과 사상의 기쁨이었다. 지난날의 기쁨이 아니라 중국인의 오늘과 내일의 희망으로 살아 있을 것이다. 어디 중국인뿐일까. 책의 가치를 사랑하고 책 읽기를 일상으로 누리는 세계인들에게도 지평은 아름다운 기억으로 오래 남아 있을 것이다.

지평은 '사라짐'이 아니라 '기억되어' 수많은 시민들에게 살아 있는 정신이 될 것이다. 지평서원이 문 닫는 날 밤 그 이별식에 참석한 한 독자가 남긴 메시지가 지평을 생각하는 나의 가슴에 각인되어 있다.

"지평서원과의 이별은 힘든 일이지만
슬픈 일이 아니다. 조용히 '또 봐!'라고
작별인사를 하고 싶을 뿐이다.
우리는 서로 오랫동안 떨어져 있을 수는 없으니까."

문 닫는 지평의 그 서가에 또 다른 메시지가 남겨졌다.

"올해 칠석엔 그대를 떠나보내지만

다음번 칠석에는 우리가 다시 만나서 손잡을 것이다.

견우와 직녀는 헤어짐이 아니라

만남을 의미한다는 것을

우리는 알고 있다."

2층의 한 공간은 고대중국 책의 원형이었던
'죽간'을 모티프로 디자인되었다. 예술도서들을 위한
서가다. 대나무책 속에서 댓잎에 스치는 바람소리,
죽풍을 느끼면서 책을 읽는다. 카페공간이기도 하다.
천장에서는 별이 빛난다.
하늘에서 쏟아지는 별들과 함께 책을 읽는다.

아름답다, 전위적이면서도 온화하다

상하이의 중수거

상하이의 쑹장松江 템즈타운Thames Town 중심가에 자리 잡은 서점 중수거鍾書閣는 책으로 만든 책의 유토피아다. 2층 건물의 밖과 안, 바닥과 천장, 모든 벽이 문자와 책으로 꾸며졌다. 책들이 연출해내는 경이로운 이미지, 책들이 뿜어내는 메시지의 향香에 사람들은 감동한다.

갈색 벽돌의 외벽은 문호들의 시편과 잠언을 새긴 유리판으로 꾸몄다. 세계 각국의 문자들로 디자인되었다. 한자와 라틴어, 영어와 독일어와 프랑스어, 한국어와 일본어가 보인다. 수학과 물리 공식도 있다. 결혼하는 청춘들이 포토존으로 삼는다.

현관엔 '중수거'를 목각한 현판이 걸려 있다. 책을 사랑하고 책 읽어서 행복한 독자들을 서점 안으로 안내한다. 책이 가득 꽂힌 서가書架로 구성된 긴 회랑이 나타난다. 강화유리를 깐 마루 아래가 서가다. 천장도 서가다.

중수거에 처음 들어서는 사람들은 행여 책을 밟을까 조심스레 발

中國 上海市 松江區 三新北路
900弄泰晤士小鎮 930號 201600
86-21-6766-1899
www.zhongshu.com.cn

鍾書閣
BOOKS
introduce
into the
best
society;
they bring
us into the
presence of
the greatest
minds that
SHELLEY
HEUTE
a cradle,
flying
onfused with
ARCHITECTURE',
a number of
ith similar ch

을 옮기게 된다. 책에 대한 경외심이다. 책을 존숭하는 사람들은, 책을 읽는 사람들은, 책을 함부로 대하지 않을 터이지만 중수거는 그 어디에서도 체험한 적 없는 거대한 서재의 세계다.

서점 1층의 주제는 '속세의 책 읽기'다. 부드러운 오렌지색 등불 아래 고풍스런 갈색의 목재 서가는 촘촘하게 꽂혀 있는 책들의 외양과 내용의 품격을 높여준다.

1층 회랑 왼쪽으로는 아홉 칸의 작은 서재가 잇따라 나타난다. 중국의 전통 숫자놀이 '구궁격'九宮格을 차용해서 설계했다. 예로부터 반듯하게 붓글씨를 익히는 한 방안으로 사용된 구궁격은 글자의 균형을 잡게 한다.

서재마다 책의 주제가 있다. 서재로 들어가는 문마다 그 서재의 주제를 설명하는 목각 현판이 걸려 있다. '박고통금'博古通今에는 중국의 고전문학을 비치했다. '국학정수'國學精粹에는 『노자』老子 『장자』莊子 등 중국 고전 사상을 담아낸 책을 꽂아놓았다. '격물치지'格物致知에는 철학·종교 서적을, '종횡천하'縱橫天下에는 법률·군사·정세에 관한 책들이 독자들을 맞는다. 곳곳에 신발 벗고 편하게 책 읽을 수 있는 앉을 자리를 준비해놓았다.

회랑의 가운데는 카페공간이다. 책 위에서 책 아래에서, 사방에 있는 서가 가운데에서, 책의 호위를 받으면서, 차 마시고 책 읽을 수 있다.

1층의 또 한 공간은 아이들을 위한 아이들의 책 놀이터다. 서점이라기보다는 책을 주제로 한 생태미술관이다. 낙타와 코뿔소, 코끼리와 고슴도치와 하마가 서가가 되어 이곳저곳에서 어슬렁거린다. 앵

무새와 물고기들이, 꽃잎과 나뭇잎이, 벽을 장식하면서 서가가 되었다. 바닥은 세계지도다. 아이들과 엄마가 이리저리 퍼질러 앉아서 책을 읽는다. 책과 놀고 있다.

거울로 된 천장은 거대한 반사경이 되어 신비로운 풍경을 연출한다. 아이들 책을 모티프로 한 아이들의 유토피아다. 이런 책의 유토피아에서 뛰노는 아이들 심성은 아름답고 평화롭고 창조적일 것이다.

2층으로 오르는 책의 계단에서 관객들은 또 다른 경험을 하게 된다. 지상에 건설된 책의 유토피아에서 하늘의 유토피아로 오르는 지혜와 지식의 사다리다. 2층의 주제는 '천당의 책 읽기'다.

2층의 한 공간은 고대중국 책의 원형이었던 '죽간'竹簡을 모티프로 디자인되었다. 예술도서들을 위한 서가다. 대나무책 속에서 댓잎에 스치는 바람소리, 죽풍竹風을 느끼면서 책을 읽는다. 카페공간이기도 하다.

천장에서는 별이 빛난다. 하늘에서 쏟아지는 별들과 함께 책을 읽는다. 책을 체험하는 나의 몸과 마음이 별들과 왈츠를 춘다.

2층 가운데 방은 순백純白이다. 순결과 순수다. 천장으로 휘어져 올라가는 서가엔 중국의 근현대 문학작품들이 꽂혀 있다. 책들이, 독자들이 망망대해茫茫大海에 떠 있는 배를 타고 있다.

이곳에서 책을 읽는 독자는 명상에 잠길 것이다.

깨달음을 얻을 것이다.

이 순백의 홀에서

강연·강좌·대화가 진행된다.

달빛이 쏟아져 내리는 밤에 시낭독회가 열린다.
시를 읽는 그 목소리는 하늘의 울림처럼 때로는 장엄하다.

또 다른 방에는 책과 미술작품이 함께 진열되어 있다.
한쪽에서 보면 책을
다른 쪽에서 보면 그림을 볼 수 있게 설계되었다.
작은 모임을 할 수 있는 귀한 손님VIP 공간이다.

2013년에 문을 연 중수거의 건축과 디자인은 위팅俞挺, 1972-의 작품이다. 책과 사람들을 태우고 바다를 항해하는 서점을 생각하면서 설계했다고 한다. 상하이국제실내설계전에서 금상을 받았다. 2만여 종 10만 권의 책은 한 건축가의 상상력으로, 책에 바치는 정성으로, 애서가·애독자들을 감격하게 한다.

책을 위한 책의 집 중수거! 수많은 사람을 중수거로 몰려들게 한다. 아니, 중수거를 방문하는 사람들은 책을 사랑하고, 책 읽기는 대지에, 바다에, 뛰어들 것이다.

평일엔 1,000여 명, 주말이나 공휴일엔 5,000명에서 1만여 명이 책들의 천하 중수거를 방문한다.

'중국에서 가장 아름다운 서점 중수거'는 하나의 문화관광 코스로 떠올랐다. 해외에서도 견학하러 온다. 화둥華東사범대학 역사교수 쉬지린許紀霖, 1957-은 중수거의 아름다움을 극찬하는 방문기를 자신의 블로그에 올렸다.

"상상했던 것보다 더 아름답다.
전위적이면서도 온화하다.

책과 인간이 함께한다.
중수거는 세계에서 유일무이하다."

상하이의 언론인 주다젠朱大建, 1953-도 기록했다.

"너무나 예술적이다.
갑자기 깨달았다.
시간이 너무 빨리 흐른다는 것을.
극치極致의 책 읽기 공간을 만들어놓은 사장은
꿈꾸는 사람일 것이다."

모든 방문자에게 경탄과 찬양을 받는 중수거에는 창립자 진하오金浩가 책과 함께 손님을 맞고 있다. 그에겐 책이 전부이고, 책을 읽는 독자가 삶의 중심이다.

1995년에 첫 서점을 열었다. 지금은 17군데가 되었다. '상하이 시 시범창조기업' '민영서점 유력브랜드'가 되었다. 누구도 흉내 낼 수 없는 진하오의 감동적인 '책 경영방법'에 책 관계자들은 주목한다. 책을 위한 공간경영에 놀란다.

서점을 시작하기 전 진하오는 '상하이의 젊은 우수교장 10인'에 선정된 바 있다. 교육자로서도 그러했지만 그의 성실과 신용, 감동과 책임감이 오늘의 중수거를 능히 만들어냈을 것이다.

"성실로 고객을 대하고
신용으로 일을 처리하며

선량한 마음을 본으로 삼고
덕을 바탕으로 하며
화목을 귀하게 여기고
올바른 이익을 취하며
관용을 배워 익히고
감사한 마음을 갖는다."

以誠待人 以信處事
以善爲本 以德爲基
以和爲貴 以義取利
學會寬容 懂得感恩

진하오는 직원들에게 늘 강조한다.

"독자를 하느님으로 모셔야 합니다."

'독자예약구매록'을 비치해두고 독자가 찾는 책을 기록하게 한다. 출판사에 연락해 책을 갖고 오거나 재고가 없으면 다른 서점에서 구해와 독자에게 건넨다. 이 과정에서 때로는 손실이 발생하기도 하지만 궁극으로는 좋은 평판으로 기록된다. 중수거의 브랜드 이미지를 위해 진하오는 개점 때부터 되풀이 말한다.

"독자는 언제나 옳습니다. 잘못은 언제나 우리가 저지릅니다."

서점을 연 지 20년이 되는 오늘 그는 다시 말한다.

"직원이 잘못한다면 그 원인은 내게 있습니다."

'중수'鍾書는 올해 27세인 그의 딸 이름이기도 하다.

"나에겐 딸이 둘 있습니다. 하나는 우리 아이고 또 하나는 서점입니다."

'鍾書'의 '鍾'자는 동사로 쓰일 땐 총애하다, 몰두하다는 뜻이다. 딸 이름을 '독서에 몰두하다'라고 지은 아버지는 독자들이 독서에 빠질 수 있는 서점을 열었다.

세상은 지금 인터넷 서점과 전자책으로 난리다. 종이책을 파는 오프라인 서점은 분명 위기를 맞고 있다. 이런 상황에서 오프라인 서점의 출로出路는 어디일까. 진하오는 말한다.

"오프라인 서점은 지금 찬란한 석양을 맞고 있습니다. 그러나 오프라인 서점은 없어지지 않을 것입니다. 서비스의 질을 높이고, 환경과 시설을 바꿔나가면 생존할 수 있을 뿐만 아니라 더 발전할 수 있습니다."

나는 2015년 7월 초 상하이 중수거로 가서 시골의 선생님처럼 편안한 진하오 대표와 인터뷰했다. 그다음 날 중수거의 아름다움을 다시 보고 싶어 한 시간 넘게 택시를 타고 또 달려갔다.

중수거는 정말 아름다웠다. 책들의 숲이 가장 아름답다는 걸 새삼 실감했다. 아이들이 놀고 있는 방으로 갔다. 그래, 아이들을 이렇게 책과 놀게 해야 해!

날씨가 조금 좋아서였을까. 전날보다 훨씬 많은 사람이 책과 뒤엉켜 있었다. 카페의 100여 개 의자는 빈자리가 없었다.

중수거의 이런 아름다움을 구상하고 기획해낸 진하오의 서점 마인드는 중국에서 민영서점의 새로운 시대를 이끌고 있다. 중수거가 2013년부터 시도하고 있는 '전속서재' 프로젝트가 그 하나다. 고객의 취향과 관심사에 부응하는 선책選冊, 공간과 서가를 개성 있게 맞

춤해주는 '완벽한 서비스'의 시도다. 전속서재 프로젝트가 진하오의 독창 프로그램은 아니지만, 이런 문제의식을 구체적으로 실천한다는 것이 다른 서점과 차별된다.

진하오는 먼저 생각하고 먼저 실천하는 서점인이다. 인무아유 인유아정人無我有 人有我精, 다른 사람이 갖지 못했을 때 내가 갖고 있으면 독점해서 판매할 수 있고, 다른 사람이 팔기 시작하면 나는 더 잘 만들어 판다는 프로의 자세가 그에게 있다.

진하오는 중수거의 제2기 프로젝트를 추진하고 있다. 테마서점, 아동서점이 그것이다. 특히 아동서점은 그의 주력 프로젝트다. 그가 추진하는 아동서점의 가장 두드러진 특색은 '스토리빌딩'이다. 전통적인 독서방식과는 달리 그의 스토리빌딩은 대형무대에서 조명과 음향 효과로 아이들에게 책 읽기를 넘어서는 더 다양한 방식으로 지식과 재능과 감성을 일깨운다. 아이들이 머리뿐 아니라 손과 몸과 감성으로 학습하게 한다. 교육·예술·오락·휴식이 융합되는 복합서점이다.

진하오는 '중수'를 중수서점과 중수거의 형태로 나눠 운영하고 있다. 대중적인 책들은 '중수서점'에서, 인문·예술 분야의 품격 있는 책들은 '중수거'에서 취급한다. 앞으로 서점의 새 모델로 중수거에 주력하려 한다. 2015년에 중수거를 또 하나 개관했다.

"독자들을 위해 좋은 책을 찾아라!
좋은 책을 위해 독자를 찾아라!"

1995년 8월 18일, 60제곱미터에 지나지 않는 작은 서점으로 시작했지만 2014년에는 중수서점 16곳과 중수거 한 곳으로 확장되었다.

200여 명이 일한다.

서점경영이 젊은 날의 꿈이었다. 진하오는 그 꿈을 이루고 있다. 서점과 책에 미친 사람이다.

"오프라인 서점에서는
책의 향기를 맡을 수 있습니다.
나는 이것이 정말 중요하다고 생각합니다."

"힘든 때가 있었습니다. 절망하기도 했지만
후회한 적은 없습니다. 늘 다른 사람들의 도움을
받아 감동했습니다. 서점을 운영한다는 것 자체가
다른 사람에게 감동을 주는 것이 아닐까 합니다.
외롭고 고단한 여정에 온기를 주면서
자신의 존재를 증명하는 행위는
아닐까 생각해봅니다."

서점은 나의 영원한 연인입니다

난징의 셴펑서점

상하이上海 훙차오虹橋 역에서 난징南京으로 가는 중국고속열차를 탔다. 베이징北京을 거쳐 다롄大連까지 가는데 시속 301킬로미터로 달렸다. 소음을 거의 느끼지 못했다. 난징남역까지 1시간 30분 걸렸다.

셴펑서점先鋒書店의 우타이산五臺山 본점은 군용 벙커였다. 한때 체육관 주차장으로 사용되다가 서점이 되었다. 눈에 잘 띄지도 않는다. 안내판도 요란하지 않고 사치스런 장식도 없다. 2014년 BBC가 '세계의 아름다운 10대서점'으로 선정했다. 2009년엔 CNN이 '중국에서 가장 아름다운 서점'으로 보도했다. '중국서적발행협회'와 『출판상무주보』出版商務週報가 공동주관하는 '중국서업평선'中國書業評選에서 '2009년 중국의 가장 아름다운 서점상'을 받았다.

난징 시민들은 2006년 '고도古都 난징의 12대 문화명소'로 셴펑서점을 선정했다. 난징대학교 학생들은 셴펑서점을 '난징대학 제2도서관'으로 부른다.

셴펑서점은 1996년 11월 타이핑난루太平南路 성바오로 성당 맞은

中國 南京市 鼓樓區
廣州路 173號 210005
86-25-8371-1455
weibo.com/nanjingxianfeng

先鋒書店
LIBRAIRIE AVANT-GARDE

편에 17제곱미터의 작은 서점을 열면서 시작되었다. 지금은 우타이산 본점을 비롯해 15개 서점을 거느린 작은 그룹이 되었다. 2004년 9월 18일에 문을 연 3,700제곱미터의 우타이산 본점은 문을 여는 날 10만 명이 방문했다. 인문·학술도서 서점으로는 기적이었다. 중국 민영서점 발전사에 기록될 사건이었다.

19년 만에 이만한 서점을 일으켜 세운 서점인 첸샤오화錢小華, 1964-의 책과 서점에 대한 열정과 헌신이 눈부시다.

"책은 내 삶의 전부입니다. 나는 책의 포로가 되었습니다. 사르트르Jean Paul Sartre, 1905-1980가 말했지만, 나의 생명은 책 속에서 시작되었고 책 속에서 끝날 것입니다. 책은 나의 신앙입니다. 서점은 내게 가장 큰 고통이자 가장 큰 기쁨입니다."

중학교를 다니다 중퇴했다. 다시 난징대학교 중문과에서 문예창작을 공부했다. 그래서일까. 그의 생각과 말은 문예적이다. 시적詩的이다. 대학시절엔 프랑스 문학에 빠졌다.

"나는 서점을 하나의 문예작품으로 봅니다."

셴펑서점을 시작하면서 첸샤오화는 '대지의 이향인異鄕人'이란 시적인 기치를 내걸었다. 오스트리아의 시인 게오르크 트라클Georg Trakl, 1887-1914의 시에 나오는 한 구절이다. 인간은 존재하지 않는 고향을 찾아 영원히 헤맨다. 개방과 독립, 자유와 인문은 탐험정신을 뜻할 것이다. 첸샤오화에게 서점이란 인간이 한사코 찾아 헤매는 정신의 고향이고, 독서인에게는 사상의 집이다.

先鋒書店

첸샤오화의 집무실은 그가 컬렉션한 고서와 헌책들로 가득하다. '서치'書癡라는 서예작품을 걸어놓았다. 책에 미친 그의 삶이 읽힌다.

서점 벽에 문학가·사상가들의 사진을 걸었다. 카프카Franz Kafka, 1883-1924, 사르트르, 카뮈Albert Camus, 1913-1960, 베냐민Walter Benjamin, 1892-1940, 만델라Nelson Mandela, 1918-2013, 간디Mahatma Gandhi, 1869-1948들이다. 위대한 사상가들의 평전 읽기를 좋아한다. 리쩌허우李澤厚, 1930-의 『고별혁명』告別革命과 린위탕林語堂, 1895-1976의 『생활의 발견』*The Importance of Living*을 좋아한다.

서점 이곳저곳에 세계의 서점 사진을 걸었다. 그가 유럽과 미국, 타이완과 홍콩의 200여 군데 서점을 방문하고 카메라로 기록한 것이다. 미국 현대문학운동의 아지트가 된 샌프란시스코의 전설적인 서점 '시티 라이츠'City Lights에 감명받았다. 고풍스런 영국 서점들이 좋았다.

"영국 케임브리지에서 80대 노인이 경영하는 음악서점을 방문했습니다. 노인이 금테안경을 쓰고 확대경을 들고 책을 수선하는 걸 보고 감동했습니다. 백발의 노인이 하루도 빠지지 않고 서가를 정리하는 모습을 보면서 나도 늙어서까지 저렇게 할 수 있으면 좋겠다고 생각했습니다. 모든 책은 생명을 갖고 있지요. 서점 주인은 병원을 경영하는 의사와 같아요. 인간의 영혼을 치료하고 구제하는 곳이 서점이지요."

한 도시에는 고층건물도 있어야 하지만 더 중요한 것은 미술관과 박물관, 극장과 도서관과 서점이다. 따뜻한 등불 아래 책을 읽고 있는 사람들의 그림자, 이것이 한 도시의 문화와 정신을 상징한다. 시민들이 일상으로 드나드는 서점이 없다면 그 도시는 품격을 갖추었다고 할 수 없다. 셴펑서점을 창립해 이끌고 있는 첸샤오화의 신념이다. 난징에는 현재 서점이 1,000여 곳 있다.

중국의 대표적인 민영서점인 첸샤오화에겐 세속적인 돈 냄새가 느껴지지 않는다고 난징의 지식인들은 말한다. 셴펑서점의 오랜 고객이자 작가인 쑤퉁蘇童, 1963-이 말한 바 있다.

"그에게 서점은 호구지책이 아니다. 그는 서점에서 자신의 꿈과 이상을 경영하고 완성한다. 이 도시에 영혼의 힘을 제공하는 그의 생각은 변하지 않을 것이다."

인문·예술·사회 관련 책을 주로 취급하는 셴펑서점은 2014년 10개 서점에서 3,000만 위안약 56억 원 가까이 판매했다. 책 판매는 쉽지 않지만 문화창의文化創意 상품으로 제법 높은 수익을 내고 있다. 책은 매년 20퍼센트 성장하지만 문화창의 상품은 50퍼센트 성장하고 있다.

연말에 결산해서 이익은 사장과 직원이 나눈다.

"사장은 이익을 나누는 일 하나만 하면 됩니다."

셴펑서점은 문화 프로그램으로 그 존재의 가치와 위상을 키워내고 있다. 다양한 프로그램을 일주일에 3, 4회 진행한다.

서점의 중심을 독자의 공간으로 내놓았다. 의자가 200여 개 놓여 있다. 독자들은 마치 공공도서관에서처럼 책 읽고 있다.

"서점은 본래 공공공간입니다.

LIBRAIRIE
AVANT-GARDE
JORGE
LUIS
BORGES

ALBERT CAMUS
LIBRAIRIE
AVANT-GARDE

Agatha Christie

책을 읽는 것은 독자의 권리입니다.

독자의 가치는 이윤보다 더 중요합니다."

소설 『당신이 가본 세계의 모든 길에서』從你的全世界路過를 쓴 장자자張嘉佳, 1980-가 독자와의 대화를 했을 땐 1만여 명이 몰려들었다. 저자는 책을 구입한 5,000명에게 사인을 해주었다. 타이완에서 비행기로 날아온 작가 바이셴융白先勇, 1937-의 사인회에도 1,000여 명이 참여했다. 하이난海南에서 비행기 타고 온 독자도 있었다. 이런 행사들은 회원 17만 명에게 온라인으로 고지된다.

시인과 음악인이 함께하는 '음악시회音樂詩會: 봄의 소리'가 서점 한가운데서 열린다. 타이완의 경극배우 웨이하이민魏海敏, 1957-을 초청해 그의 경극세계를 듣는다. 2014년 창립 18주년을 맞아 첸샤오화는 독자 18명을 초청해 대화하는 행사를 열었다.

"셴펑서점은 책을 파는 곳이 아니라 인문정신을 파는 곳입니다. 독자들에게 늘 열려 있습니다. 시대정신을 담론하고 탐구하는 공공 플랫폼입니다."

난징 시민들은 말한다. "난징에 와서 셴펑서점에 들르지 않으면 만리장성 보러 갔다가 바다링八達嶺에 들르지 않는 것과 같다"고. 그러나 셴펑서점이 순탄한 길만 걸어왔을까. 2003년에 개점한 폭 12미터, 길이 160미터의 푸쯔먀오夫子廟점의 실패는 그에게 아픈 교훈을 주었다. 첸샤오화는 그 경험을 기록으로 남겼다.

"상하이로 출장 가면서 지하철을 탔다. 지하철 열차가 책으로 가득 찼으면 좋겠다는 생각을 했다. 난징으로 돌아오자마자 지하철처럼 좁고 긴 서점공간을 찾아냈다. 5년 임대계약으로 내부설비에 80만 위안약 1억 5,000만 원을 썼다. 그러나 시장 조건에 대한 분석이 소홀했다. 그곳을 지나는 사람들은 대부분 여행자들이거나 소상인들이었다. 책을 찾는 사람들이 올 곳이 아니었다. 여름이면 에어컨 바람 쐬려는 사람들로 북적였다.

건물주와 계약을 해지하는 날 폭우가 쏟아졌다.

폭우에 내 우산이 날아갔다.

하늘이 내게 주는 교훈이라 생각했다."

잊을 수 없는 도움의 손길이 왔다. 푸쯔먀오점 때문에 절대적인 위기에 빠졌을 때 한 지인知人 내외가 60만 위안약 1억 1,300만 원이 든 현금 부대를 들고 서점에 찾아왔다.

"그분들은 차용증서 따위는 요구하지 않았습니다."

우타이산 본점을 전면적으로 보수하던 2008년 여름, 서점 이웃에 사는 한 아주머니가 콩국을 만들어 직원들에게 보내왔다. 다시 3만 위안약 560만 원을 보내주었다. 갚지 않아도 된다고 했다.

첸샤오화에겐 그의 나이 12세 때 자살한 어머니가 가슴에 한으로 남아 있다. 소박하고 선량한 어머니에 대한 기억이다. 서점 시작한 지 20년이 되는 2016년에 어머니에 관한 책을 하나 쓰려 한다.

"셴펑서점은 어머니에게 바치는 나의 예물입니다. 어릴 때 목숨을 잃을 뻔한 사고를 당했을 때 어머니가 나를 살려내셨습니다. 아파도 병원에 갈 돈이 없었습니다. 몸이 약한 어머니가 나를 살려내셨습니다. 서점은 나의 어머니입니다. 순박했지만 강인하셨던 어머니 덕택에 내가 존재하고 서점이 존재합니다. 어려울 땐 늘 어머니를 생각합니다. 내게 용기를 주십니다."

첸샤오화는 '어머니'를 주제로 하는 '서점·박물관'을 준비하고 있다. 세상의 그 무엇보다 위대한 어머니, 그 어머니와 연관되는 책과 미술·공예품으로 꾸미는 '서점이자 박물관'을 위한 작업을 준비하고 있다.

첸샤오화에겐 또 하나의 슬픔이 있다. 서점을 시작한 지 4년 되는 해 같이 서점을 하던 여자 친구가 떠나갔다. 갖고 있던 모든 것을 털어 서점을 열었기에 사랑했지만 결혼할 엄두를 내지 못했다. 여자 친구의 집에서 딸이 과년하다면서 기다려주지 않았다.

"그녀는 떠나고 나는 서점과 결혼했습니다. 서점은 나의 영원한 연인입니다."

우타이산 셴펑서점엔 십자가가 서 있다. 슬픈 삶의 역경이 그를 기독교 신앙으로 이끌었는지 모른다.

"십자가는 나 자신이 겪은 고난이고 내가 추구하는 삶을 상징합니다. 물질적인 욕구가 소용돌이치는 세상에서 인성은 타락하고 영혼도 쇠락합니다. 셴펑서점은 소란스런 이 도시에서 살아가는 사람들에게 정신의 양식이기를 나는 소망합니다."

첸샤오화는 서점과 연관되는 일 이외에는 하는 것이 없다. 책 읽고

영화 보고 음악 듣고 기도하고 잠잔다.

"서점은 나의 무대입니다. 이 무대에서 죽고 싶습니다."

어느 해 섣달그믐을 갈 곳 없는 거지와 서점에서 보낸 적도 있다.

상인이지만 문인본색文人本色을 버리지 못하는 첸샤오화는 1995년 펑루쑹風入松서점을 창립한 중국 민영학술서점의 선구자 왕웨이王煒, 1948-2005를 늘 떠올린다.

"베이징대학교 철학교수였던 왕웨이 선생은 인간은 시적詩的으로 산다는 하이데거Martin Heidegger, 1889-1976의 명제를 늘 말씀하셨습니다. 중국학계에 하이데거를 처음 알린 왕 선생은 독립적인 사상과 서점의 길을 어떻게 열어가야 하는지를 보여준 나의 진정한 영웅입니다. 그런 왕 선생은 지천명知天命의 나이에 세상을 떠나고 말았지만, 선생의 가르침이 나에게 남아 있습니다."

스스로를 '대지의 이향인'이라고 부르는 서점인 첸샤오화. 그는 지금 '이향'에 새로운 서점을 잇달아 열고 있다. 새로운 서점운동·정신운동이다. 대지를 재발견하는 운동이다. 저 벽지의 고절한 향촌에 서점을 열어, 그 고절한 향촌에 책의 바람, 책의 정신을 심고 있다.

2018년 6월 15일 저장성 리수이시 쑹양현 쓰두향 천자푸촌浙江省 麗水市 松陽縣 四都鄉 陳家鋪村에 '평민서국'平民書局을 열었다. 해발 900미터의 700년 된 고촌에 현대적인 서점이 들어서는 것이었다. 나는 그날 개관식에 참석했다. 너무나 경이로운 고촌의 서점.

"이건 지상의 유토피아야!"

순간 나는 그렇게 비명을 지르고 말았다. 이런 발상, 이런 실천을

구현해내는 첸샤오화는 지상의 유토피언이 아닌가. 저 발밑으로 운무가 휘감고 돌아가는 산악들. 서점 밖은 녹색의 숲이다. 마을회관을 리노베이션한 서점 그 서가들에 꽂혀 있는 책들이란 최고 수준의 인문예술서들이다.

그 전날 나는 나의 『세계서점기행』을 다큐영상으로 제작하는 인디컴 김태영 감독 일행과 함께 난징南京으로 가서, 여덟 시간 동안 승용차를 타고 쑹양으로 왔다. 거기서 하룻밤을 자고 작은 버스를 한 시간 타고 천자푸촌으로 올라왔다. 그 오르는 길과 산세가 절경이다. 해발 900미터의 오래된 마을은 저 난징의 더위를 말끔하게 날려주었다. 우리는 이향에서 뛰노는 지상의 유토피언들이었다.

"셴펑서점의 미래는 연쇄점화가 아니라 독립된 개성 있는 점포입니다. 현재 셴펑의 모든 분점은 각자의 특색을 갖고 있습니다. 셴펑은 독자들에게 새로운 세계를 보여주려 합니다. 서점 자체가 하나의 세계이니까요.

셴펑의 미래는 서점 자체로 돌아가는 것입니다. 서점은 서점다운 모양을 갖추어야 합니다. 서점은 책이 있으므로 아름답습니다. 책을 사랑하는 마음이 서점을 운영하는 심지心志입니다."

지난날 그에게 사랑을 심어주고 떠나간 연인, 그 연인은 그를 떠나면서 자신이 적금해둔 1,000만 원을 그에게 선물했다. 연인의 그 사랑의 선물이 책에 대한 그의 헌신의 차원을 더 심화시켰을까. 그는 지금 대도시에 문 여는 큰 서점이 아니라, 책으로부터 소외되어 있는 저 농촌과 산촌에 잇달아 서점을 여는 실험적인 유토피아 운동을 하고 있는 것이다.

"셴펑의 미래의 선택은 농촌입니다. 농촌을 사랑하는 것이 중국을 사랑하는 것입니다. 중국문화의 뿌리는 농촌입니다. 중국문화를 일으켜 세우려면 먼저 농촌을 부흥시켜야 합니다."

그날 새로 서점 문을 연 오래된 마을 천자푸촌은 그 모든 것이 인간의 문화유산이다. 700년 된 그 세월, 그 긴 세월에 걸쳐 만들어진 그 집들과 그 고샅길, 그 마을에서 살고 있는 사람들의 오래된 풍속과 전통이 문화유산이다. 그 사람들의 삶과 그 언어가 문화유산이 아니고 무엇이란 말인가. 100여 가구의 그 주거조건, 그 사람과 방과 부엌과 광이, 그들이 일상으로 해먹는 음식들이 살아 있는 문화유산일 터이다.

"지금 농촌은 젊은이들이 모두 도시로 떠나고 노인들만 남았습니다. 어떤 마을은 비어 있습니다. 우리는 농촌에서 서점을 열고 도서관을 짓고 아름다운 공간을 지어, 더 많은 사람들이 농촌의 정신과 가치를 느끼고 더 많은 사람들이 농촌 부흥을 생각하고 체험하게 하도록 하고 싶습니다. 더 많은 사람들이 농촌에서 인생의 아름다움을 찾고 노년의 부모님을 모시듯 농촌을 섬기도록 하고 싶습니다. 도시의 젊은이들이 고향으로 돌아와 고향을 가꾸도록 하고 싶습니다."

그날 평민서국의 개점 행사에는 전국에서 시인·소설가·미술가·지식인들이 모여들었다. 저 베이징에서도 소문을 듣고 독자들이 개점행사를 찾았다. 축사를 하고 축시를 읽었다. 현 정부 공무원들이 성원하는 인사를 했다.

마을의 고가를 서점으로 다시 설계하고 시공하는 예산을 현 정부

가 지원했다. 셴펑서점은 책과 서점의 노하우, 카페 운영의 경험을 들고 들어가는 것이었다.

농촌서점·향촌서점이라는 새로운 아이디어를 개인에게 맡기지 않고 그 의미와 가능성을 정부가 함께 손잡는 정책을 통해 새로운 서점문화·독서문화가 구현되는 것이다.

천자푸촌의 평민서국을 개관하면서 마을 노인들이 2만 권이나 되는 책들을 직접 어깨에 메고 옮겼다. 주민들과 함께 만들어가는 농촌서점 만들기의 풍경이었다.

서점인 첸샤오화의 창조적 발상, 고촌의 주민들과 함께 만든 평민서국은 참으로 '시적인 서점'이 되었다. 시인적 감성이 아니면 이런 천상의 서점을 발상하지 못했을 것이다.

그는 이미 난징 시내에 시집 전문서점을 개관했다. 셴펑서점의 본점은 시집을 제일 많이 갖고 있는 서점이 되었다. 직원들이 함께 시 짓고 시 읽는 전통을 만들어가고 있다.

"좋은 인문·예술도서는 물론이고 여행·역사·지리·농촌건설 등 특색 있는 주제의 책들을 갖추는 것입니다. 시인·화가·작가·가수·농촌건설인들을 초청하여 다양한 문화행사를 벌일 것입니다. 도시의 젊은이들이 기꺼이 달려오고 농촌의 노인들도 참여하게 할 것입니다. 농촌에서 지금 가장 필요한 것은 공공의 문화공간, 지식을 나눌 수 있는 공간입니다."

서점인 첸샤오화의 이상은 아주 놀라운 반응을 불러일으키고 있다. 전국의 도시인들이 잇달아 방문하는 코스가 되고 있다. 천자푸 마을의 평민서국을 찾는 '새로운 서점관광'이 일어나고 있다. 산상서점에서, 아니 천상서점에서, 그 카페에서 차를 마시면서, 온몸으로 자연을 호흡하면서 책을 읽는 체험. 서점의 한 공간을 할애하여 꾸민 공연 공간, 명상 공간에서의 문화행사 체험이란 저 도시의 그런 것들과는 전혀 다를 것이기 때문이다.

설계를 맡은 건축가 장레이張雷의 세련된 서점미학이 분위기를 한껏 색다르게 만든다. 중국서예원 원장이자 저명서예가인 관준管峻이 서점의 현판 글씨를 썼다.

'천상의 서점마을'에서의 1박·2박·3박이 이제 가능하다. 새롭게 고쳐지고 있는 고가들에서 숙박을 할 수 있기 때문이다. 오래된 집들에서 숙박하는 참 별다른 서점관광·독서관광으로 천자푸 마을이 재생되고 있는 것이다.

인근 지역의 학생들이 단체로 소풍 온다. 저 산 밑의 도시와 마을들에서 아이들을 데리고 학습 오는 부모들도 늘어나고 있다. 평민서국은 농촌의 새로운 발견과 재생 그 가능성을 보여주는 지혜로운 대안이 되고 있다. 깊은 산촌 천상의 서점에서 책 읽는 아이들의 모습이란, 아이들의 책 읽는 소리란 그 무엇과도 비견될 수 없는 아름다움이다.

"쑹양은 오래된 중국농촌의 근본이자 강남 중국의 마지막 비경입니다. 우리는 이곳에 책과 문예, 여행과 휴식이 융합되는 서점과 창작촌을 건설할 것입니다. 이 작업에는 농촌건설과 문화진행에 뜻을 둔 지식인·예술인들이 공동으로 참여합니다. 셴펑서점다운 중국농촌 부흥의 가능성을 탐색할 것입니다."

명明나라 후기의 유명한 희곡작가 탕현조湯顯祖가 현감을 지냈던

LOST HORIZON

쑹양. 서점인 첸샤오화는 천자푸촌에 쑹양현 정부와 손잡고 예술가들의 레지던스 프로그램을 구현하고 있다. 천자푸주촌창작중심陳家鋪駐村創作中心은 국내외 저명작가들에게 마을에 거주하면서 창작할 기회를 제공한다.

'일백명예술가작업실' 프로그램이다. 다섯 명의 작가들이 이미 입주하고 있다. 셴펑은 레지던스 프로그램에 참가하는 작가들의 성과를 책으로 출판하게 된다. 레지던스 프로그램에 참여하는 미술가들은 천자푸촌의 특장을 살린 제품을 제작하여 방문객들에게 문화상품으로 판매하는 계획도 짜고 있다.

셴펑은 해마다 '쑹양시가음악문학제'를 열어, 국내외의 저명한 시인·음악가·소설가·학자를 천자푸촌에 초청하여 다양한 문예행사를 할 계획이다. 농촌서화예술 교류교역센터, 농촌예술 발전센터의 건설이 지방정부의 지원을 받아 준비 중이다. 쑹양을 국제적인 예술가 집합지로 키운다는 야심찬 프로그램이다.

평민서국에는 바오건세鮑根라는 한 노인이 '특별직원'으로 채용되어 일하고 있다. 이채로운 프로그램이다. 그는 천자푸촌의 당서기를 24년 동안 지낸 바 있는 퇴역군인이다. 자강·자립의 정신으로 일과 직책에 헌신한 모범적인 공산당원이다. 이제 서점직원이 되어 천자푸의 역사를 방문객들에게 이야기해주는 일을 맡고 있다.

마을에 거주하며 창작하는 작가들, 마을을 찾는 독자들과 관광객들은 그를 통해 마을의 역사와 전통과 풍속을 이해하고 마을의 오늘과 미래의 계획을 듣게 된다. 그는 천자푸촌 평민서국의 가장 훌륭한 이미지이자 대변인이다.

천자푸촌은 평민서국을 여는 날 서점인 첸샤오화에게 '천자푸촌 명예촌민증'을 전달했다. 첸샤오화는 천자푸촌 학생들에게 책을 선물했다.

첸샤오화는 천자푸촌의 평민서국 이전에 이미 여러 역사적인 지역과 공간에 그 지역사·공간사의 의미와 미학을 살려내는 농촌·향촌서점을 열었다. 2014년 안후이성 황산安徽省 黃山의 비양진 비산촌碧陽鎭 碧山村에 벽산서국碧山書局을 열었다. 고가 계태당啓泰堂을 개수해 고풍스런 서점이 되는 것이었다.

당초 마을 노인들은 서점 여는 것에 부정적이었지만, 첸샤오화는 노인들을 끈질기게 설득했고, 결국 노인들과 함께 서점을 위한 이런 저런 일들을 함께 진행하게 되었다. 촌로들에게 마을의 발전을 위해 서점이 어떤 기능을 하게 되는지 그 가치를 점차 알게 했다. 지금은 촌로들도 서점의 카페에서 그 쓰다던 커피를 한가롭게 마시면서 환담을 즐긴다.

2015년엔 저장성 퉁루현 어산 다이자산浙江省 桐盧縣 莪山 戴家山에 운석도서관雲夕圖書館을 열었다. 다이자산은 40여 가구가 존재하던 작은 산촌이었다. 서점을 열던 2015년엔 민박집 한 곳뿐이었지만 지금은 민박집이 24곳으로 늘었다. 운석도서관의 개관에 힘입어 농민들의 의식이 바뀌고 빈 마을에 젊은이들이 귀향하여 창업하기 시작했다. 여행철이면 집집마다 숙박하는 여행객들로 가득하다.

2016년엔 장수성 우시시 량시구 후이산구진江蘇省 無錫市 梁溪區 惠山古鎭에 혜산서국惠山書局을 열었다. 이어 윈난성雲南省에 소수민족을 주제로 하는 서점의 개관을 준비하고 있다. 다리大理의 젠촨현 사시구진劍川縣 沙溪古鎭에 또 하나의 농촌서점이 준비되고 있다. 다리구성大理古城과 리장구성麗江古城 사이에 자리 잡은 사시고진은 한때 '차마고도'茶馬古道의 중요한 무역집산지로 지금도 고도古道에 유일하게 남아 있는 시장이 서는 지역이다. 세계문화유산이기도 한 이곳을 첸샤오화는 스위스연방이공대학과 손잡고 '사계부흥프로젝트'를 진행하고 있다.

역사문화유산의 보호와 재건에 줄곧 관심을 가져온 서점인 첸샤오화는 난징의 여러 문화유산에도 서점을 열어 역사와 책을 한자리에 놓고 있다. 난징의 옛 총통부 경내에 '셴펑서점 총통부 민국서원'이 문을 열었다. 이 서점은 '중화민국 시대'를 주제로 삼고 있다.

난징의 옛 흔적이 잘 보존되고 있는 노문동老門東의 4백년 된 고가에도 서점을 열었다. 준혜서옥駿惠書屋이 그것이다. 오래된 건축공간은 책이 들어서면서 전혀 새로운 문예적 분위기를 창출해낸다. 지역 일대를 예술적 관광으로 변신시키는 중력이 되고 있다. 첸샤오화의 창조적이고 선구적인 문제의식이 유감없이 발휘되는 지점이다.

이곳저곳에 문 열고 있는 셴펑서점들은 그 지역과 공간의 역사적 이미지를 살려내는 건축과 디자인으로 서점 자체가 또 하나의 문화사적 의미를 표현해내고 있다. 여러 지방정부들이 이미 하나의 브랜드가 되고 있는 셴펑과 첸샤오화를 '유치'하려 하고 있다. 책의 힘이다.

2020년 봄의 개관을 목표로 현재 진행되고 있는 한 프로그램은 사시고진의 베이룽촌北龍村 중심의 곡식창고에 여는 '백족서점'白族書店이다. 스위스 연방대학의 책임자인 황인우黃印武 건축가와 함께 백족의 문화적 전통을 살리는 디자인에 백족 관련 책과 문예·공예작품을 갖추어서 책과 휴식과 사회문화적 공헌을 하나로 엮는 또 다른 향촌서점이 되게 한다는 계획이다.

구이저우성貴州省에 세우는 '묘족서점'苗族書店도 또 하나의 새로운

서점이다. 건축가 장레이가 주도하는 이 서점은 묘족의 문화와 지역의 진귀한 자연 생태환경들을 함께 보여주겠다는 것이다. 소수민족 박물관이자 소수민족 서점이다.

"농촌서점을 여는 것은 머나먼 탐색입니다. 많은 독자들과 친구들이 묻습니다. 그렇게 해서 언제 수익이 날 것 같으냐고. 농촌서점은 근본적으로 큰 수익을 낼 수 없습니다. 나는 상업적 이익을 위해서가 아니라 서점인과 서점이 마땅히 해야 할 바를 실천하는 것입니다.

우리가 노력하는 가운데서 희망과 용기의 힘을 찾아내야 합니다. 농민에게서 배우자, 농촌에서 배우자. 포부와 이상을 가진 문화인이라면 마땅히 이렇게 해야 하고 시대와 역사를 위해 현장의 증인이 되어야 합니다. 시대에 부끄럽지 않는 일을 창조해야 합니다.

농촌서점의 건설은 험난합니다. 책임은 무겁고 길은 멉니다. 나는 중국의 광활한 산촌에 우뚝 서서, 소수민족을 위해 내 힘이 미치는 봉사를 하려 합니다. 눈은 하늘의 별을 바라보면서, 발은 대지를 딛고 나아갈 것입니다."

나는 2018년 9월 파주출판도시에서 펼쳐진 '파주북소리' 축제에 서점인 첸샤오화를 초청해 '서점이란 무엇인가, 왜 서점인가'를 주제로 그의 강연을 듣는 행사를 기획했다. 그는 다른 연사들과는 달리 참으로 낭만적이고 이상적인 서점 이야기를 한국의 독자들에게 했다.

"서점은 유행을 쫓아서는 안 됩니다. 독립심을 유지해야 합니다.

단기이익을 중시해서는 안 됩니다. 서점경영은 가치창조 행위이자 일종의 실험행위입니다. 서점의 존재의의를 끊임없이 자문해야 합니다. 서점경영은 양심을 지키는 일입니다. 좋은 서점은 고요한 숲입니다."

그 어떤 서점인보다도 셴펑의 첸샤오화는 낭만주의자이고 이상주의자다. 나는 그가 낭만주의자이고 이상주의자이기에 그를 존경하고 신뢰한다. 한 권의 책이란 세상을 아름답게 만드는 낭만주의와 이상주의의 소산일 것이다. 오늘도 한 권의 책의 탄생과 존재를 위해 나서고 있는 한국의 한 출판인으로서 나는 중국의 서점인 첸샤오화의 책에 대한 철학에 감동한다. 서점을 경영하는 그 낭만과 이상은 곧 나의 낭만과 이상이 된다. 책과 책의 세계, 책의 정신은 나라와 국경을 넘어서는 인류의 보편적 철학이자 가치이고 이론이고 세계일 터이기 때문이다. 책에 대한 이런 철학을 공유하기 때문에 그와 나는 친구가 된다.

"한 인간이 일생의 시간을 쏟아 한 가지 일을 한다는 건 분명 행복한 일일 겁니다. 스스로의 능력을 쏟을 만합니다. 내가 서점을 연 것은 다른 사람을 위해서가 아니라 책을 사랑하는 나 자신을 위해서였다는 생각을 하게 됩니다.

힘든 때가 있었습니다. 절망하기도 했지만 후회한 적은 없습니다. 늘 다른 사람들의 도움을 받아 감동했습니다. 서점을 운영한다는 것 자체가 다른 사람에게 감동을 주는 것이 아닐까 합니다. 외롭고 고단한 여정에 온기를 주면서, 자신의 존재를 증명하는 행위는 아닐까 생각해봅니다.

덩치가 커졌다고 만족하고, 인터넷 검색 대상이 되었다고 자랑하는, 이른바 가장 아름다운 서점으로 선정된 것을 자신의 장식품처럼 생각하면서 시대의 조류에 영합하기만 한다면, 내가 서점을 열던 초심을 저버리는 것입니다. 그런 나는 더 이상 내가 아닙니다. 내가 나인 이유는 생명에 대한 외경, 서점에 대한 믿음을 갖고 있기 때문입니다. 내가 바로 나의 서점입니다.

내가 서점을 열었던 까닭은 내심內心의 부름을 따랐기 때문입니다. 나의 서점은 세상 모든 생명체에 대한 나의 동정과 연민과 사랑, 하느님의 진리에 대한 사랑입니다."

그렇다.
책은 생명이다.
생명에 대한 경외다.
우리 모두를 위한 도덕이다.
민주적인 사회를 구현하는 정의다.

책이란 우리들 삶을 아름답게 구현하는 진선미다.
인류공동체의 기본인 진선미를 천착한다.
서점은 한 권의 책을 위해 일하는 사람들이다.
아름다운 책을 위해 일하기에
서점인들은 행복하다.

다시 시간을 내서
서점인 첸샤오화가 구현하는
저 이향의 대지 깊숙이 자리 잡은

향촌서점으로
천상의 서점으로 가야겠다.
한 권의 책을 만나러.
서점인 친구 첸샤오화를 만나러!
책의 유토피아에서
한 권의 책을 근독勤讀 하러.

고서점 주상취에 가면 역사와 시대를 통찰한
선구자들의 육성을 들을 수 있다.
눈을 시퍼렇게 뜨고 오늘 우리에게 말을 걸어온다.
그 책들의 갈피갈피에 새겨져 있는 역사정신과
시대정신을 만날 수 있다.
오래된 책들의 향
세상을 보듬는 따뜻한 울림과 함께.

오래된 책의 향에 취하는 애서가들의 사랑방

타이베이의 주샹쥐

고서점 주샹쥐舊香居는 타이완臺灣사범대학 인근의 소란스런 야시장夜市場이 끝나는 그곳에 있다. 서예가이자 화가인 황쥔비黃君璧, 1898-1991가 쓴 현판이 서점 입구 문 위에 걸려 있다. 대가의 글씨가 서점의 내용이 심상치 않음을 예감하게 한다. 유리문을 밀고 들어간다. 오랜 세월 풍파를 견디어온 고서들이 뿜어내는 기품이 방문객을 맞는다.

주샹쥐는 책과 함께 서찰·서예·그림·엽서·사진·지도 등 종이로 된 것들을 소중하게 생각하고 수집해놓는다. 종이로 된 것들은 오래되면 오래될수록 가치가 높아진다. 세월을 이겨내는 미인은 없다지만 책을 비롯해 종이로 표현되는 인간정신은 흐르는 세월과 함께 그 향이 깊어진다. 가치도 올라간다. 주샹쥐는 이름 그대로 오래된 책과 종이의 숙성된 정신, 그 향과 가치에 취하는 애서가들의 놀이터다.

젊고 아름다운 여성 우야후이吳雅慧가 주샹쥐를 이끌고 있다. 파리에서 4년 유학하면서 예술경영을 공부했다. 유학 시절 파리의 젊고

臺灣 臺北市 大安區
龍泉街 81號 10645
886-2-2368-0576
blog.yam.com/jxjbooks

아름다운 여성 실비아 휘트먼Sylvia Whitman, 1981-이 이끄는 셰익스피어 앤 컴퍼니Shakespeare & Company에 드나들면서 책과 문예의 세계를 경험했다.

초등학교 4학년 때부터 아버지 우후이캉吳輝康의 서점에서 책과 놀면서 책의 세계를 배웠다. 그러고 보니 우야후이는 30여 년째 책 속에서 책과 놀고 있다.

아버지는 오래된 책과 물건을 수집하던 할아버지 우진장吳金章의 뒤를 이어 1972년에 서점을 열었다. 아버지는 오래된 책과 물건들의 세계와 가치를 현장체험으로 학습했다. 산둥山東 출신인 할아버지는 가족을 데리고 1949년 장제스蔣介石, 1887-1975 부대와 함께 타이완으로 건너왔다.

2015년 11월 나는 타이베이臺北에서 열린 동아시아출판인회의 제20차 회의를 끝내고 롄징聯經출판사의 린짜이줴林載爵, 1951- 대표와 주상쥐를 찾았다. 우야후이는 마흔이 넘었는데도 책과 함께 노는 천진무구한 어린아이였다. 갖고 있는 이런 책 저런 물건들을 나에게 계속 이야기하고 싶어 했다. 그의 신명나는 책이야기는 좀체로 끝날 것 같지 않았다.

책과 함께 사는 주상쥐의 우야후이는 책 좋아하는 사람들과는 이내 친구가 된다. 주상쥐를 찾는 고객들과 우야후이는 책을 이야기하다가는 결국 작은 와인파티로 진전하고 심야까지 이어지는 이야기 마당을 펼치곤 한다. 책 좋아하고 사람 좋아하는 우야후이는 저 옛날 파리에서 번성했던 살롱의 마담 같은 역할을 해내는 셈이다.

1년에 한 번 우야후이는 별난 파티를 기획한다. '환서換書파티'다.

매년 12월 31일 30~40명이 모여 자기가 읽은 책을 다른 사람의 책과 바꾸면서 이야기꽃을 피우는 송년모임이다. 참가자들은 자기가 읽은 책의 감상록을 작성해와서 책과 함께 다른 사람에게 선물한다. 선물받은 사람이 그것을 읽는다. 친구가 되고 친목이 돈독해지면서 한 해를 보내는 밤은 깊어간다.

타이베이의 룽취안제龍泉街 81호에 주소를 둔 주샹쥐는 사실은 작은 서점이다. 1층이 200제곱미터, 지하가 100제곱미터 정도다. 그러나 주샹쥐가 갖고 있는 책과 콘텐츠의 수준은 높고 깊다. 절판된 문文·사史·철哲 고서들과 서예작품·지도·육필원고가 놀랍도록 많다.

서예가이자 교육자인 위유런于右任, 1879-1964의 서예작품이 걸려 있다. 작가이자 서예가인 타이징눙台靜農, 1903-1990의 작품도 있다. 20세기 중국문학사를 빛낸 문학가들의 초판본이 서가에 앉아 있다. 쉬즈모徐志摩, 1897-1931의 시집, 선충원沈從文, 1902-1988의 소설 『새것과 헌것』新與舊과 『노실인』老實人, 라오서老舍, 1899-1966의 소설 『화장』火葬과 『묘성기』貓城記, 루쉰魯迅, 1881-1966의 소설 『방황』彷徨과 『분』墳, 마오둔茅盾, 1896-1981의 소설 『동요』動搖, 장아이링張愛鈴, 1920-1995의 소설 『앙가』秧歌와 『유언』流言, 쉬친원許欽文, 1897-1984의 『고향』故鄉, 궈모뤄郭沫若, 1892-1978의 『전성』戰聲이 다른 책들과 어깨동무하고 있다.

주샹쥐는 위유런의 서찰 500여 점과 사진작가 랑징산郎靜山, 1892-1995의 사진 200여 점을 갖고 있다. 지난 90년대엔 한 집안에서 타이완의 현대사를 만든 지식인·학자·작가·예술가·정치가들의 서찰 200여 통을 사들였다. 국민당 원로 장췬張群, 1889-1990, 가톨릭주교로 푸런대輔仁大 총장이었던 위빈于斌, 1901-1978, 정치평론가 레이전雷震,

SIU MING

良友
中華

1897-1979, 서예가 우징환吳敬桓, 1865-1953, 고궁박물원 원장 친샤오이秦孝依, 1921-2007, 5·4운동을 명명한 학자 뤄자룬羅家倫, 1897-1969, 산문가이자 번역가인 량스추梁實秋, 1903-1987, 역사학자 선윈룽沈雲龍, 1909-1987, 작가 녜화링聶華苓, 1925-, 린하이인林海音, 1918-2001, 바이셴융白先勇, 1937- 등이 남긴 육필은 시대정신을 증거하는 정화精華가 아닌가. 이 육필들은 2011년 '타이완 100년의 명인서찰전'이라는 주제로 특별 전시되었다.

주상쥐가 잇따라 기획하는 특별전은 중국 근현대사의 문화사를 읽게 한다. '문학청춘: 타이완 구서舊書 풍경전' '삐라와 금서' '타이베이 문청생활고文青生活考' '장다쳰張大千, 1899-1983의 서책과 문헌전' '5·4운동의 빛과 그림자' '청대 타이완 문헌자료전' '1930년대 신문학의 정수: 중국신문학진본전眞本展'이 그 특별기획전들이다.

30만 권의 구서·희서를 갖고 있는 주상쥐는 스스로 기획하는 특별전 말고도 다른 박물관이나 연구기관들과 연대하는 전시회에 참여한다. 홍콩과 대륙에서 초청받기도 한다. 2015년엔 광저우廣州에서 초청받았다. 대륙에서 열리는 책 경매시장에도 진출하고 있다.

주상쥐는 책을 둘러싼 다양한 주제를 담론하는 사랑방이다. 특별기획전을 심층으로 논의하는 강연회가 열린다. 문제작을 펴낸 지식인·작가들의 신간출시 행사도 한다. 리즈밍李志銘, 1938-이 펴낸 『구서방랑』과 『독서방랑』을 위한 출판기념회가 열렸다. 작가 바이셴융과 푸리符立의 대담이 기획되었다.

고서문화의 밤도 열린다. '밤서점'을 열어 탐서探書와 장서藏書의 즐거움을 이야기한다. 서점주 우야후이가 담론을 주재하기도 한다. '책방야화'冊房夜話로 주샹쥐의 등불은 꺼질 줄 모른다.

작은 서점 주샹쥐. 그러나 동아시아의 광대한 유역에서 작가·지식인·학자들이 찾는다. 타이완의 중앙연구원 부원장 왕판썬王汎森, 1958-과 문화연구가 리어우판李歐梵, 1942-, 사진작가 궈잉성郭英聲, 1959-이 출입한다. 홍콩의 영화감독 왕자웨이王家衛, 1958-와 작사가 린시林夕, 1961-, 문학연구가 루웨이란盧瑋鑾, 1939-, 언론인 룽징창龍景昌, 1954-이 단골 고객이다. 대륙의 고서전문가 선진沈津, 1945-과 장서가 웨이리韋力, 1963-, 중국현대문학 연구가 천쯔산陳子善, 1948-, 저술가 후훙샤胡洪俠, 1963-가 찾아온다. 일본의 애서가·학자들이 방문한다. 네덜란드의 중국사 연구자들이 출입한다.

중국학을 연구하거나 중국에 관심 있는 지식인·학자·예술가들의 지적 정거장인 주샹쥐는 본점 말고 세 곳에 분점을 열었고 세 곳에 서고書庫를 두게 되었다. 30만 권의 고서는 대륙의 민간서점으로는 바라보기 어려운 규모다. 남동생 우쯔제吳梓傑가 누나 우야후이를 도와 관리업무를 맡고 있다. 아버지는 대륙을 내왕하면서 희귀도서를 구입해 오거나 미술작품을 발견해내면서 남매의 일을 뒤에서 돕고 있다.

"우리 서점을 방문하는 인사들은 충성고객입니다. 하루에 50~60명 방문하지만, 이들은 주샹쥐의 콘텐츠를 알고 있습니다. 아주 비싼 고서도 구입해갑니다. 책의 가치를 아는 분들이지요. 특별기획전에 출품된 책들을 몽땅 구입해가는 고객도 있답니다."

책 구경하러 들렀다가 여러 권씩 사가는 경우도 있다. 이야기 주고받다간 주머니를 아낌없이 비운다. 진정한 수집가라면 희귀본이 나

타날 땐 그걸 놓치지 않을 것이다.

"되팔기 위해서가 아니라 내가 좋아서 구입하기도 합니다. 나도 책 수집가이니까요. 내 마음에 드는 책 한 권 만나는 것이야말로 애서가들에겐 양보할 수 없는 행복입니다."

발터 베냐민Walter Benjamin, 1892-1940이 말하지 않았나. 진정한 수집가가 오래된 한 권의 책을 손에 쥔다는 것은 그 책이 다시 태어나는 것과 같다고. 헤르만 헤세Hermann Hesse, 1877-1962도 "반듯한 독자란 책을 가슴으로 경외하는 사람"이라고 했다. 장서가·애서가·애독자의 책에 대한 자세와 마음은 동東과 서西, 고古와 금今이 다르지 않을 것이다.

문화가 번창하는 도시나 시대에는 반드시 출판문화와 서점들이 꽃을 피운다. 청나라 건륭乾隆 24년1759, 화가 서양徐揚이 강남의 소주蘇州 풍경을 그린 「고소번화도」姑蘇繁華圖에는 번성하는 소주의 250년 전 풍경이 고스란히 묘사되어 있다. 2층 건물인 대아당서방大雅堂書坊 간판이 보이고 고금서적古今書籍과 서방書坊의 깃발도 보인다. 베이징의 류리창琉璃廠 서점들도 건륭·가경嘉慶 시대부터 형성되었다.

민국시대民國時代의 지도를 보면 상하이 푸저우 루福州路에도 서점이 즐비하다. 지금 타이완사범대학과 인근엔 40여 곳의 새책방·헌책방들이 책의 문화를 지키고 있다. 주상쥐도 이런 중국서점의 전통을 이어가는 문화유산의 한 풍경일 것이다.

저 옛날에 비해 종이가 흔해진 세상이다. 현대인들은 종이의 존

金瓶梅詞話
張大千的世界

귀함을 잊고 산다. 책도 함부로 내버린다. 무게로 달아 사고판다. 귀중한 책이 파지가 된다. 우후이캉은 이 파지 속에 보물이 있다는 걸 간파해냈다. 대부분의 중국 고서상들이 파지수집상에게 무게로 달아 헌책을 구입했지만, 그는 처음부터 책을 무게가 아닌 권수대로 계산을 치르고 사들였다. 파지수집상이 그에게로 몰려든 건 당연할 것이다.

명말明末 강소江蘇 상숙常熟의 장서가 모자진毛子晉, 1599-1659이 대문에 방을 써붙였다.

"송宋의 목판본을 가지고 오면 이 집 주인은 책의 쪽수를 계산하여 한 쪽에 200씩 주고 사겠다. 옛 필사본은 한 쪽에 40을 주겠다. 희귀본을 갖고 오면 다른 집이 1,000을 줄 때 이 집 주인은 1,200을 주겠다."

모자진의 대문 앞에는 책을 싣고 오는 수레가 줄을 이었다. "360가지 장사 중에서 모씨 집안에 책을 공급하는 것보다 못하다"는 속담까지 생겨났다. 300년 후 타이베이의 주샹쥐가 모씨 집안의 도서관 급고각汲古閣의 방법을 따른 셈이 아닌가.

19, 20세기 중국과 중국인들은 인류가 일찍이 겪지 못한 역사와 사상의 혁명을 체험했다. 주샹쥐의 책들은 격동하는 이 역사와 사상의 현장에서 창출된 것이다.

주샹쥐에 가면 역사와 시대를 통찰한 선구자들의 육성을 들을 수 있다. 눈을 시퍼렇게 뜨고 오늘 우리에게 말을 걸어온다. 그 책들의 갈피갈피에 새겨져 있는 역사정신과 시대정신을 만날 수 있다. 오래된 책들의 향, 세상을 보듬는 따뜻한 울림과 함께.

책은 당연히 모든 인문예술의 길이 된다. 주상쥐와 우야후이가 펼치는 책의 세계, 책의 길은 인문과 예술의 세계가 되고 있다. 우야후이는 이제 '고서'와 함께 '미술'의 세계로 활동영역을 확장하고 있다. 파인아트와 함께 디자인 프로그램을 기획한다. 다양한 인문예술 행사에 그의 역할이 돋보인다.

2019년 5월, 나의 『세계서점기행』이 타이완에서 출판되었다. 나는 이 책을 펴낸 롄징聯經 출판사의 초청을 받아 타이완에 갔다. 타이완의 독자들과 함께 북토크를 했다.

롄징출판사의 서점 롄징서방에서 열린 그 봄날의 '책 이야기 파티'를 우야후이가 주관했다. 그는 여느 고서점 경영자가 아니라 문화예술계의 명실상부한 마담으로 그 끼와 역량을 화려하게 펼쳤다.

아름다운 책의 세계에서 그녀는 한층 더 아름다워지는 것이었다.

크레용하우스의 화분엔 꽃이 무성하게 피어 있다.
서점 외벽에 '전쟁을 중단하라' '핵으로부터 자유롭고 싶다'
'사랑과 평화'라고 쓴 현수막을 내걸었다.
어린이책과 여성의 책을 주제로 삼는 서점, 환경친화적인 장난감과
유기농 식품을 취급하는 크레용하우스의 용기다.
생명과 평화를 실천하는 오치아이 게이코의 철학이다.

어린이와 시민들에게 생명의 정신을 심는다

도쿄의 크레용하우스

"어린이들은 먹고 놀고 잠잘 권리가 있다"고 페스탈로치Johann Pestalozzi, 1746-1827가 말한 바 있지만, 나는 하나 더 보태고 싶다. "어린이들에겐 책 읽을 권리가 있다"고.

도쿄의 JR을 타고 고풍스러운 하라주쿠原宿 역에서 내린다. 가로수가 아름다운 패션거리를 500미터쯤 걸으면 오모테산도表參道 지하철역이 나온다. 그 뒷골목에 어린이책 전문서점 크레용하우스Crayonhouse가 있다.

"어린이의 관점에서, 여성의 관점에서, 친환경의 관점에서 문화를 생각합니다. 어린이나 여성, 핸디캡이 있는 사람이 살기 좋은 사회는 누구에게나 살기 좋은 사회입니다."

나는 도쿄를 갈 때마다 크레용하우스에 들른다. 1976년에 크레용하우스를 창립한 작가 오치아이 게이코落合惠子, 1945-를 만나기도

日本 東京都 港區
北青山 3-8-15 107-0061
81-3-3406-6308
www.crayonhouse.co.jp

No Nuke

한다.

"2014년에 여성월간지 『좋겠다』를 창간했습니다. 좋겠다고 할 수 없는 것이 세상에 넘쳐나고 있습니다. 진심으로 '좋겠다'고 할 수 있는 것을 발견해나가고 싶습니다. 세상이 'No!'라고 외치는 것만으로 변하지 않는다면 '좋겠다'고 말할 수 있는 것들을 넓혀 나가자는 마음으로 시작했습니다."

크레용하우스는 아이를 건강하게 키우고 가르치는 『월간 쿠욘』을 30년째 발행하고 있다. 어린이, 여성, 가족, 유기농을 키워드로 어린이들의 삶을 응원하는 잡지다. 어린이책과 안전한 장난감 정보는 물론 육아에 대한 약간의 고민과 사회의 움직임도 특집으로 다룬다. 다른 출판사들이 펴내지 않지만 좋다고 생각되는 어린이책을 펴내기도 한다.

오치아이 게이코는 1967년 문화방송 아나운서로 입사했다. 기자가 되고 싶었지만 '여자이기 때문에 안 된다'는 차별을 당했다. 한 정치인의 혼외딸로 태어나 편모슬하에서 자랐다. 어머니는 일 나가고 혼자서 책과 놀았다. 어린 시절, 책으로 외로움을 이겨냈다.

"아파트 계단에서 어머니가 돌아올 때까지 책의 주인공과 친구가 되어 놀았습니다. 책을 읽으면서 시간이 흐르는 걸 잊었습니다. 책은 하늘이고 바다였습니다. 우주였습니다."

전쟁이 끝난 일본 사회, 전쟁으로 남편이 죽고 혼자 사는 여성이 많았다. 밤에 술집에 나가 일하는 여성들도 있었다. 아파트 근처에 작은 책방이 하나 있었다. 그의 놀이터였다.

"점원이 총채로 책의 먼지를 탁탁 털었습니다. 왜 나가지 않느냐는 것이었지요. 먼지 털지 않고 책 읽는 아이들을 그냥 놔두는 서점, 책 읽는 아이들에게 캐러멜 한 개씩 나눠주는 서점을 만들고 싶었습니다."

사회의식 같은 것이 어린 시절부터 생겼다. 중학교 때는 마거릿 미첼Margaret Mitchell, 1900-1949의 『바람과 함께 사라지다』*Gone with the wind*를 읽고 주인공 스칼렛 오하라와 친구가 되었다. 일본 시인 요시노 히로시吉野弘, 1926-2014의 시를 읽었다. 사랑이 무엇인지 생각하게 되었다. 시집을 열심히 모았다. 방송일 하면서도 그의 손에는 늘 책이 들려 있었다. 방송의 '소리'는 순간 사라지는 것이었다.

유럽과 미국에 출장나가면서 어린이 서점을 찾았다. 엄마가 아이들을 데리고 와서 책 읽는 모습이 아름다웠다. 미국에는 곳곳에 전문 서점이 있었다. 일본에도 이런 서점 내고 싶었다.

30세가 되면 조직에 속박되지 않고 자유롭게 살고 싶었다. 직장 동료들에게 "나는 앞으로 서점 주인이 되고 싶다"고 했다.

1974년에 퇴직하면서 전업작가로 나섰다. 한 여성주간지에 에세이를 연재했다. 『스푼 하나의 행복』이란 시리즈로 출간했는데 많이 팔렸다. 이 책의 인세가 크레용하우스를 개관하는 데 기반이 되었다.

"아이들이 처음 손에 쥐는 표현 도구가 크레용이지요. 어른도 크레용 좋아하잖아요. 자기 색깔로 자기 인생을 그립니다."

인간의 삶에서 처음 만나는 것이 그림책이다. 그림책은 아이들만 읽는 것이 아니다. 어른도 아이들과 함께 그림책을 읽는다.

그림책은 경계가 없다. 아이들과 어머니 아버지, 할아버지 할머니 3대가 함께 읽을 수 있다.

아이들의 심성과 향기가 느껴지는 서점 크레용하우스. 아이들에겐 환상의 세계를 꿈꾸게 하고 어른들에겐 문득 순수의 삶, 동심의 세계를 생각하게 한다.

"오치아이 씨에게 그림책이란 무엇인가요?"

"내면에 깊고 풍부한 무언가를 가져다주는 것이 아닐까요? 영상·활자·음악 등 이런저런 미디어를 통합하는 '슈퍼 미디어'라고 생각합니다."

"크레용하우스를 하면서 기억에 남는 일도 참 많겠습니다."

"아이, 어머니, 할머니 3대가 온 적이 있습니다. 그 어머니는 중학생 때 자주 어머니와 함께 크레용하우스에 왔었습니다. '지금은 3대가 함께 신세지고 있습니다'고 한 그 말이 10년, 20년 후를 목표로 뛰던 저에겐 정말 기쁜 말이었습니다. 고등학생 때 영어책 코너에서 데이트를 하던 남녀가 지금은 아이를 데리고 옵니다. 1986년 오사카大阪점을 여는 날, 아버지와 아들 2대 손님이 '오사카에 서점 내주셔서 감사합니다. 신칸센 요금이 부담스러웠거든요'라면서 반색했습니다. 쉬는 날 책 사기 위해 도쿄까지 왔다고 했습니다."

크레용하우스의 스태프들은 한 달에 한 번씩 '신간회의'를 한다. 읽고 검토한 신간들을 설명하고 추천한다.

"우리는 반품하지 않습니다. 좋다고 선택한 책은 책임지고 판매합

town
crayo

KAFLA
house
crayon
3F
2F

ve
ce

니다."

지금 일본의 신간 가운데 40퍼센트가 출판사로 반품된다. 출판사들이 책을 많이 만들기도 하지만 독서행위가 그만큼 줄어들고 있다는 것을 의미한다. 반품의 일부는 다시 살아나겠지만 상당한 부분이 파쇄되어 버린다. 엄청난 자원낭비다.

"반품되어 파쇄되는 책을 보면 눈물이 납니다."

크레용하우스를 시작할 때 도매회사 직원들은 반품제도의 활용을 권유했지만 오치아이 게이코는 그 관행을 받아들이지 않았다.

"큰 서점들은 베스트셀러만 판매합니다. 우린 많이 팔리는 책이라도 문제가 있다고 판단되면 선택하지 않습니다. 좋은 책은 오래오래 팔립니다."

크레용하우스 스태프들은 월간으로 펴내는 『크레용하우스통신』을 통해 자신의 책에 대한 문제의식을 이야기한다. 오치아이 게이코는 2015년 6월 현재 통권 414호에 이르는 『크레용하우스통신』에 '오치아이 게이코의 크레용하우스 일기'를 쉬지 않고 쓰고 있다. 어린이 책과 세계와 사회를 보는 그의 생각과 철학이 담긴다.

오치아이 게이코는 스태프들에게 특정한 책을 권하지 말라고 한다. 한두 책을 집중해서 진열하지도 않는다. 이런 책 저런 책을 두루 진열해서 독자 스스로 선택하게 한다. 이른바 베스트셀러란 미디어까지 가담해서 '만들어내는' 것이다.

크레용하우스는 사실은 어린이 서점을 넘어서고 있다. 3층 '미즈 크레용하우스'는 여성 전문서점이다. 먹거리에 관한 책뿐 아니라 페미니즘 고전까지 비치해두고 있다. 메리 울스턴크래프트Mary Wollstonecraft, 1759-1797, 시몬 드 보부아르Simone de Beauvoir, 1908-1986, 한나 아렌트Hannah Arendt, 1906-1975도 있다. 전쟁과 평화에 관한 문제의식을 다룬 책들이 있다. 소설과 에세이가 있다.

"어린이와 페미니즘은 어떻게 연관됩니까?"

"어린이의 인권도 여성의 인권도 어른의 인권, 남성의 인권과 똑같이 중요하지요. 어린이를 위해서 여성이 사회적으로 희생되는 것도, 여성 자신의 삶을 위해서 어린이를 희생시키는 것도, 그 어느 쪽도 행복하지 않은 일입니다. 슬픈 일입니다만, 어린이 학대가 큰 사회문제가 되고 있습니다. 표면으로 드러나지 않는 성적 학대가 존재합니다. 이를 고발해나가는 여성들의 문제의식과 실천력이 중요합니다."

2층은 어린이를 위한 장난감과 핸드크래프트를 판다. 어린이들이 손으로 만지고 입으로 빨기 때문에 값은 조금 비싸지만 독일 등지에서 수입한 자연친화 장난감이다. 영국의 장애우들이 만든 장난감도 비치해놓았다.

지하에는 유기농산물을 판매하고 유기농산물로 조리하는 식당이 있다. 카페 기능도 함께 한다.

"40대에 병원에 입원한 적이 있는데, 계속 약을 주었습니다. 이렇게 많은 약을 먹어야 하나 고민했습니다. 먹거리를 생각하는 계기가 되었습니다. 유기농 회사하고 거래하지만 유기농 농민과 직접 계약해서 공급받기도 합니다. 한 달에 두 번씩 베지테리언데이Vegetarian Day를 합니다."

책의 집 크레용하우스는 꽃의 집이기도 하다. 꽃으로 무성한 화분들이 서점 입구에서 서점 안팎의 독자들을 맞는다. 계단에도 화분들이 줄서서 고객들을 환영한다.

크레용하우스는 어린이와 어른들에게 늘 열려 있다. 시민들의 졸업 없는 평생학교다. 가장 대표적인 프로그램은 '어린이책 학교'다. 개점 이래 한 달에 한 번씩 작가와 독자가 대화한다. 작가와 독자가 서로 배운다. '여름학교'도 해마다 열린다. 2015년에는 8월 2일부터 2박 3일간 진행되었는데, 노벨문학상 작가 오에 겐자부로大江健三郎, 1935-가 특강했다.

2011년 3월 11일, 그날의 동일본 지진과 원자력발전소의 가혹한 사고를 계기로 그해 5월부터 매달 한 번씩 '아침 교실'을 열어, 시민들과 함께 핵 문제를 학습한다. 오치아이 게이코가 직접 주재하는 프로그램이다.

서점 외벽에 '전쟁을 중단하라' '핵으로부터 자유롭고 싶다' '사랑과 평화'라고 쓴 현수막을 내걸었다. 어린이책과 여성의 책을 주제로 삼는 서점, 환경친화적인 장난감과 유기농 식품을 취급하는 오치아이 게이코와 크레용하우스의 철학과 용기다. 생명과 평화를 실천하는 평화운동가 오치아이 게이코의 삶이다. 아이들에게 책이란 평화와 생명을 가르쳐주는 나무와 꽃일 것이다.

책 읽는 소녀는 자라서 작가가 되었다. 어린 시절의 소망대로 서점을 열어 주재하면서, 반핵운동·반전운동·차별반대운동을 펼치고 있다. 역사를 왜곡하는 정치인 아베 신조安倍晋三, 1954-에게 위안부 문제를 제대로 해결하라고 발언하고 있다. 오키나와의 군사기지 반대운동에 앞장서고 있다.

2012년 7월 16일 도쿄의 요요기공원에서 열린 '10만 인 집회'에서 오치아이 게이코는 역설했다.

"우리는 이런 중대한 범죄와 침략행위의 공범자가 될 수 없습니다. 우리는 두 번 다시 가해자도 피해자도 되지 않을 겁니다. 우리의 존재를 걸고 싸우는 걸 멈추지 않을 겁니다. 싸우는 것을 인간의 자랑으로 삼고 살아갑시다. 원자력발전은 필요 없습니다. 우리가 지키는 것은 단 하나, 생명입니다."

오치아이 게이코는 『'나'는 '내'가 되어간다』 등 100권 이상의 책을 써냈다. 동일본 사고 이후 원자력발전 반대에 나서면서부터 그의 생각과 실천을 담은 책 『하늘을 찌르는 성난 머리』에서 그의 분노는 폭발한다.

"나는 화가 난다. 원자력발전에, 원자력발전적인 것 전부의 구조에 나는 화가 난다. 이런 지배와 피지배의 구조에 화가 난다. 일부의 이익을 위해 많은 희생을 강요하고 되돌아보는 일 없는 이런 뿌리 깊은 차별 시스템에 화가 난다. 이제부터 살아가야 할 아이들의 인생에 대해 생각하지 않고, 원자력발전을 추구해온 사람들에게 나는 화가 난다. 이 인권침해에, 생명에 대한 범죄와 테러리즘에 나는 분노한다."

반전·평화운동을 펼치면서 아베 정권과 일본의 우경화를 비판하는 『주간 금요일』의 편집위원으로도 참여하고 있는 오치아이 게이코는 나와 인터뷰하던 6월의 그날도 '군사기지 반대행사'에 참여하기 위해 오키나와에 가는 길이라고 했다.

서점인 오치아이 게이코. 1년에 600곳씩 사라지고 있는 서점의 소멸현상에 가슴을 친다.

크레용하우스를 시작하던 1976년, 일본에는 서점이 3만 5,000곳 있었다. 지금은 1만 5,000곳으로 줄어들었다. 이런 상황에서 크레용하우스를 통한 그의 책과 삶의 운동은 더욱 치열해질 수밖에 없을 것이다.

"아이들은 꽃입니다.
길섶에 피어 있는 꽃은 밟지 말아야 합니다.
아이에게도 어른에게도
꽃과 책의 소중함을 일깨우는 서점이 되고 싶습니다."

1976년 크레용하우스와 한길사는 같은 해에 창립했다. 오치아이 게이코와 나는 1945년 같은 해에 태어났다. '책'을 삶으로 삼는 사람들은 바로 이심전심이 된다. 나는 일본에 책구경 갈 때마다 서점 크레용하우스에 들른다. 동심을 만난다. 책의 유토피아가 거기 있다.

2018년 9월 16일, 크레용하우스의 오치아이 게이코 대표가 파주출판도시에 왔다. 나는 그에게 파주출판도시에서 펼치는 '파주북소리' 축제에 와서, 그가 운영하는 크레용하우스의 서점철학을 강연해 달라고 부탁했다.

"장애인이나 여성, 성소수자 등 권력을 가진 자들을 제외한 나머지 목소리, 즉 '다른 목소리'other voices가 사회 전반에 퍼져나가기가 어렵습니다. 나는 서점이 누구든 타인과 의견을 교환할 수 있는 공간이자 매개체가 되기를 기대합니다. 크레용하우스는 다른 목소리를 수용할 수 있도록 활짝 문 열어놓고 있습니다. 나는 평화를 존중하고 차별을 반대하고 개인이 존중받는 사회를 가장 이상적인 사회라고 생각합니다. 유감스럽게도, 일본 사회는 우리가 원하는 자유로움과 반대의 길을 가고 있습니다. 이러한 현실에서 나는 전쟁을 반대하고 평화를 말하는 책들을 우리 서점 매대에 진열합니다. 전쟁을 반대하고 탈원전을 지지하는 포스터를 서점 안팎에 내겁니다."

이날 오치아이 게이코의 강연에는 많은 사람들이 참석하지 않았다. 그러나 그의 강연은 비수 같은 언어로 참석자들을 감동시켰다.

"적극적 의미의 평화란 단지 전쟁이 없는 것이 아니라, 가능한 한 경제적 격차가 없는 것까지를 의미합니다."

일본 사회의 남성중심적인 풍토에 대해서 지속적으로 비판하는 페미니즘 운동에 앞장서고 있는 그에겐 그가 펼치는 운동은 통합적인 문제의식에 기반을 둔다.

"페미니즘이란 모든 사람이 섹슈얼리티, 인종, 환경, 신체 조건에 따라 등급이 매겨지지 않고 살아가는 방법이라고 나는 정의합니다. 따라서 페미니즘은 안티내셔널리즘이기도 합니다."

어릴 때 단 한 권이라도 평생 잊을 수 없는 책을 갖는 것 자체가 중요하다. 이런 책이 한 권 있다면, 책과 멀어지는 시기가 있더라도 언젠가는 책을 다시 만나게 된다. 입시준비를 하느라 한동안 책방에 가지 않던 학생이 어느 날 "어릴 때 이 책 참 좋았지" 하면서 다시 책

絵本の本棚
ご自由にお持ちください

新刊
New books
すべりだい

의 세계로 되돌아온다. 오치아이 게이코 대표는 경험으로 이를 알고 있다.

오치아이 게이코 대표의 첫 한국 방문은 그의 자전적 소설 『우는 법을 잊었다』의 한국어판 출간에 즈음해서이기도 했다. 나는 그와의 여러 차례 만남을 통해 이 소설을 김난주 선생의 번역으로 우리 출판사에서 펴내게 되었다.

저 지난 시절 어린 딸에게 책을 읽어주던 어머니가 치매와 파킨슨병을 앓는다. 딸은 어머니를 요양시설에 보내지 않고 7년 동안 집에 모셔 손수 간병한다. 집에 모시고 간병하다보면 행여나 옛날 기억이 한 가닥이라도 되돌아올까 싶어서다. 앓고 있는 어머니가 간병하는 딸에게 "엄마"라고 부른다. 가슴이 무너져 내린다.

간병을 하면서 딸은 서점 일을 한다. 주인공 후유코의 일상이다. 죽음을 마주하고 있는 어머니. 그 어머니뿐 아니라 자신도 죽음을 앞두고 있다.

어떻게 살 것인가?

어머니가 아니라 스스로의 죽음을 어떻게 맞을 것인가를 묻는다. 혼외 딸의 운명, 태어날 때부터 결핍을 안고 살아온 한 여자가 생의 마지막에 써내는 고요한 회상이다.

소설 『우는 법을 잊었다』는 차별 없는 세상을 꿈꾸는 한 사회·문화 운동가의 철학이다. 한 여인의 슬픔을 이겨내는 세상에 대한 희망의 메시지다. 소설에서 주인공 후유코가 "퍼스널 이즈 폴리티컬"개인적인 것은 정치적인 것이다이라고 한 말은 개인적인 것이지만 인류 모두에게 보편적인 문제다. 마이너리티에 대한 배려와 존중이다. 작가 오치아이 게이코의 가슴 깊이에서 천착된 문제의식이다.

베스트셀러 작가이지만 그는 한동안 소설을 써내지 못했다. 어머니의 간병에 서점 일까지 겹쳐서 『우는 법을 잊었다』는 21년 만에 내놓은 작품이다. 일본 문학 특유의 서정적인 분위기와 오치아이 게이코의 아름다운 심리 묘사가 어우러져 읽는 이들의 가슴을 먹먹하게 한다. 삶과 죽음에 대한 아름다운 성찰이다.

『우는 법을 잊었다』는 72세의 주인공 후유코가 갖는 죽음의 공포를 따라 진행된다. 혼외 딸을 낳아준 어머니, 그러나 지금 치매를 앓고 있다. 죽음을 앞두고 있다. 죽음을 앞둔 어머니 때문에 자신의 죽음은 생각할 수도 없다.

"오직 하나뿐인 자식인 내가 죽으면 어떻게 될까. 엄마는 내가 죽으면 살 이유가 없다고 했다. 나의 죽음은 곧 엄마의 죽음이다."

후유코는 그러나 언젠가는 자신도 죽는다는 사실을 문득 깨닫는다. 그러나 자신이 죽고 나면 혼자 남겨질 어머니는 어떻게 되나. 치매와 파킨슨병을 앓는 어머니가 그녀에게는 공포가 된다.

친한 친구에게 어머니를 요양원에 보내지 않고 집에서 간병하는 건 페미니즘에 반하는 일이라는 이야기까지 듣는다. 그러나 후유코는 개인의 다양한 선택을 인정하는 것도 페미니즘이라면서 어머니를 직접 돌본다.

어린 시절 미혼모인 어머니에게 자신이 꼭 필요한 존재라고 생각했지만 사실은 어린 후유코에게는 어머니가 필요했다. 세월이 흘러 이제는 어머니에게 후유코가 필요하다. 어머니와 후유코는 서로에게 삶의 이유가 된다. 후유코에게 아픈 어머니는 그녀가 살아야 할 이유이고 희망이다.

어머니는 7년간 투병하다 잠든 것처럼 숨을 거둔다. 그러나 어머니의 부재를 짊어지고 살아야 하는 후유코는 아직 울 수가 없다.

소중한 사람들이 잇따라 죽는다. 그 죽음들을 음미하면서 후유코는 자신의 죽음을 생각한다. 그녀를 사랑했고 그녀가 사랑했던 사람도 오토바이 사고로 죽는다.

『우는 법을 잊었다』는 죽음을 맞이하는 다양한 모습을 관찰하게 한다. 우리는 타인의 죽음을 이해할 수 있지만 자신의 죽음을 의식할 수는 없다.

후유코는 죽음 앞에서 지난날을 떠올린다. 어린 시절 나지막하고 온화한 목소리로 그림책을 읽어주던 어머니. 그림책 읽어주던 어머니가 손을 잡아주면 안정감과 자신감을 얻을 수 있었다.

"어머니가 '그림책 시간'이라 부르던 그 시간에서 몇 십 년이 흐르는 동안, 과거의 아이와 과거의 젊은 엄마는 책 읽는 밤을 수도 없이 보냈다."

후유코에게 어린이 서점 '광장'은 삶이고 생명이다. 이 책방을 직원 나이토 미치코에게 물려준다. 자신의 재산을 사회에 환원하면서 후유코는 스스로의 죽음을 담담하게 대비하는 것이다.

『우는 법을 잊었다』는 소설이지만, 서점인이자 작가이고, 평화운동가이자 페미니스트인 오치아이 게이코의 자전이기도 하다. 낮고 부드러운 목소리이지만 단호한 선언이다. 사실은 크레용하우스 이야기다. 아이들과 함께, 책과 함께, 꽃들이 늘 피어 있는 서점 크레용하우스.

"나이토 미치코 씨에게

저는 옛날부터 할머니였던 것은 아닙니다. 하지만 지금은 할머니가 되어가고 있군요. 그래서 이 편지를 쓰기로 했습니다.

여러 가지로 생각한 끝에 내린 결론이에요. 그러나 선택권은 어디까지나 미치코 씨에게 있습니다.

아무쪼록 부담스러워하지 않았으면 좋겠어요. 미치코 씨에게 '광장'을 물려주고 싶습니다. 은행에서 빌린 돈은 다 갚았어요. 미치코 씨를 비롯해서 직원들 덕분입니다. 제가 든 생명보험의 수혜자는 회사로 되어 있습니다. 상당히 무리를 해서 해마다 부어왔으니까, 제가 없어졌을 때, 세금을 제외하고 남은 금액은 '광장'의 내부 유보금이 될 거예요. 그것도 아주 큰. 미치코 씨를 양녀로 하는 것이 절세를 하는 가장 좋은 방법이지만, 그 건에 대해서는 앞으로 다소 시간이 있으니 다시 얘기하기로 하죠.

일흔 살이 넘어도 일하게 해주세요라고 미치코 씨는 늘 그렇게 말했죠. 만약 미치코 씨가 지금도 그렇게 원한다면, 미치코 씨가 여기까지다 하는 시기가 올 때까지 '광장'을 계속 이끌어주세요. 만약 미치코 씨가 그러고 싶지 않다면 매각하는 것도 가능합니다. 시작할 때는 '광장'뿐이던 이 일대에 가게가 많이 생겼으니 팔리지 않는 일은 없을 거예요.

일단은 생각해보세요. 아직 한동안은 저도 도울 수 있을 거라고 생각하지만, 이왕에 말을 꺼냈으니 미치코 씨에게 완전히 인계하고 저는 마음 내킬 때 그냥 손님으로 '광장'을 찾고 싶어요. 물론 생각이 잘 정리되지 않거나 일이 잘 풀리지 않을 때는 언제든 의논해주세요.

미치코 씨가 가장 사랑했던 사람이 전력회사에 다녔다는 사실을 저는 그를 보내는 자리에서 처음 알았습니다. 제가 반원전 활동을 하고 있는 탓에 미치코 씨에게 마음을 쓰게 만들었군요. 미안해요.

자세한 것은 또 파스타라도 먹으면서 얘기하기로 해요. '광장'의 미치코 씨는 틀림없이 멋진 주인이 될 거예요."

후유코는 '광장'의 로고가 찍혀 있는 편지지 끝에 서명하고 봉투에 넣어 우편함에 넣는다. 오래도록 참아왔던 눈물이 볼을 타고 흘러내린다.

"나는 이제 죽어도 괜찮다.
언제든지 죽을 수 있다.
이제 한동안은 울기로 하자.
나는 그렇게 다짐하고, 눈물의 감촉을 즐겼다.
이제 울어도 돼."

도쿄의 아름다운 거리 하라주쿠. 가로수가 단풍드는 11월의 가을날, 작은 서점을 하면서 책 읽기를 즐기는 서점인들과 작은 서점을 응원하는 독자들 여럿과 함께 나는 크레용하우스를 다시 방문했다. 그 지하의 오가니 카페 광장에서 오치아이 게이코 대표와 만났다. 그의 서점 이야기, 책 이야기, 문학 이야기, 평화운동 이야기를 신나게 들었다. 일행은 책에 대해서, 그의 평화운동·생명운동에 대해서 질문했다.

생애에 걸쳐 그가 펼치고 있는 주제는 그를 젊게 했다. 그의 목소리는 청년이 되었다. 당당했다. 울림이었다.

"출판은 빛이 없는 곳에 빛을 비추는 작업입니다. 처음 서점을 열었을 때, 어떤 아이라도 버림받거나 핍박을 받으면 어른으로 싸우겠다고 약속했습니다. 원전 개발이나 헌법 개정에 반대하는 것은 그 약속의 연장선상입니다. 우리의 선택이 아이들 세대에 방해가 되어서는 안 됩니다."

곧 『베이비 리볼루션』이라는 전쟁을 반대하는 그림책도 낼 예정이라고 했다. 전쟁을 반대하고, 평화를 기리는 사람들이 늘었으면 하는 바람에서다.

"자기 손으로 책장을 넘기는 건
역시 종이책뿐입니다. 활자는 결코 죽지 않습니다."

서점이 사라져가지만 책과 관련된 일을 하는 사람들에게 하고 싶은 말이 있다고 했다.

"어렵더라도 포기하지 않고
계속하는 게 중요합니다. 책과 책 읽는 일은
몇 대에 걸쳐 이어지는 긴 여행입니다."

어머니! 세상에서 가장 위대하고 아름다운 어머니를 우리는 가슴에 안고 살아간다. 그 어머니의 힘으로, 그 지혜로 우리는 늘 용기를 얻는다. 세상의 모든 어머니는 우리를 이끄는 힘이고 빛이다!

오치아이 게이코의 가슴에 그 어머니가 살아 계신다.

"어머니는 이렇게 말씀하셨어요. '인종과 지역과 질병으로 이런저런 차별을 받고 있는 사람들과 손잡고 새 세상으로 나아가는 문을 활짝 여는 쪽에 네가 선다면 나는 언제까지나 너의 편에 서고, 너에게 후한 점수를 줄 거야!' 이 말씀은 저의 73년 인생을 관통해온 가장 큰 울림이었습니다. 제가 42년 전 크레용하우스를 설립한 이유이기도 합니다."

한 권의 책을 만드는 일은

한 시대의 정신과 사상을 구현하는

인문학적 · 미학적 탐험이다.

위대한 책의 장인들이 만든 오래된 아름다운 책들을

오늘의 출판인들은 교과서로 주목한다.

1902년 개점 이후 한 번도 문 닫지 않았다

도쿄의 기타자와서점

도쿄를 방문할 때 나는 진보초神保町 서점거리와 인접해 있는 한국 YMCA 호텔에 머물곤 한다. 1919년 2월 8일 도쿄의 한국 유학생들이 조선독립을 선언한 그 현장에 세워진 작고 소박한 호텔이다. 젊은 그 독립정신을 기리는 기념비가 세워져 있다. 한국문화와 아시아문화를 학습하는 프로그램들이 진행된다.

호텔 가까이에 JR 스이도바시水道橋 역이 있다. 역에서 호텔로 가는 도로변에 니혼대학日本大學 경제학부가 있고 그 건물 가장자리에 표지판이 둘 있다. 애덤 스미스Adam Smith, 1723-1790의 『국부론』*The Wealth of Nations*, 1776 초판본과 프랑수아 케네François Quesnay, 1694-1774의 『경제표』*Tableau économique*, 1758 초판본을 소장하고 있다는 내용이다. 길손들에게 역사를 만든 고전, 그 존재와 의미를 말하는 것이다. 서점거리 진보초와 잘 어울리는 메시지다.

6년 전 봄날, 나는 도쿄에서 열린 고서전시회에 갔다. 애덤 스미스의 『국부론』 초판본이 전시된다는 소식을 접했다. 나는 『국부론』을

日本 東京都 千代田區
神田神保町 2-5 101-0051
81-3-3263-0011
www.kitazawa.co.jp

JAPAN JOURNAL
Warlords, Artists, and Commoners
Castles in Japan
CHARACTER DICTIONARY
Japanese Culture
SHUSAKU ENDO
EARTH

내 손으로 만져보고 싶었다. 나는 우리 대학들에 소장을 권유하고 싶었다. 그러나 『국부론』은 출품되지 않았다. 이미 다른 애서가의 손에 들어갔다는 것이다.

책 애호가들은 일본의 어느 곳보다도 도쿄의 진보초 서점거리를 사랑한다. 책 탐험에 나서는 북마니아들의 발길은 고서점 170여 곳이 줄지어 있는 진보초로 향한다. 주제를 달리하는 서점들이 책의 숲, 책의 성城을 이루는 풍경, 진동하는 서향書香과 지향紙香에 애서가·탐서가·교양인들은 현혹된다. 여기에 여러 신간서점에 진열된 새 책들의 잉크향이 싱그럽다.

진보초 서점거리는 근대일본을 만든 메이지明治시대에 형성되기 시작했다. 일대에 설립된 각종 학교들, 그 학생들과 연구자들, 출판사와 출판인들이 모여드는 신학문의 진원지였다. 새로운 시대정신을 탐구하는 자유로운 영혼들의 아지트가 되었다.

제2차 세계대전 때 미국의 공습으로 도쿄는 쑥대밭이 되었지만, 진보초 서점거리는 온전했다. 문화재의 도시 교토京都와 나라奈良는 공습하지 말라는 맥아더Douglas MacArthur, 1880-1964 사령부의 군령이 있었다지만, 진보초 서점거리가 공습을 면한 것은 '책의 신神'이 음우陰佑했기 때문이라는 전설 같은 이야기가 지금도 진보초 서점인들과 애서가들 사이에 유전流轉되고 있다. 도쿄에는 현재 고서점 600여 곳이 문을 열고 있다.

출판인으로서 나는 탐서探書 여행을 누리고 있다. 책을 탐구하고 탐험하는 여행은 나의 삶이다. 그 여정에서 나의 주제를 발견하고 나의 프로젝트를 설정한다. 새로운 에너지를 얻는다. 탐서 여행을 하면서 나는 책 만드는 일에 나서기를 잘했다는 생각도 한다.

진보초 서점거리에는 내가 관심을 갖는 온갖 주제와 과제가 임립林立해 있다. 서점마다 전문 주제가 있다. 인문·예술·사회과학, 역사와 문명의 세계가 존재한다. 동과 서가 있다. 어른과 어린이가 있다. 학술적이고 예술적인 책에서부터 지극히 대중적이고 선정적인 잡지까지 공존한다. 공예작품처럼 아름답게 장정된 세계문학전집에서부터 동서고금의 인문학 고전들과 현란한 미술관처럼 설계된 미술책들, 위대한 사상가와 문학가의 개별전집이 손짓한다. 인류문명과 인간의 모든 사유가 책으로 구현된다는 사실을 목격한다. 무한한 책의 세계를 체험할 수 있다.

기타자와北澤서점은 진보초 서점거리에 있는 영문英文 고서점이다. 1902년 18세의 청년 기타자와 야사부로北澤彌三郞, 1884-1958가 시작했다. 청신한 기운이 넘쳐나는 신간서점과 달리 기타자와서점에는 오래 숙성된 지혜의 향이 은은하다. 지금은 야사부로의 손자 기타자와 이치로北澤一郞가 경영한다.

노벨문학상 수상자 가와바타 야스나리川端康成, 1899-1972가 드나들었다. 역시 노벨문학상을 수상한 소설가 오에 겐자부로大江健三郞, 1935-가 찾았다. 영국의 전 수상 해럴드 맥밀런Harold Macmillan, 1894-1986이 방문했다.

미치코美智子, 1934- 황후가 2007년 5월 유럽을 방문하면서 기자회견을 할 때 "신분을 숨기고 투명인간이라도 되어 하루를 보낸다면 어디에서 무엇을 하고 싶으냐"는 질문을 받았다.

"학창 시절에 다니던 진보초 고서점에 가서 책을 읽고 싶습니다."

문학적 재능이 뛰어나고 특히 어린이책에 관심을 갖고 있는 황후는 대학 시절 기타자와서점에 들르곤 했다.

나는 새 책을 펴내는 출판인이지만, 한 권의 새 책은 옛 책에서 기원한다는 것을 경험으로 실감한다. 한 권의 책을 만드는 일은 한 시대의 정신과 사상을 구현하는 인문학적 · 미학적 탐험이다. 위대한 책의 장인들이 만든 지상의 아름다운 책들을 오늘의 출판인들은 하나의 교과서로 주목한다.

19세기 중 · 후반을 살면서 아름다운 책의 경지를 구현해낸 영국의 토털아티스트 윌리엄 모리스William Morris, 1834-1896가 말한 바 있다.

"예술작품의 가장 아름다운 성과가 무엇이냐고 묻는다면 나는 첫째는 건축이라고 말하겠다. 그다음으로 가장 아름다운 성과를 나는 책이라고 말하겠다."

1891년 켈름스콧 프레스Kelmscott Press를 설립하여 근대 출판역사상 불후의 아름다운 책 53종 68권을 펴낸 출판 장인 윌리엄 모리스. 나는 기타자와서점에서 그의 장시 『지상의 낙원』*The Earthly Paradise* 전 8권을 구입하면서 윌리엄 모리스 컬렉션을 시작했다. 셰익스피어William Shakespeare, 1564-1616 전집들과 아라비안나이트의 여러 판본, 윌리엄 터너William Turner, 1775-1851의 판화집들, 귀스타브 도레Gustave Doré, 1832-1883의 『라 퐁텐 우화집』*Fables of La Fontaine*을 비롯한 판화집들, 오브리 비어즐리Aubrey Beardsley, 1872-1898의 책들, 윌리엄 호가스William Hogarth, 1697-1764의 판화집, 잡지 『옐로북』*The Yellow Book*, 1894-1897년에 영국에서 출간된 문학 계간지과 『사보이』*The Savoy*, 1896년에 영국에서 출간된 문학 · 예술 비평지, 칼데콧Randolph Caldecott, 1846-1886의 그림책과 기행화문집紀行畵文集을 구입했다. 기타자와서점의 이치로와 만나 토론하면서 나는 서양 고서들의 세계를 '발견'하고 있다.

기타자와서점은 처음엔 일본책을 취급했지만 영문학 교수였던 아들 기타자와 류타로北澤龍太郎, 1917-1981가 서점을 맡으면서 영문책 전문서점으로 변신했다.

"18세에 서점을 시작한 할아버지가 1958년에 작고하면서 아버지는 도쿄도립대 영문학과 교수를 그만두고 가업을 이어받았습니다. 서점이 아니었다면 맡지 않으셨을 겁니다. 아버지가 작고하면서 서점을 맡았지만, 서점이 아니었다면 저도 이어받지 않았을 겁니다."

일본의 1960~80년대는 책의 시대, 독서의 시대였다. 출판사와 서점의 전성기였다. 영어책도 잘 팔렸다.

"아버지는 '사장님'이 아니라 '선생님'이었습니다. 국내외에서 간행되는 신간과 새 잡지를 늘 손에 들고 있었습니다. 경영보다 연구에 몰두했습니다. 직원도 고객도 선생님이라고 불렀습니다. 아버지는 사장이었지만 '영업'에는 관심 없고 오직 '좋은 책'에만 관심이 있었습니다."

영문학자가 경영하는 기타자와서점은 지식인들에게는 그래서 더욱 별난 존재였다. 그는 방문하는 독서인과 고객에게 책과 독서 방법을 컨설팅해주었다.

류타로에게 책은 신앙 같은 것이었다. 책에 대해 연구하는 자세를 흐트러뜨리지 않았다. 엄청난 책의 세계를 조망하는 수준 높은 안목을 갖고 있었다. 서양의 지적 흐름을 꿰뚫고 있었다.

일본의 고전음악을 듣고 노래부르기를 즐기던 아버지는 풍류아였

ANTIQUE MAPS

German
Standard German Dictionary
German English English German
Arabic Computer Dictionary
English/Arabic
Arabic/English

The Bible

다. 학자들이 서점에 몰려들었고 담론이 펼쳐졌다.

"돈 많이 벌고 싶으면 서점 아닌 다른 사업 하라고 말씀하시곤 했습니다. 좋은 책은 언젠가는 팔린다고 했습니다. 네가 모르는 책도 손님은 알고 있다면서 그런 손님 맞을 준비 하라 했습니다. 할아버지와 아버지는 책의 문명이 이렇게 급속하게 변할 줄 몰랐을 겁니다. 할아버지와 아버지 시대에는 그분들의 책에 대한 문제의식이 옳았다고 생각합니다."

아버지가 돌아가신 후 영문학을 전공한 어머니 기타자와 에츠코北澤悅子 여사가 10여 년 사장을 맡았다. 이상주의자였던 아버지와 달리 어머니는 현실주의자였다.

"내가 아무리 현실적으로 서점을 경영한다 해도 아버지의 영향을 많이 받은 것 같아요. 서점 일은 책 읽는 것에서부터 시작합니다. 독서인이 될 수밖에 없지요. 서점은 참 좋은 서재입니다."

고서의 세계는 새 책보다 훨씬 어렵다. 전문적인 지식이 없으면 고서 취급은 불가능하다. 서양 고서란 서양의 문화사·문명사·예술사의 영역이다.

"고서 공부하는 젊은이가 많지 않습니다. 그만큼 어렵기 때문입니다. 고독한 작업입니다."

기타자와서점은 115년 동안 한 번도 문을 닫지 않았다. 1945년 전쟁 통에 직원들 모두 군대 가는 바람에 신간 쪽은 일시 문을 닫았지만 고서 쪽은 계속 문을 열었다.

일본의 고서 거래량도 줄어들고 있다. 월요일부터 금요일까지 도쿄

고서협동조합에서 고서 옥션이 열린다. 거래량이 1년에 30억 엔 정도 되는데, 20년 전에는 60억 엔이나 되었다. 역설적이지만 1970~80년대 버블시대엔 돈이 돌아 도서관은 물론 개인들도 책을 대량 구입했다. 지금은 독자들이 줄어들기도 했지만, 구입하려 해도 예산이 없다.

"대학도 인문학이나 문학에는 관심 없고 기능만 가르칩니다. 옛날 부자들은 책을 많이 구입했지만 요즘은 그렇지 않아요."

일본에서는 은퇴자들이 '작은 서점'을 새로 열고 있다. 자신이 갖고 있는 책으로 '제2의 인생'을 시작하는 것이다. 자기 컬렉션이 서점의 콘텐츠가 된다. 서점을 개설하려는 은퇴자들을 위해 고서협동조합은 서점개업을 위한 강좌와 세미나를 열기도 한다. 노부부에겐 생활비가 많이 필요하지 않기에 서점 해서 이익을 내려 하지도 않는다. 함께 만나고 이야기할 수 있는 책 사랑방이면 된다. 담론하는 문화공간이 된다.

"전후 일본의 경제적 부흥에 생을 바친 사람들 가운데 고서 컬렉터가 많습니다. 고서 비즈니스가 좋지 않다는 걸 알면서도 서점을 여는데 자기 일, 자기 공간을 갖고 싶은 거지요. 작은 서점은 생을 마칠 때까지 할 수 있는 일입니다."

2006년 10월에는 기타자와출판의 대표를 맡고 있는 이치로의 큰 여동생 기타자와 에미코北澤惠美子의 마림바 연주회가 내가 경영하는 파주통일동산의 예술마을 헤이리 북하우스에서 열렸다. 한국의 바이올리니스트 윤지원과 함께하는 작은 음악회였다. 이 음악회를 계기로 기타자와 가족이 헤이리를 방문했다.

두 연주자의 '우정友情 음악회'가 2007년 도쿄에서 이어졌다. 나는 도쿄로 가서 진보초의 책들도 보면서 음악회에도 참석했다. 이치로와 그 가족들은 지금 한국어를 열심히 학습하고 있다.

내가 기타자와서점에 드나든 지도 20년이 넘었다. 이치로와 나는 친구가 되었다. 기타자와서점이 갖고 있는 고서의 내용을 나는 거의 파악하고 있다. 이치로도 내가 어떤 책을 찾는지 안다.

"좋은 책 새로 들어왔습니까?"

"김 사장님이 다 갖고 가셨잖아요."

이치로와 이런 대화를 주고받으면서 나는 진보초 탐서 여행을 시작한다. 요즘 나는 기타자와서점이 갖고 있는 서양의 위대한 문학가들의 전집을 살펴보고 있는 중이다.

기타자와 가家는 2015년 4월 나의 출판체험록 『책의 공화국에서: 내가 만난 시대의 현인들, 책 만들기 희망 만들기』를 일본어로 번역·출판하는 후의를 보여주었다. 『책으로 만드는 유토피아: 한국출판 열정의 현대사』라는 제목으로 간행된 이 책은 '상업적'으로는 출간될 수 없는 것이다.

"선뜻 팔릴 것 같지 않지만 중요하다고 생각되는 책은 구입해놓습니다. 개인이 갖고 있으면 없어질 수도 있으니까요. 젊은이들에게 가치 있는 책을 권유하는 즐거움이 제게 있습니다."

인터넷 문명의 급속한 보급은 진보초 서점들에게도 그림자를 드리운다. 매출도 줄고 있다.

"그러나 전자책은 종이책에 비교할 수 없습니다. 종이책과 고서는 결코 사라지지 않을 겁니다."

이치로는 세 딸을 두었다. 누구에게 쉽게 넘길 수 없는 가업이기에

세 딸을 관찰하고 있다.

"아이들에게 이렇게 저렇게 하라고 강권하지 않습니다. 스스로 이어받도록 하고 싶습니다."

한 도시의 문화적 품격은 거리마다
문을 여는 서점들의 존재다. 서점이란
도시의 어둠을 밝히는 한밤의 별빛 같은 것이다.
부산 시민들은 영광도서의 책들이 뿜어내는
이야기와 빛에 이끌려, 영광도서가
기획하는 프로그램에 참여하기 위해
오늘도 영광도서로 향한다.

독자가 찾는 책이 없다면 서점이 아니다

부산 서면의 영광도서

그 시절 가난한 농촌 청년들에게 도시는 꿈의 세계였다. 1966년 2월 1일, 18세 청년 김윤환金潤煥, 1949- 은 부산으로 무작정 '가출'했다.

경남 함안咸安에서 중학교를 졸업했지만 고등학교로 진학하지 못하고 집안 농사일을 맡아야 했다. 형은 군대 가고 서당에서 아이들을 가르치는 아버지는 농사를 몰랐다.

"부산이나 마산에서 고등학교 다니는 친구들이 너무 부러웠습니다. 교복 입은 여학생들의 하얀 칼라는 얼마나 화사한지."

전차를 타고 번화한 대도시 부산을 배회했다. 부산이 어떻게 생겼는지 알고 싶었다.

"서면西面 로터리에서 '함안서림'이라는 간판을 발견했습니다. 이 넓고 넓은 부산에서 고향 이름을 붙인 서점이라니, 참 신기했습니다. 문 열고 들어가서 사정했습니다. 밥만 먹여달라고요."

10여 제곱미터짜리 작은 서점이었다. 자갈치시장에서 군용 야전침대를 하나 사가지고 왔다. 서점에서 먹고 잤다. 자전거로 부산의 이

부산광역시 부산진구
서면문화로 10 47256
051-816-9500
www.ykbook.com

곳저곳을 헤집고 다니면서 헌책을 수집해왔다. 이 책들을 다른 서점에 팔았다.

"농촌에서는 늘 지게를 지고 쟁기질을 해야 했습니다. 똥장군을 져야 했습니다. 농사일에 비해 서점일은 아무것도 아니었습니다. 즐거웠습니다."

미래의 서점인 김윤환에게는 책을 만지고 익힌 약간의 경험이 있었다. 그가 다니던 대산代山중학교에는 궁벽한 시절이었지만 도서실이 있었다. 도서부원으로서 책을 정리하고 읽었다. 집 안에도 아버지가 읽던 한문책이 더러 있었다.

6·25전쟁으로 폐허가 된 1950년대를 보낸 한국사회는 60년대에 들어서면서 새로운 세계에 눈뜨기 시작했다. 우리들 삶의 한가운데에 책이 들어서기 시작했다. 4·19학생혁명으로 각성하는 자유와 민주주의 정신이 5·16군사쿠데타로 한동안 주춤했지만 이 땅의 젊은 이들은 책과 함께 신생新生의 인문세계로 뛰어들었다.

일찍이 학교를 열어 일제 강점기엔 '한국인 학교'로서 민족의식을 키워온 부산상고지금의 개성고등학교는 서면의 중심, 지금의 롯데호텔 그곳에 자리 잡고 있었다. 김윤환이 책의 세계로 뛰어든 1960년대 서면 일대에는 서점 70여 곳이 문을 열고 있었다. 부산상고 담벼락에는 열곳이 넘는 3제곱미터짜리 서점이 줄을 지어 문을 열었다. 전포동의 육군형무소 담벼락에도 서점 12곳이 줄지어 있었다. 아시아서점·노벨서점·부산서점·은하서점·칠성서점·형제서점·동서서점·홍문서점… 그리운 이름의 서점들이었다.

밤하늘의 별처럼 많은 이들 서점을 지탱하는 힘은 서면 일대의 수많은 학교와 학생들의 향학열이었다. 부산상고뿐 아니라 개성중·혜

화여중고·동성중고·부산공고·덕명여중고·동의중고·가야고·항도중고·동중고·동래고 등 등하교 시간 서면 일대는 교복 입은 학생들로 가득 찼다.

1960년대 초반 서면에서 고등학교를 다닌 나는 학교가 끝나면 으레 교문 맞은편 서점들에 들르곤 했다. 1950년대 중·후반부터 청년들에게 시대정신을 일깨워준 월간 『사상계』思想界를 구입해 밑줄 그으면서 읽곤 했다. 1961년 7월호에 실린 함석헌咸錫憲, 1901-1989 선생의 역사적인 논설 「5·16을 어떻게 볼까」를 읽고 놀랐던 기억이 지금도 생생하다. 나의 독서역량으로는 만만치 않던 함석헌 선생의 저서 『인간혁명』을 읽기도 했다. 가난한 시절의 작은 서점들이었지만, 오늘의 번화한 서점보다 더 아름다운 그림으로 나의 마음 저 깊은 곳에 각인되어 있다.

김윤환의 책에 대한 도전정신은 가히 선구적이었다. 김윤환은 2년 동안 열심히 자전거 페달을 밟았다. 밑바닥에서 경험한 서점 일은 그 어떤 학교 공부보다 치열하고 창조적이었을 것이다.

김윤환은 함안서림에서 일한 지 2년이 조금 더 지난 1968년 5월 1일 서면에서 제일 오래된 식당 급행장急行莊 앞에 자신의 헌책방을 열었다. 5제곱미터짜리 서점! 오늘 연면적 3,300제곱미터의 대형서점 영광도서를 설립하는 날이었다. 지금은 부산 시민들에게 추억으로만 기억되는 서면 중앙시장, 서민들이 즐겨 먹던 돼지국밥집이 수없이 늘어서 있던 그 가장자리였다. 놀랍게도 그곳에는 이미 헌책방 12곳이 책의 난전을 펼치고 있었다.

교양과학
공학 컴퓨터 건강서적
TOILET
3F
시크릿 바디
디스크 권하는 사회
아내를 모자로 착각한 남자
향기치
MEDICAL AROMATHERAPY
가르쳐준 것
우리집

소방학
혈액
림프액
3가지 체액
흐르면 살고, 멈추면 죽는다!
사람을 살리는 물, 수소수
왜 1% 상류층은 수소수를 마시는가
7일만에 눈이 '확' 좋아진다
다시, 몸
자연의학

“어머니에게 5,200원을 받았습니다. 병아리 20마리를 판 돈이라고 했습니다. 2,500원 주고 헌 자전거를 구입했습니다. 오전에는 동래 쪽으로, 오후에는 초량·영도 쪽으로 뛰었습니다. ‘파지’를 다른 사람보다 세 배를 주고 확보했습니다. 『사상계』와 『현대문학』의 과월호過月號도 섞여 있었습니다.”

발로 뛰고 온몸으로 달리는 서점인 김윤환은 서점 이름을 어떻게 할까 고심하기도 했다.

“우선 ‘나무’를 생각했습니다. 책은 나무로 만들지 않습니까. 집 안에 책이 있다는 것은 나무가 있는 것이라고 생각했습니다. ‘빛’이 중요하다는 생각도 들었습니다. 처음엔 ‘영광서림’榮光書林이라고 했지요. 나무와 빛이 풍성한 책의 세계라고나 할까요.”

오토바이를 구입했다. 교과서, 참고서, 기술서적 등을 싣고 이 학교 저 학교로 달렸다. 고향의 남동생을 불러올렸다. 2년 만에 서점을 40제곱미터로 확장했다.

“서점 문을 늘 열어놓았습니다. 도서실처럼 마음대로 책 읽다가 필요하면 사가라고요. ‘영광도서전시관’이라는 고무인을 책마다 찍었습니다. 서울 광화문에 ‘중앙도서전시관’이 있지 않았습니까. 이 고무인은 최근까지 사용했습니다.”

파지에서 찾아낸 헌책들, 연필로 밑줄 친 것을 밤새워 지우개로 지우고 깨끗하게 다듬었다. 1970년부터는 2년마다 서점공간을 키워나갔다.

“독자들이 늘어나고 서점공간이 확장되면서, 독자가 찾는 책들을 갖춰놓아야 된다고 생각했습니다. 영광도서에 오면 그 어떤 책도 구할 수 있게."

1975년 신간서점으로 전환했다. 영광도서가 대형서점으로 발전하는 결정적인 전환점이었다.

"독자가 찾는 책이 없다면 서점이 아니다."

1998년에 펴낸 에세이집 『천천히 걷는 자의 행복』에서 서점인 김윤환은 '독자가 찾는 책'을 구하러 매주 서울행 밤 열차를 타딘 저 70년대의 고단했던 시절을 추억하고 있다.

"구해야 할 책들의 목록을 가슴에 안고 새벽녘 서울역에 당도하면 찬바람이 화들짝 나를 맞아주었다. 서울역 대합실에서나 종로 지하도에서 거리의 부랑아처럼 서너 시간을 쪼그리고 앉아 있었지만 비참하다는 생각보다는 투지와 사명감이 활활 타올랐다. 시린 겨울바람이 오히려 푸근했다."

그땐 유통이 요즘처럼 원활하지 못했다. 지방서점의 설움을 견뎌야 했다. 온갖 책을 갖추고 있는 종로서적이 문 열기를 그는 그렇게 기다렸다.

종로서적은 모든 책을 정가로 팔았다. 그러나 부산에서는 10퍼센트나 15퍼센트 할인해주어야 했다. 독자가 원하는 책이라면 정가로라도 구입해야 한다! 이런 과정을 거쳐 영광도서는 독자들의 신뢰를 구축했다. 영광도서는 현재 45만 종 110만 권을 갖고 있다.

신간서점으로 전환하면서 갖고 있던 헌책을 다른 서점에 팔지 않

부산의 책

고 통영 앞바다 욕지도欲知島의 욕지중학교에 기증했다. 책 기증이 흔하지 않던 시절, 이 소식은 언론에 크게 보도되면서 영광도서의 존재가 알려졌다. 고객이 늘어났다. 서점인 김윤환은 '나눔'이 '은혜'가 되어 되돌아온다는 것도 알게 되었다. 영광도서는 지금까지 소외된 학교와 지역과 시설에 44만 권을 기증했다. 김윤환은 스스로 읽고 감동받은 책이면 수백 권씩 구입해 선물하기도 한다.

"영광도서가 처음 문을 연 곳은 지금 영광도서가 자리 잡고 있는 부산진구 서면문화로西面文化路 10번지에서 70미터 떨어진 술집 많은 유흥가였습니다. 서점을 이곳에 연다고 하자 다들 걱정했습니다. 그러나 술집 종업원이라고 책 읽지 말라는 법 있느냐는 생각도 했습니다."

김윤환의 생각은 옳았다. 인근의 술집 여성들이 최인호崔仁浩, 1945-2013의 베스트셀러 소설 『별들의 고향』을 사러 왔다. 이들의 요구에 응하기 위해서라도 서울행 밤 열차를 타야 한다고 결심했다.

2014년은 부산의 직할시 승격 50주년이 되는 해였다. 이 50주년을 기념해서 '부산의 명물 50'을 시민들이 선정하는 '부산기네스' 행사가 진행되었다. 영광도서는 네 번째에 선정되었다.

부산 시민들은 서면 로터리의 북성北星극장에서 만나자는 약속을 하곤 했다. 북성극장이 없어지기도 했지만 지금은 영광도서를 약속 장소로 삼는다. 부산 시민들의 문화적 아이콘이 된 것이다.

화신클럽 · 모나미클럽 · OBK클럽 등 부산의 대표적인 환락가였던 서면의 부전1동은 이제 '문화의 거리'로 탈바꿈하고 있다. 2000년대 초반까지 미군부대 하야리아Hialeah가 일대에 주둔하고 있었지만 이전해나갔다. 복개된 부전천釜田川 위에 세워진 중앙시장이 이전해 나갔고, 부전천의 복개를 철거하는 계획도 세워졌다.

영광도서의 앞길에는 조지훈趙芝薰,1920-1968, 서정주徐廷柱,1915-2000, 김춘수金春洙, 1922-2004, 노천명盧天命, 1912-1957, 천상병千祥炳, 1930-1993 시인의 시석詩石들이 놓였다. 시민들은 이 시석에 앉아 쉬어간다. 서점 주변으로 갤러리와 공연장, 카페가 들어서고 있다. 영광도서 때문만은 아니겠지만 서점이 한 지역을 문화적으로 변모시킨다는 사례가 여기서도 확인된다.

한 도시의 문화적 품격은 거리마다 문을 여는 서점들의 존재다. 서점이란 도시의 어둠을 밝히는 한밤의 별빛 같은 것이다. 부산 시민들은 영광도서가 갖고 있는 책들이 뿜어내는 이야기와 빛에 이끌려, 영광도서가 기획하는 다양한 프로그램에 참여하기 위해 오늘도 영광도서로 향한다.

1993년 '책의 해'를 맞아 시작된 '영광독서토론회'는 2015년 7월에 166회를 돌파했다. 작가·시인들이 평론가·독자들과 함께 토론하는 영광독서토론회는 부산에 독서문화와 토론문화를 뿌리내리게 하는 토대를 다지고 있다. 신경림申庚林, 1936-, 이문열李文烈, 1948-, 김훈金薰, 1948- 등 작가와 시인들이 평론가들과 함께, 독자 앞에서, 독자들과 함께 논쟁을 하거나 토론을 해오고 있다. 일본의 나오키상直木賞 수상 작가 야마모토 겐이치山本健一, 1956-도 참가했다. 서울·광주에서도 독자들이 토론회에 참가하기 위해 찾아온다.

'저자와의 대화'는 100회를 넘어섰다. 시낭송회를 연다. 고전연구반, 시詩작법반, 소설학당과 한문강좌, 일본어강좌와 사진강좌를 연다. 독서감상문 현상공모는 26회째가 되었다. 영광소설학당에서 연찬한 문학도 14명이 신춘문예에 당선되었다.

독서토론회에 초대되는 작가 · 시인 · 평론가에게 예우는 하지만 사례는 없다. 다른 강좌들도 지식인 · 학자들의 재능기부로 진행된다. 영광도서는 이들 프로그램들을 위해 중형의 강당을 마련해놓았다.

영광독서회원이 46만 명에 이르고 있다. 한 가족이 한 회원이기에 사실은 100만 명이 넘는다. 이메일로 책과 행사 정보를 보낸다. 연말에 마일리지가 많은 회원 1,000명을 초대하는 사은행사를 한다.

1907년 문을 연 종로서적이 2002년 문을 닫았다. 저 70년대 종로서적에서 책들을 구했던 서점인 김윤환은 통탄해한다. 우리의 자랑스런 근대문화유산인 종로서적을 지키지 못한 우리의 안타까운 문화적 현실을.

어디 종로서적뿐인가. 17년 된 서울 한복판의 태평서적과 40년 된 대구의 제일서적이 문을 닫았다. 76년 역사의 광주 삼복서점과 52년 전통의 대전 대훈서점이, 30년 된 동보서적과 55년 된 문우당서점이 잇따라 문을 닫았다. 1997년엔 6,000곳에 달했던 서점이 지금은 1,500곳으로 줄어들었다.

온라인 서점의 할인공세가 무수히 많은 서점을 죽음으로 내몰았다. 온라인 서점의 등장과 더불어 서점 생태계에 새로운 변화가 일어나고 있지만, 책을 온몸으로 호흡할 수 있는 서점들, 도시의 어둠을 밝히는 찬란한 별들이 떼 지어 추락하는 것을 우리는 손 놓고 바라보고만 있다.

"정신이 번쩍 들었습니다. 우리라도 살아남아야 한다는 생각을 다지고 있습니다."

2000년부터 김윤환 대표는 서점에서 월급을 가져가지 않는다. 직원이 75명이다. 바쁠 땐 90명으로 늘어난다. 한 해 매출이 150억 원 정도 된다. 2014년에는 111만 권쯤 팔았고 2015년에도 비슷한 수준이다. 200억 정도는 팔아야 한다. 자기 건물이 아니면 유지 자체가 불가능할 것이다.

그러나 서점인 김윤환의 헌신과 실험은 계속된다. 지금의 서점 건물을 헐고 15층 새 건물이 지어지고 있다. 서점뿐 아니라 책과 연관되는 강연장·공연장·박물관·영화관을 넣으려 한다. '아름다운 서점 영광도서'를 만들려고 한다. 독자들의 토론방도 여럿 마련하려 한다. '공개념의 서점'을 만들겠다는 것이다.

"요즘 6킬로미터씩 걷는 운동을 하루도 거르지 않습니다. 길게 보아야 할 일이기 때문입니다. 우리 사회에도 100년 넘는 서점이 있어야지요. 건강해야 이 난관을 극복할 수 있다는 생각입니다."

고향에서 중학교만 나오고 부산으로 뛰어왔지만, 그의 책 읽기와 공부하기는 쉼 없이 계속된다. 야간고등학교를 거쳐 방송통신대학에서 공부했다. 부산대에서 국제학 석사를 하고 동아대에서 경영학 박사학위를 취득했다. 부산 지역을 위해 봉사하는 일을 마다하지 않는다. 자신의 체험을 담은 책을 여러 권 펴냈다.

"독서권장은 내 삶의 첫째 화두요 마지막 목표입니다."

미래학자 앨빈 토플러Alvin Toffler, 1928-2016는 독서가다. 자신을 '독서기계'라고 불렀다. 그의 미래학은 사실은 독서로 이루어진 과학이다. 독서는 인간을 도덕적인 존재이자 이성적이고 과학적인 존재로 만드는 가장 구체적인 길이다. 정의롭고 창조적인 미래세계는 지속적인 독서로 가능할 것이다.

서점인 김윤환은 우리 시대의 독서가이자 독서운동가다.

항도 부산에 서점인 김윤환과 독립서점 영광도서가 있다.

경소단박한 디지털 문명에 자신을
통째로 내맡기는 현대인들의 절제 못 하는
삶의 양태 속에서도 보수동 책방골목이
건재하고 있음에 나는 감격한다.
촐랑거리는 디지털에 단호하게 맞서면서,
변함없는 종이책의 존엄과 미학을
보전하면서 헌책의 가치를 지키는
선인들이 있기 때문이다.

책을 사랑하는 사람들이 가고 싶은 책의 고향

부산의 보수동 책방골목

1961년 5월 16일 새벽 군인들이 쿠데타를 일으켰다. 총을 든 군인들이 탱크를 앞세워 경남도청과 부산시청을 비롯하여 거리와 관공서 요소요소를 지키고 있었다. 저 낙동강변 모래바람 불어오는 흙바닥 교실에서 중학교를 마친 나는 그해 부산의 고등학교로 진학했다. 우리는 매일 운동장에서 거행되는 조회 때마다 선생님들과 함께 군인들이 내세운 '혁명공약'을 낭독했다.

그해 봄날 나는 부산의 보수동寶水洞 책방골목에 처음으로 발을 디뎠다. 수많은 서점에 책들이 엄청나게 쌓여 있었다. 한 농촌 소년에게 보수동 책방골목의 풍경이란 경이로움 그것이었다.

1983년 나는 처음으로 뉴욕을 여행하면서 맨해튼의 스트랜드Strand 서점을 찾았다. 장대한 서가書架에 수장收藏되어 있는 수십만 권의 책들은 나에겐 충격 그것이었다. 순간 나는 저 60년대 그 봄날 보수동의 책방골목을 처음으로 대면했을 때의 기억이 떠올랐다. 그

부산광역시 중구 책방골목길 8 48967
051-244-9668
www.bosubook.com

렇지, 보수동에서도 엄청난 책들이 나를 압도했지. 책들의 숲에서, 책들의 합창소리에 나는 놀랐지!

한 권의 책을 나름 잘 만들기 위해 나는 오늘도 탐서探書 여행을 계속하고 있다. 세계의 서점과 도서관을 찾아나서는 것이다. 그러나 나는 보수동 책방골목으로 돌아왔다. 돌아와서, 우리 시대가 더불어 만들어낸 우리 책들을 새롭게 탐험하고 있는 중이다.

1950년 6·25전쟁으로 이 강토는 쑥대밭이 되었다. 200만 명이 부산으로 피란 왔다. 부산은 1,023일간 임시수도가 되었다. 보수동 책방골목은 민족상잔의 고단한 역정에서 탄생했다.

피란시절 지금은 복개된 보수천변과 보수동 뒷산에 피란민들이 밀려들었다. 하천에 판자로 수상가옥을 지었다. 판잣집들이 보수동 뒷산 꼭대기까지 빽빽하게 이어졌다. 서울에서 피란 온 오산중고와 청구중, 서울사대 부속중고 등이 보수동 뒷산에 천막교실을 꾸려 수업을 진행했다. 전시연합대학戰時聯合大學이 자리 잡았다.

보수동은 전쟁 중에도 공부하기를 멈추지 않은 학생들의 통학로였다. 경남중고와 부산여고가 가까이에 있었다. 이 골목에 북에서 피란 온 손정린孫鼎麟, 1926-2013 씨가 1950년에 책 난전을 펼쳤다. '보문서점'의 시작이었고 책방골목의 효시였다. 미군부대에서 흘러나온 헌책과 잡지와 만화, 피란민과 학생들이 읽던 책과 교과서를 모아 팔기 시작했다. 또 다른 서점들이 들어섰다.

보수동 책방골목 앞길 건너가 국제시장이다. 남포동과 광복동과 자갈치시장이 이어진다. 6·25전쟁과 더불어 형성된 전쟁문화·피란문화의 기지였다. 광복동 일대에 즐비했던 다방들은 지식인·문학가·예술인들의 아지트였다. 대화의 공간이자 생계를 위한 정보의 공급처이기도 했다. 때로는 집필공간·창작공간이었다.

김동리金東里, 1913-1995의 소설 「밀다원 시대」는 다방 밀다원을 중심으로 펼쳐지는 이 시절 예술가들의 삶에 대한 한 보고서였다.

금강다방엔 화가 이중섭李仲燮, 1916-1956과 김환기金煥基, 1913-1974, 소설가 황순원黃順元, 1915-2000과 오영수吳永壽, 1914-1979, 시인 김수영金洙暎, 1921-1968과 김규동金奎東, 1925-2011이 드나들었다. 태백다방에는 음악가 윤이상尹伊桑, 1917-1995, 시인 유치환柳致環, 1908-1967과 조영암趙靈巖, 1918-불명이 드나들었다. 피란시절 부산의 문예풍경이었다. 이들은 보수동 책방골목을 기웃거리면서 무언가를 탐색했을 것이다.

1953년 보수동 책방골목에서 책 팔기를 시작해 오늘도 현역으로 일하고 있는 박우서점의 김여만金汝萬, 1935- 선생은 그 옛날의 풍경을 증언한다.

"지금의 광일초등학교에 들어 있던 육군병원 덕분에 우리 책방골목의 존재가 전국으로 알려졌지. 부상당한 군인들이 이곳으로 후송됐고, 각지에서 부모형제들이 면회를 왔지. 책이 산더미처럼 쌓여 있는 이곳을 보고 보수동에 가면 못 구하는 책이 없다고 했거든."

노점책방 6, 7곳으로 시작된 보수동 책방골목엔 이내 30여 곳으로 늘어났다. 부산항으로 들어온 미군과 연합군이 북진하면서 읽던 책들을 두고 떠났다. 그걸 모아오는 수집상들이 생겨났다.

"수집상들이 수레 가득 싣고 오는 폐품 가운데에서 때로는 귀한 보물이 나왔지."

중앙서점
051-244-0754
사전
大望

만화, 소설, 무협,
국제저
T.244-7117 F.242-7
만화총판
만화 무게실
도서 대여점
수호전
우리글방

보수동 책방골목은 1960, 70년대에 전성기를 맞는다. 학생들이 늘어나면서 헌 교과서와 헌 참고서 수요가 폭발적으로 늘어났다. 보수동 책방골목은 이 땅의 가난한 학생들에겐 지식과 정보의 수원지 같은 곳이었다. 70년대엔 서점이 100여 곳 모여 있었다.

1960년대와 70년대 보수동 책방골목의 번성은 이 땅의 출판문화 발전과도 일정하게 연계된다. 1945년 해방을 맞으면서 정진숙鄭鎭肅, 1912-2008이 을유문화사乙酉文化社를, 조상원趙相元, 1913-2000이 현암사玄岩社를 창립했다. 민족 해방과 함께 '우리 손'으로 '우리 책'을 만들기 시작했다. 이종익李鍾翊, 1923-1990의 신구문화사新丘文化社와 박상연朴商璉, 1923-1993의 박우사博友社 같은 출판사들이 60년대에 들어서면서 여러 권으로 구성된 기획출판을 시작했다.

신구문화사는 1963년부터 『세계전후문학전집』과 『전후한국문학전집』을 펴내 낙양洛陽의 지가를 올렸다. 을유문화사의 『세계문학전집』과 최영해崔暎海, 1914-1981가 이끄는 정음사正音社의 『세계문학전집』과는 또 다른 문학전집이었다. 박우사는 1961년에 『현대인 강좌』, 1963년에 『인물한국사』를 펴내 역시 낙양의 지가를 올렸다. 을유문화사가 1968년부터 펴낸 『세계사상교양전집』 전 39권은 한국출판문화의 한 이정표가 되었다.

현암사는 1963년에 『한국의 명저』를, 1973년에 『육당 최남선六堂崔南善 전집』을 펴냈다. 1973년 신구문화사는 『한용운韓龍雲 전집』을, 김성재金聖哉, 1927-2005의 일지사一志社는 『조지훈趙芝薰 전집』을 펴냈다. 고려대 민족문화연구소는 1964년부터 1972년까지 8년에 걸쳐 『한국문화사대계』韓國文化史大系를 펴냈다. 여기에 한만년韓萬年, 1925-2004의 일조각一潮閣이 한국사와 한국학 출판에 주력한다.

이 기획들은 바로 보수동 책방골목의 에너지가 되었다. 1960년대와 1970년대에 창출된 우리 출판의 성과는 지금 대우서점·우리글방·고서古書·충남서점 등에 당당하게 비치되어 있다.

나는 1960년대 초반기 고교시절 보수동 책방골목에 갈 수 있어서 좋았다. 그 서점들을 순례하면서 책을 뒤적거려도 서점 아저씨와 아주머니들은 뭐라 하지 않았다. 나는 1960년대 중반기 대학시절 청계천 서점들에 가서, 그 많은 책 속에서 책을 체험할 수 있었다. 보수동 서점들은 지금도 50여 곳이 어깨동무하고 있다. 그 많던 청계천 서점들은 어디로 갔는가.

나는 1970년대에 인사동의 고서점들을 들락거릴 수 있어서 좋았다. 국사편찬위원회에서 펴낸 『한국독립운동사 사료집』 한 세트를 구입하곤 즐거워했다. 그 고서점들도 다 사라졌다. 지금은 이겸로李謙魯, 1909-2006 선생의 책정신이 계승되고 있는 통문관通文館 하나가 인사동을 외롭게 지키고 있다.

경소단박輕少短薄한 디지털 문명에 자신을 통째로 내맡기는 현대인들의 절제 못 하는 삶의 양태 속에서도 보수동 책방골목이 건재하고 있음에 나는 감격한다. 출랑거리는 디지털에 단호하게 맞서면서, 변함없는 종이책의 존엄과 미학을 보전하면서 헌책의 가치를 지키는 선인善人들이 있기 때문이다.

언젠가 고향을 지키시던 어머니의 손을 잡고는 나는 가슴이 철렁했다. 어머니의 두 손은 돌덩이같이 단단했다. 평생을 농사일에 매달린 어머니의 손은 그럴 수밖에 없었을 것이다.

보수동 책방골목을 지키는 서점인들의 손도 어머니의 손처럼 거칠다. 헌책을 돌보는 서점인들의 손은 성하지 않을 것이고 무거운 종이책을 다루어야 하기에 허리는 편할 날이 없을 것이다. 나는 책 만드는 일은 농사일과 같다는 생각을 하고 있다. 서점 일도 다르지 않을 것이다.

모든 일이란 머리가 아니라 손과 가슴으로 해야 한다고 나는 생각한다. 저 1970년대 출판사를 시작하면서 나는 '오늘의 사상신서'를 펴내기 시작했다. 나는 몇 권의 책 속표지에 조각가 로댕Auguste Rodin, 1840-1917의 손조각 이미지를 넣어보기도 했다. 나의 책 만드는 자세와 정신의 일단을 표현해보고 싶었다.

오늘도 건재한 보수동 책방골목은 우리 현대사의 한 문화유산이다. 우리의 삶을 일으켜 세운 정신과 지혜의 공급원 보수동 책방골목은 당연히 문화유산으로 지정되어야 한다. 이곳에서 오늘도 책방을 지키는 서점인들은 문화유산을 가꾸는 책의 장인들이다.

지난 2013년 7월 22일에 나는 보수동 책방골목의 의미를 살펴보는 모임을 기획한 적이 있다. 출판도시문화재단이 보수동 서점인들과 의논해서, '보수동 책방골목: 문화사적 의미 새롭게 인식하기, 어떻게 잘 보존하고 키워낼 것인가'라는 주제로 서울과 부산의 문화인들과 관계자들이 토론을 벌였다. 문옥희文玉姬 씨의 우리글방, 음악이 흐르는 카페에서 진행되었는데 부산과 서울에서 40여 명이 참석했다. 이를 계기로 부산의 독서가들이 '보수동 책방골목을 사랑하는 사람들'을 발족시켰다.

그때 나는 나의 '책사진' 20여 점을 우리글방 서가에 거는 전시를 했다. 전시제목을 '책, 오래된 빛을 찾아서'라고 달았다. '보수동 책방골목에서 책을 생각한다'는 부제를 달았다. 나는 책의 존엄, 책의 미학을 말하고 싶었다. 나는 보수동 책방골목에 바치는 작은 '헌사'를 전시 팸플릿에 올렸다.

"보수동 책방골목은 제 삶의 행로에
늘 그리운 풍경으로 저만치 서 있습니다.
다시 가고 싶은 젊은 날의 아름다운 추억입니다.
한 권의 책을 만드는 한 출판인의 살아 있는
고향의 뒤뜰 같은 기억으로 다가옵니다.
모든 책은 궁극으로 헌책들입니다.
모든 새 책의 탄생은 헌책으로 가능합니다.

모든 헌책은 아름답습니다.
모든 헌책은 헌책이기 때문에 더 향기롭습니다.
세상의 헌책들, 그 넓고 깊음에
저는 침묵할 수밖에 없습니다.

저는 책을 만들면서 서점을 순례하고 있습니다.
세계의 서점들에서 저는 한 출판인으로서 문제의식을 갖게 됩니다.
모든 서점은 지상의 정신과 지혜
인간의 삶을 쇄신시키는
변함없는 이론과 사상이 어깨동무하는 책의 숲입니다.
저는 다시 보수동 책방골목으로 돌아왔습니다.
보수동 책방골목에서
오래된 책의 향기를 이렇게 호흡하고 있습니다.

한 권의 책의 그 위대한 정신과 사상
그 미학과 역량을 온몸으로 느낍니다.

책들의 숲이여.
책들의 음향이여."

2011년 파주북소리를 시작하면서 나는 보수동 책방골목의 '고서' 양수성梁守成 대표에게 그가 갖고 있는 고서를 전시해보자 했다. 나는 이 전시에 출품된 한글학회의 『큰사전』 전 6권을 구입했다. 일제의 우리말글 말살정책 속에서도 선현先賢들은 감옥행을 마다 않고 우리 말글을 지켰다. 수난을 견디면서 1947년에 출간되기 시작해 1957년에 완간된 『큰사전』은 그 이름만 들어도 우리의 가슴을 뜨겁게 한다. 이미 갖고 있는 『큰사전』이지만 하나 더 갖고 싶었다.

피란시절 보수동 책방골목에 자주 드나들었던 최현배崔鉉培, 1894-1970 선생이 1937년에 펴낸 『우리말본』도 함께 구입했다.

우리말 우리글은 책 만드는 나의 삶에 절대적인 주제다. 이오덕李五德, 1925-2003 선생의 『우리글 바로쓰기』 『우리문장 바로쓰기』 같은 책들을 펴내는 것도 출판인으로서 당연히 내가 해내야 하는 일이다.

우리글방의 문옥희 대표는 신구문화사가 1966년에 출간한 이병기李秉岐, 1891-1968 선생의 『가람문선』을 나에게 선물했다. 그 머리말에서 가람 선생은 "송뢰松籟를 벗 삼는다"고 했다. 고향의 뒷동산 소나무 숲이 한겨울에 들려주던 '송뢰'는 그 어떤 합창보다 우렁찼다. 보수동 책방골목의 울창한 책들의 합창소리가 나에겐 송뢰같이 들린다.

프랑스사

SPRIGGAN
THE GREAT APES

1970년대 중반 이후 이 땅의 젊은이들은 고단한 정치현실 속에서 책을 읽기 시작했다. 나는 누구인가, 오늘 나는 무엇을 할 것인가를 생각했다. 1980년대에 들어서면서는 책과 함께 새로운 사회의 건설을 모색했다.

1979년 박정희朴正熙, 1917-1979 정권의 유신 권위주의를 몰락시킨 '10·26정변'의 한 계기가 된 부마항쟁釜馬抗爭도 책 읽는 젊은이들의 각성과 일정한 연관을 맺고 있다. 1970년대 후반 전국에서 전개된 '양서良書협동조합운동'도 그 일환이었다. 1977년에 창립된 부산양서협동조합이 직영한 협동서점이 보수동에 둥지를 틀었고, 거기에서 토론연구 모임이 진행되었다는 사실도 보수동 책방골목이 오늘 우리들에게 건네는 메시지의 일단일 것이다.

서울에서는 부산양서협동조합보다 한 해 늦은 1978년에 양서협동조합이 발족했는데, 나도 그때 거기 참석해 젊은 친구들의 책운동·독서운동을 성원한 바 있다.

보수동 책방골목의 서점들이 현재 보유하고 있는 책은 400여만 권으로 추산된다. 서점들이 개별창고를 갖고 있기에, 겉에서 볼 수 있는 서점의 모습보다 사실은 훨씬 깊숙한 콘텐츠다.

보수동 책방골목에 와서 뒤지면 해방 이후 우리 사회가 만들어낸 어떤 책이든 만날 수 있다. 『한국문화사대계』 같은 기념비적인 책부터 이병주李炳注, 1921-1992의 『지리산』, 최명희崔明姬, 1947-1998의 『혼불』, 조세희趙世熙, 1942-의 『난장이가 쏘아올린 작은 공』, 박태순朴泰洵, 1942-2019의 『국토와 민중』도 있다. 해방공간에서 간행된 임화林和, 1908-1953와 정지용鄭芝溶, 1902-1950의 시집, 조지훈趙芝薰, 1920-1968, 박두진朴斗鎭, 1916-1998, 박목월朴木月, 1915-1978의 『청록집』青鹿集도 찾을 수 있다.

1980년대에 치열하게 출간된 사회과학책들, '금서'禁書가 됨으로써 '시대의 명저'가 된 책들도 발견할 수 있다. 『해방전후사의 인식』 등 우리 출판사가 펴낸 책들도 이 책방 저 책방에 꽂혀 있다.

한 권의 책은 출간되면서부터 책을 쓴 저자들과 책을 만든 출판인들과 상관없이 문화적·사회적 존재가 된다. 자유롭게 유통되면서, 새롭게 해석되면서, 시대를 진동시키는 정신의 힘이 된다는 사실에 나는 새삼 놀란다.

보수동 책방골목엔 학우서점 말고도 대동서점·단골서점·신천지서점·서울서점이 60년이 되어가고 있다. 문화사적 가치도 인식되고 있다. 보수동 책방골목 문화관이 2010년에 개관했다. 부산시에서 약간의 지원을 받아 해마다 보수동 책방골목 문화제가 열린다. 외국의 책 마니아들이 찾아오기도 한다. 부산영화제가 열리면 찾는 외국인들이 늘어난다. 서울에서 KTX를 타고 찾아온다. 1년에 50만 명이 방문한다. 이들을 위한 카페가 잇따라 들어서고 있다. 갤러리도 문을 열고 있다. 변하는 세상과 함께 보수동 책방골목도 스스로 변신하고 있다.

보수동 책방골목 입구에는 책을 한 아름 안고 있는 서점인 조각이 서 있다. 보수동 책방골목에서 생을 보내는 서점인의 선한 표정을 닮았다. 보수동 책방골목을 갈 때면 나는 책 안고 서 있는 이 서점인과 인사를 주고받는다. 보수동 책방골목은 책 읽는 사람들이 다시 찾고 싶은 고향 같은 곳이다.

북하우스는 경계의 정신이다.
변방의 철학이다. 남과 북이 대치하는
긴장의 유역에 존재한다.
국토가 남과 북으로 분단되고
전쟁으로 수백 만 명이 죽거나 부상당했다.
오늘도 대립과 대치가 지속되는 그곳이다.

⇒ 448-471쪽은 이재성의 사진.

책의 집 책을 위한 집 북하우스에서

헤이리의 북하우스와 서울의 순화동천

한참 오래전이다. 2004년에 나는 북녘 땅이 건너다보이는 파주에 책의 집 책을 위한 집을 지어 개관했다. '북하우스'다.

우리 출판사가 펴내는 책들을 한자리에 진열해놓아 독자들이 한껏 보게 하자는 것이었다. 우리 출판사의 책들뿐 아니라 우리 시대가 펴내는 책들의 넓은 세계를 함께 체험하자는 것이었다. 개성 있는 책들을 '선택해놓는' 새로운 형식의 서점이다. 변방의 고절한 지역에 존재함으로써 책의 미학, 책의 권능을 더 새롭게 인식하자는 것이었다.

북하우스! 우리 삶의 중심에 한 권의 책을 반듯하게 놓는 운동이다. 책으로 펼치는 인문·예술운동이다. 나무와 숲, 하늘과 땅, 구름과 바람과 비와 눈. 자연과 함께하는 서점에서 우리는 우리 자신을 성찰하게 될 것이다.

북하우스는 경계의 정신이다. 변방의 철학이다. 남과 북이 대치하

북하우스
경기 파주시 탄현면
헤이리마을길 59-6 10859
031-949-9305
blog.naver.com/artnbooks

순화동천
서울 중구 서소문로9길 28 04516
02-772-9001
blog.naver.com/sunhwadongcheon

는 긴장의 유역에 존재한다. 국토가 남과 북으로 분단되고 전쟁으로 수백 만 명이 죽거나 부상당했다. 오늘도 대립과 대치가 지속되는 그곳이다.

나는 대립하고 대치하는 이 긴장의 땅에 예술마을 헤이리 건설운동에 나섰다. 북녘 땅, 북녘의 마을을 건너다보는 파주. 휴전을 앞두고 남과 북이 가장 치열하게 전쟁했던 곳. 철조망과 군부대들과 탱크가 우리의 몸과 마음을 긴장시킨다. 북하우스는 헤이리 프로그램의 일환이었다.

북하우스는 경계와 긴장의 유역에서 책 읽기다. 전쟁과 평화 문제를 더 절실하게 질문한다. 인문이란 무엇인가, 예술이란 무엇인가를 담론한다.

북하우스는 책의 내용을 확장시킨다. 모든 인문·예술·사회·과학은 책으로부터 비롯된다. 북하우스는 책의 세계이지만, 미술과 음악의 세계로 진전한다. 인문·예술·사회·과학은 당초부터 상호 통합되고 상호 소통된다.

나는 책을 위한 집 북하우스를 구상하면서, 책이 모든 장르의 중심에 서게 하는 프로그램이라고 생각했다. 책 없이 책 읽지 않는 그 어떤 예술 프로그램도 가능할 수 없다.

북하우스는 건축 설계부터 책의 세계를 전제했다. 나는 건축가에게 '책을 위한 책의 집, 책으로 구성되고 책으로 존재하는 집'을 요구했다.

북하우스는 길이다.
책으로 가는 길이다.

건축적 구성이 길이다.

건물의 기둥들이 서가다.

사람들이 책들의 인사를 받으면서

책의 길을 걸어오른다.

책을 만난다.

책 속으로 들어간다.

책과 대화한다.

책은 길이다.

삶의 길이다.

삶이 책을 만든다.

삶의 길이 책이다.

한길사는 길이다.

나는 길을 가면서 책을 생각한다.

여러 인문·예술 장르가 함께 참여하는 헤이리 프로그램을 기획하면서, 나는 남과 북이 무력으로 대결하는 이 긴장의 유역이 우리 모두의 프로그램들을 건강하게 할 수 있다는 생각을 했다. 남과 북의 확성기 대결이 새벽잠을 깨우지만, 언젠가는 저 확성기 소음도 잦아들 것이다. 지금은 반복되던 확성기 소음이 사라졌다.

헤이리에 함께 손잡고 참여하는 사람들은 확성기 소음 속에서 음악회를 열었다. 노을이 아름다워 노을동산이라고 이름 붙인 그곳에서, 북녘 땅을 바라보면서 음악회를 열었다. 평화의 소망을 음악에 실어 북녘으로 보냈다.

사람들은 나의 북하우스 구상에 신기해하고 의아해하기도 했다.

이 변방 긴장의 땅에, 도심과 떨어져 있는 산속에, 서점이 존립할 수 있겠느냐는 것이었다.

헤이리 영화촬영소 착공식에 초대손님으로 참석한 임권택 감독과 이야기를 주고받았다.

"여기서 뭘 하려 합니까?"

"서점을 하려 합니다."

"이 변방에 서점이 될까요?"

"될 겁니다."

북하우스 착공식에 참석한 강원용姜元龍, 1917-2006 목사님은 방명록에 "신新 실크로드의 출발점"이라고 기록했다. 나의 북하우스 계획을 강 목사님은 "경이로운 구상"이라고 말씀했다.

나의 예상은 빗나가지 않았다. 북하우스는 많은 사람들의 주목을 받았다. 독특한 서점으로 많은 독자들이 방문하는 코스가 되었다. 카페 공간에서 북하우스의 아름다운 건축미학을 즐겼다.

뉴욕의 젊은 건축가 그룹 샵SHoP과 헤이리 코디네이터 건축가 김준성이 손잡고 설계한 북하우스의 탁월한 위용은 건축의 새로운 차원을 체험하게 하는 것이었다. 뉴욕에서 간행되는 건축잡지 『아키텍처럴 레코드』 *ARCHITECTURAL RECORD* 2005년 2월호는 여섯 페이지를 할애해 그랜드피아노를 닮은 북하우스의 건축적 성과를 평가했다. 지하공간에서 구현되는 음악회·미술전시는 아름다운 책의 세계와 동행한다.

북하우스는 책의 집이지만 다양한 콘텐츠를 수용한다. 책의 조각가 최은경의 책 'BOOK'이란 콘텐츠를 의미한다. 북하우스는 책의 집이지만 세상의 빛과 그림자를 함께 이야기하는 인문의 집 예술의 집이다.

나는 책을 만들면서 고서의 세계를 발견해가고 있다. 오래된 책은 신간들과는 또 다른 세계다. 오늘 새 책을 기획해서 펴내는 나의 출판 작업에 고서는 아름다운 지혜다.

책을 만들면서 나는 책을 찾아나서는 여행을 하게 된다. 그 여행길에서 나는 새 책과 함께 고서의 미학과 가치를 발견한다. 새 책의 정신은 고서의 지혜로부터 비롯된다.

책을 탐험하는 그 여행길에서 나는 19세기 영국의 위대한 책의 예술가 윌리엄 모리스William Morris, 1834-1896를 만났다. 책의 장인 책의 스승이다.

모리스는 새로운 디자인 운동을 선도했다. 시인이고 여행가였다. 화가였다. 사회주의 운동가였다. 토털아티스트였다. 계관시인 하라고 권유받았지만 그는 한사코 책의 장인임을 천명했다. "나는 책을 만들고 싶다"고 했다.

동지들과 함께 레드하우스Red House라는 불후의 명작을 건축해낸 윌리엄 모리스는 1891년 출판공방 켈름스콧Kelmscott을 설립한다. 나는 켈름스콧에서 펴낸 책들을 보면서 경악했다. 책의 세계를 이렇게 디자인해내다니. 세계출판사상 '가장 아름다운 한 권의 책'으로 칭송받는 『초서 저작집』은 세계의 애서가들이 갖고 싶어 하는 '예술품'이다. 나는 오늘도 『초서』를 들여다보면서 황홀감에 빠진다. 책의 예술가 윌리엄 모리스 선생을 만난다. 결국에는 켈름스콧이 펴낸 53종 68권을 전부 컬렉션한다.

윌리엄 모리스에게 영향을 준 미술사가이자 사회사상가인 존 러

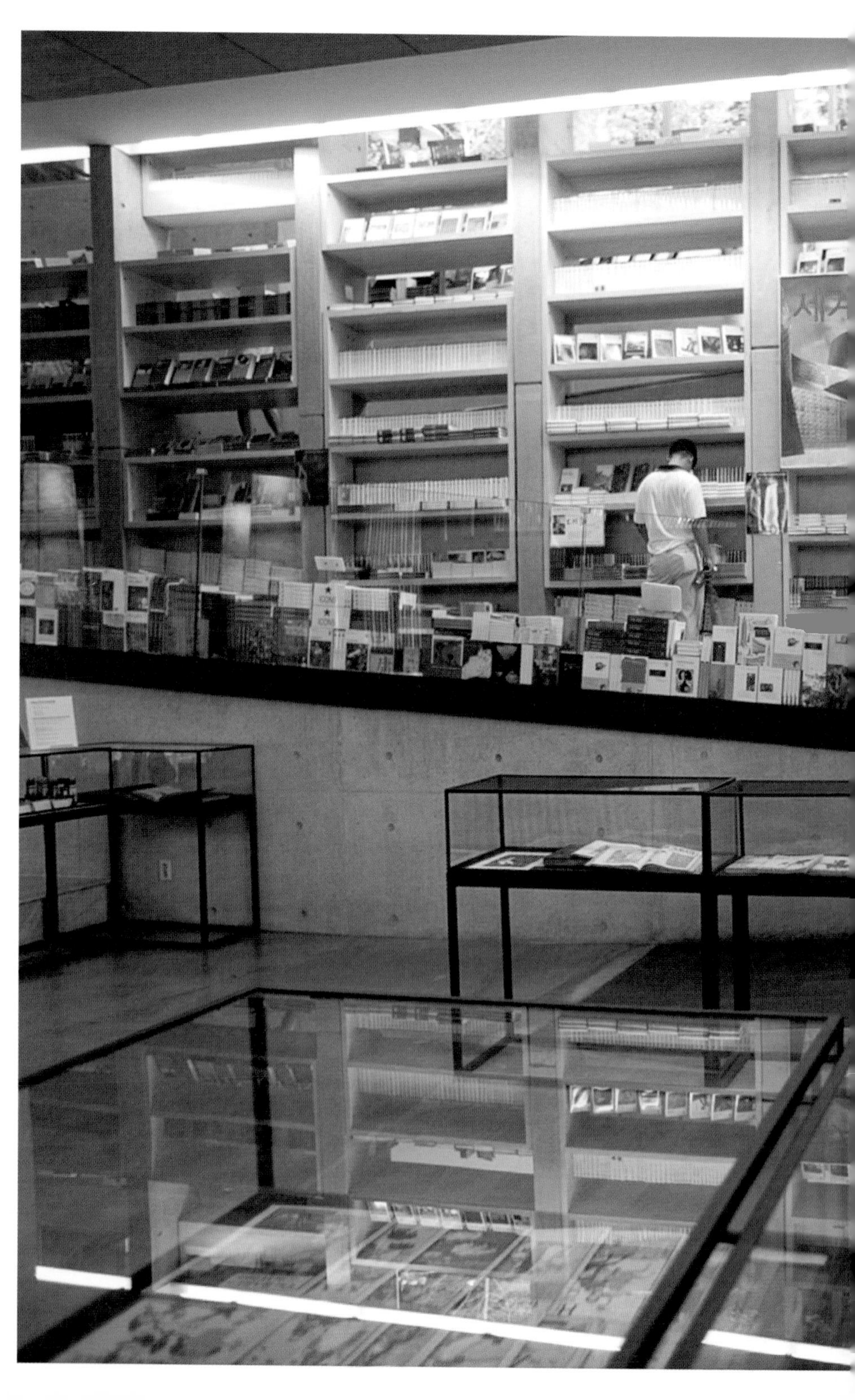

&IDEAS
로운미술관
ICONS
ICONS

스킨John Ruskin, 1819-1900을 공부하고 그의 저술들을 컬렉션한다. 프랑스의 경이로운 책 미술가 귀스타브 도레가 나의 주제가 되었다. 그의 『런던순례여행』은 스페인의 빌바오 여행길에서 구했다. 『성서』는 프랑크푸르트 도서전에서, 『돈키호테』와 『단테』는 도쿄에서 만났다.

『아름다운 지상의 책 한 권』2001을 써낸 애서가 이광주 교수에게 나는 『아름다운 책 이야기: 중세사본에서 윌리엄 모리스까지』2007를 저술하도록 부탁드렸다. 나는 이광주 교수와 함께 유럽으로 일본으로 여행하면서 고서탐험을 즐기는 것이었다.

북하우스 뒤편, 김준성 교수가 설계한 한길책박물관은 나의 책탐험 여정에서 발견하고 컬렉션한 서양고서들을 강호의 독자들과 함께 즐기자면서 마련한 또 하나의 책의 집, 책으로 구성되는 집이다. 오래되어 더 아름다운 책들을 공유하는 즐거움이다.

2008년 나는 북하우스와 한길책박물관의 건축적 성과와 의미를 두루 이야기해보는 한 권의 책을 만들었다. 『BOOK HOUSE』가 그것이다. 건축가 김준성, 출판도시의 한길사 사옥을 설계한 김헌, 『남회귀선: 라틴 아메리카 문명기행』2010, 한길아트의 저자이자 건축비평가인 박길용 교수, 방송인이자 독서가인 정혜윤, 서양사학자 이광주 교수, 사진작가 이재성, 그리고 내가 참여했다. 북하우스와 한길책박물관을 함께 산책하기다. 나는 '아름다운 지상의 책 한 권을 우리 삶의 한가운데 놓는다'는 메시지를 책에 담았다.

'독서인'이자 '애서가'로 일찍부터 서양고서를 탐험하고 연구해온 이광주 교수는 「북하우스에서의 책 놀이」를 썼다. "해방 직후 세종로에서부터 동대문까지의 왕복길이 나의 고서점 순례의 대장정길이었다"고 회고했다.

"헤이리의 북하우스는 나에게는 가장 매혹적인 건물이다. 아름답고 아취雅趣가 넘실대면서도 웅장함을 은근히 뽐내기도 하는, 여성적인 화려함과 남성적인 다정함을 함께 보여준다. 음악적인 흐름으로 반주하는 듯한 멋스러운 건물, 하늘이 그리운 듯 위로 뻗은 상반신은 한 권의 책으로 우리의 상상력을 약간은 에로스적인 숲으로 끌어들인다. 더욱이 밤의 장막이 수줍게 건물 전체를 감쌀 때면 참으로 환상적이다. 모리스의 런던보다 훨씬 가까운 헤이리에는 북하우스가 있다. 나에게는 언제나 가고 싶은 지호지간의 거리다. 책의 집, 책을 위해 존재하는 집이니 얼마나 좋은가.

좋은 책이 만들어지고 읽히는 사회는 좋은 사회다. 독서인과 애서가가 폭넓게 존재하는 사회는 더욱 바람직한 교양사회다. 창조적인 사회, 다이내믹한 시대는 장서가와 장서문화의 존재를 요구한다. 책을 향한, 지식과 교양을 지향하는 그 광기어린 정념이야말로 모든 창조의 원천이기 때문이다."

북하우스와 한길책박물관을 개관하고 운영하면서 나는 즐거운 인문·예술 프로그램을 기획하는 한편 시대의 현인들을 만나게 된다. 현인들의 인문적·예술적 성과를 담론하고 전시하고 공연하는 프로그램을 진행하게 된다. 현인들과 주고받는 이야기는 나의 가슴에 각인되고 있다. 책 만드는 한 출판인의 정신과 이론으로 축적된다.

1994년 노벨문학상을 수상한 오에 겐자부로大江健三郎, 1935- 선생이 2006년 북하우스를 방문했다. 국내외 작가들의 문학 회의에 참석했다가 함께 DMZ를 답사하고 북하우스를 찾았는데, 나는 그날 오에 선생과 윌리엄 모리스에 대해 이야기했다. 마침 켈름스콧이 펴낸 책들을 전시하고 있는 중이었다. 오에 선생은 켈름스콧의 책들을 반색하면서 살펴보았다. E.P. 톰슨의 『윌리엄 모리스: 낭만주의자에서 혁명가로』를 좋아한다면서 한국에 번역되었느냐고 묻기도 했다. 그 무렵 나는 이 책의 번역출판을 준비하고 있는 중이었다. 2012년 '한길그레이트북스' 122·123권으로 출간되는데, 오에 선생과 나는 그 날 윌리엄 모리스로 참 즐거운 시간을 보냈다.

2008년 역시 노벨문학상을 받은 르 클레지오Jean Marie Gustave Le Clezio, 1940- 선생이 사진작가 김중만과 함께 북하우스를 방문했다. 그는 북하우스의 책들을 살펴보면서, 이 긴장의 땅에 예술마을을 건설하고 서점을 개설하는 것이 흥미롭다고 했다. 나는 그에게 "너무 평화로운 공간에서 진정한 인문·예술이 창출될까요" 했다.

르 클레지오가 북하우스를 방문한 그다음 날, 노벨문학상이 그에게 주어진다고 발표되었다. 그에게도 즐거운 뉴스였지만, 북하우스에도 행복한 뉴스였다.

예술마을 헤이리와 북하우스는 수많은 국내외 인사들이 방문하는 코스가 되었다. 건축가들과 건축학도들이 견학·학습하는 주제의 건물이 되었다. 인문·예술 기획자들이 찾았다.

해외의 유수한 미디어들이 헤이리 프로그램을 기획하고 건설을 지휘하는 나에게 인터뷰를 요청해왔다. 이들은 한결같이 정부의 지원을 받아서 헤이리 프로그램이 진행되느냐고 물었다.

"전혀, 우리 힘으로 진행된다."

나의 이런 대답에 그들은 놀라는 것이었다.

"나는 아침저녁 북녘 땅을 건너다보면서 출퇴근한다."

나의 이 말에 그들은 더 놀라는 것이었다.

북하우스의 지하 전시·공연 공간에서는 정기적인 음악회 프로그램이 편성되고 미술전시가 기획되었다. 중국미술제가 열렸다. 일본 예술제가 이어졌다. '책의 조각가' 최은경의 특별전이 열렸다. 철의 조각가 아오키 노에青木野枝, 1958-의 특별전이 열렸다. 헤이리에는 현재 30여 개의 박물관·미술관·갤러리가 문 열고 있다. 30여 개의 공방이 있다. 헤이리 오케스트라가 있다. 지휘자 서현석 교수의 헌신이 예술마을 헤이리의 지향과 가능성을 보여주고 있다.

한길사는 1976년 창립하면서 리영희李泳禧, 1929-2010 선생의 『우상과 이성』을 펴냈다. 송건호宋建鎬, 1927-2001 선생, 안병무安炳茂, 1922-1996 교수, 박현채朴玄埰, 1934-1995 교수 등 진보적 지식인의 책을 잇달아 펴내면서 주목받는 신생출판사가 되었다. 박정희의 유신체제가 몰락의 길을 가고 있던 시대에 창립된 한길사는 그 시대상황을 비판적으로 인식하는 책들을 펴내는 출판사였다.

리영희 선생은 『우상과 이성』으로 투옥되었다. 박현채 선생의 『민족경제론』은 판금되었다. 리영희 선생은 『우상과 이성』의 책 머리말에서 스스로의 '수난'을 예고하고 있었다.

"나의 글을 쓰는 유일한 목적은 진실을 추구하는 오직 그것에서 시작되고 그것에서 그친다. 진실은 한 사람의 소유물일 수 없고 이웃과 나눠져야 할 생명인 까닭에 그것을 알리기 위해서는 글을 써야 했다. 그것은 우상에 도전하는 이성의 행위다. 그것은 언제나, 어디서나 고통을 무릅써야 했다. 지금까지도 그렇고 영원히 그러리라고 생각한다. 그러나 그 괴로움 없이 인간의 해방과 발전, 사회의 진보는 없다.

책의 이름을 일컬어 『우상과 이성』이라 한 이유다."

1984년에 한길사는 다시 리영희 선생의 『분단을 넘어서』를 펴냈고, 2006년에는 한길사 창립 30주년 기념기획으로 『리영희저작집』 전 12권을 출간했다.

2005년에 출간된 『대화』는 대화로 리영희 선생의 생애와 실천적 생각을 정리하는 작업이었다. 선생은 몸의 운신이 불편해졌다. 글쓰기가 불가능한 상황이었다. 나는 임헌영 선생과의 대화·대담과 교열·교정을 3년에 걸쳐 진행했다. 우리 시대 '사상의 은사' 리영희 선생의 생애와 사상을 담아내는 '한 권의 명저'가 그렇게 탄생하는 것이었다.

리영희 선생의 『대화』가 출간된 그해 봄날 저녁, 『대화』의 출간을 기념하는 모임이 북하우스 카페 포레스타에서 열렸다. 북하우스에 잘 어울리는 모임이었다. 선생은 그날 이렇게 말씀했다.

"인간은 누구나, 더욱이 진정한 '지식인'은 본질적으로 '자유인'인 까닭에, 자기의 삶을 스스로 선택하고, 그 결정에 대해서 '책임'이 있을 뿐만 아니라 자신이 존재하는 '사회'에 대해서도 책임이 있다고 믿는다. 이 이념에 따라, 나는 언제나 내 앞에 던져진 현실 상황을 묵인하거나 회피하거나 또는 상황과의 관계설정을 기권으로 얼버무리는 태도를 '지식인'의 배신으로 경멸하고 경계했다. 사회에 대한 배신일 뿐 아니라 그에 앞서 자신에 대한 배신이라고 여겨왔다."

이날의 출판기념회를 취재한 『경향신문』의 한윤정 기자는 1면에 크게 보도했다. 『경향신문』의 놀라운 보도 태도였다.

2006년 초가을 노무현盧武鉉, 1946-2009 대통령이 주말을 이용해 북하우스를 방문했다. 퇴임을 앞두고 여러 구상을 하는 가운데 헤이리와 북하우스를 살펴보는 외출이었다. 권양숙 여사와 봉하마을의 대통령 사저를 설계한 정기용鄭奇鎔, 1945-2011 건축가가 동행했다.

나는 대통령에게 예술마을 헤이리를 왜 구상하고 어떻게 건설하는지를 말씀드렸다. 어떤 프로그램들을 기획하고 진행하는지도 말씀드렸다. 어떤 어려움이 있는지도 설명드렸다. 개인들이 공간을 만드는 것까지는 몰라도 인문·예술적 프로그램까지 그 개인들이 해낸다는 게 불가능하다는 이야기도 했다.

노무현 대통령은 두어 시간을 북하우스에 머물렀다. 나의 이야기를 경청했다. 나는 나름 많은 이야기를 주고받았다. 대통령은 '대통령의 지시'에 대한 보고가 때로는 6개월이 지나서야 올라온다는 답답한 심경을 토로하기도 했다. 내가 드린 이런저런 건의는 지방정부와 협의하는 것이 더 좋겠다는 말씀도 했다.

노무현 대통령은 나에게 "선배님"이라고 했다. 나는 대통령과 같은 고등학교를 다녔다. 내가 2년 선배였지만, 재야의 낙백시절에 만난 적도 있고 해서 서로가 알고 있는 사이였다. 그러나 대통령이 "선배님"이라고 할 때 나는 난처하기도 했다. 소탈한 대통령의 인품을 실감했지만, 대통령과의 두 시간은 나의 삶에서뿐 아니라 북하우스의 역사에서도 중요한 기억으로 남을 것이다.

나는 대통령에게 우리가 펴낸 사진작가 준 초이의 큰 사진집 『백제』를 기념으로 선물했다. 대통령은 "이렇게 큰 책을 그냥 선물받아도 됩니까" 했다. 나는 "책 선물드려야 하는 분에게 선물드릴 권한과 책임이 저에게 있습니다"고 했다. 수행해온 사진작가가 대통령과 내가 만나는 모습을 사진찍었는데, 얼마 있다가 그 사진들을 보내주었다. 참 좋은 선물을 노무현 대통령으로부터 받은 셈이다.

나의 고향은 낙동강 하류 밀양이다. 노무현 대통령의 고향인 김해와는 낙동강을 경계로 하고 있다. 고향 마을 뒷산에 오르면 저 멀리 굽이쳐 흐르는 낙동강을 바라볼 수 있다. 강의 이쪽저쪽이 넓은 들판이다. 대통령의 고향마을 뒷산인 봉화산이 아련히 보인다. 내가 다니던 가난하고 작은 중학교는 낙동강변에 있는데, 2학년 때 배를 타고 학교의 저 아래쪽에 있는 봉화산의 봉화사로 소풍을 간 적도 있다.

지금 노무현 대통령은 그 봉화산 자락에 영면하고 계신다. 나는 고향에 갈 때면 마을 뒷산에 오르곤 한다. 봉화산을 바라본다. 대통령의 선한 모습을 떠올린다. 그가 그립다.

2008년 8월 15일, 나는 좀 색다른 음악회를 북하우스에서 열었다. 광복절을 기념하는 국악음악회였다. 나는 이날 젊은 소리꾼 민은경에게 함석헌咸錫憲, 1910-1989 선생의 글 「압록강」을 판소리로 작창하여 부르게 했다. 미술전시가 열리고 있는 그 지하 공간에 울려퍼진 우리 가락은 150명의 관객들로부터 열띤 박수를 받았다.

"압록강에 가자.

장마 걷히어 골짜기 시냇물 맑고, 구름 뚫려 지평선에 먼 산의 모습이 푸르기 시작하는구나. 새 가을이 온다. 내 고향엘 가야지.

내 집, 공산당한테 쫓기어 내버리고 나온 내 집은 압록강가에 있다. 백두산에서 시작해 천리 넘는 길, 굽이굽이 흘러온 그 강이 마침내 황해바다로 들어가는 길. 서로 싸우는 건지, 큰 가슴에 얼싸 안기는 건지 내 모르지만, 밤낮을 울고 노래하고 출렁거리고 뒤흔드는 바로 그 사품에서 단물 짠물을 다 마셔가며 자라난 것이 나다.

고향이 뭐냐?

그것은 자연과 사람, 흙과 생각, 육과 영, 개체와 전체가 하나로 되어 있는 삶이다. 거기 나 남이 없고, 네 것 내 것이 없고, 다스림 다스림 받음이 없고, 잘나고 못남이 없고, 나라니 정치니 법이니 하는 아무것도 없고, 하나로 조화되어 스스로 하는 삶이 있을 뿐이다.

나는 압록강의 아들이다. 내가 나고 파먹고 자라난 용천 일대가 압록강과 황해가 서로 만나는 데서 이루어진 살진 앙금 흙인 것 같이, 내 생각도 그 강 그 바다 대화 속에서 얻은 것이다. 나는 지금도, 그 강가의 보금자리를 잃고 나온 지 스무 해가 되는 오늘에도 압록강 생각만 하면 내 가슴속에서 그 물결의 뛰놂과 아우성을 느낀다.

압록강에 가자. 가서 새 역사의 약속을 듣자."

함석헌 선생의 글과 말씀은 시대를 진동시키는 음향이다. 영원을 탐험하는 정신이고 사상이고 철학이다. 시詩다.

나는 1961년 고등학교 입학하던 그해 여름에 함석헌 선생의 글을 읽었다. 박정희 군부가 5월 16일 새벽 쿠데타를 일으켰다. 전국에 계엄령을 선포하고 무력통치를 시작했다. 탱크와 총검으로 무장한 군인들이 거리와 관공서를 지키고 있었다.

"혁명은 민중의 것이다.
민중만이 혁명을 할 수 있다.
군인은 혁명 못 한다."

그해 『사상계』 7월호에 발표한 글 「5·16을 어떻게 볼까」를 통해 함석헌 선생은 5·16을 통렬히 비판했다. 나는 선생의 이 글을 읽고 깜짝 놀랐다. 문제가 될 것 같았다. 그러나 쿠데타를 일으킨 군인들도 함석헌 선생을 욕설 같은 말로 비판했지만 더 이상 어떻게 하지는 못했다.

나는 고교 시절 『사상계』를 열심히 읽었다. 고교생으로 『사상계』의 내용을 제대로 이해하지 못했겠지만 때로는 사전을 찾았다. 함석헌 선생의 글은 줄을 쳐가면서 읽었다. 선생의 『뜻으로 본 한국역사』로 교내 독후감 대회에 참가하고 그 내용을 학교 잡지 『백양』에 싣기도 했다.

대학에 다니면서부터는 선생의 강연을 쫓아다녔다. 그 고단한 60년대의 학창 시절, 한일회담 반대로 대학생들은 감옥을 갔다. 대학의 문이 수시로 폐쇄되었다. 그때 함석헌 선생의 글과 말씀은 우리에겐 희망이고 축복이었다. 용기였다. 1970년대에 선생이 손수 펴내던 『씨올의 소리』는 유신 폭압시대를 이겨내는 우리의 숨통이었다.

1980년대에 나는 선생의 전집 전 20권을 펴냈다. 책을 만들면서 수시로 선생을 찾아뵈었다. 1990년대엔 선집 전 5권을 펴냈다. 2000년대엔 저작집 전 30권을 펴냈다. 김영호 교수의 『함석헌 사상 깊이 읽기』 전 3권2016을 비롯해 단행본 10여 권을 기획했다. 다시 한길사 창사 40주년 기념기획으로 『함석헌 선집』 전 3권2016을 출판했다. 한길그레이트북스 제148 · 149 · 150권으로 펴냈다.

아시아 대륙에 우뚝 서는 큰 사상가 함석헌. 그러나 선생은 꽃과 나무를 가꾸는 소년 같았다. 도봉산을 올려다보는 쌍문동 댁에 가면, 선생은 늘 꽃삽을 들고 계셨다. 천리향 꽃송이를 따주면서 향기를 맡아보라 하셨다.

"벌이 십 리 밖에서 날아온다 하지요."

나는 선생이 송광사에서 캐어와 키우던 시누대 몇 뿌리를 헤이리의 우리 집으로 가져와 뒤안 언덕에 심었다. 선생은 1989년 서거하셨지만 선생이 키우던 나무와 꽃은 큰아드님 함우용 선생에 의해 잘 관리되고 있었다. 그 시누대가 제법 많이 번졌다. 언젠가는 '함석헌 대숲'이 될 것이다.

북하우스엔 선생의 저술들이 독자들을 기다리고 있다. 씨올과 씨올사상, 들사람 얼이 살아 있다.

저 1970년대 『씨올의 소리』 권두에 발표하신 『씨올에게 보내는 편지』를 다시 읽는다. 여행이라도 가면 가방에 넣어간다. 한국의 젊은이들이라면 『뜻으로 본 한국역사』는 읽어야 한다. 살아 있는 나의 삶이 될 것이다. 같이살기운동을 펼쳤고 비폭력 평화운동을 혼신으로 말씀했다.

"칼로써 나라를 세울 수 없습니다.
전쟁으로 절대 통일할 수 없습니다!"

그 광복절날 우리가 함께 부르던 「압록강」은 선생의 살아 있는 말씀이 되어 오늘 나의 가슴에 울림이 되고 있다. 선생의 「압록강」을 오늘 다시 읽는다. 함석헌은 살아 있다. 오늘을 사는 우리들에게 선생은 시대정신이다.

'자중천'字中天!

하늘의 이치를 담아내는 문자. 서예를 의미한다. 서예는 하늘의 말씀, 세상의 이치를 문자로 표현하는 예술이다.

서예는 동아시아 인문예술의 최고경지다. 책 읽기와 학문하기, 문장 짓기·책 짓기와 통합되고 소통되는 장르다. 오랜 수련과 연찬을 통해 그 경지가 구현된다. 서예는 동아시아 인문예술의 빛나는 전통이다.

책의 집 책을 위한 집, 책으로 구성되는 북하우스에서 나는 당초부터 동아시아의 아름다운 서예 축제를 펼쳐보고 싶었다. 서예는 북하우스와 잘 조화되는 주제다. 기계화되고 있는 디지털 문명시대에 재인식되고 재발견되는 미학이고 철학이다.

서예가 하석河石 박원규朴元圭, 1947-는 나의 오랜 사회친구다. 나는 그의 서예하는 정신과 학문하는 자세를 존경한다. 높은 경지에 올라 있는 그의 문자학을 이야기들으면서, 서예의 본령이 무엇인지를 배운다. 법고창신法古創新하는 그의 서예는 늘 나의 정신을 새롭게 한다. 나의 책 만들기도 법고창신이어야 한다!

2010년 한길사는 하석과 하석의 제자 서예가 김정환의 '대화'로 『박원규, 서예를 말하다』를 출간했다. 동아시아와 한국의 서예전통·서예정신을 섭렵하는 한편 자신의 서예하기와 학문하기를 이야기하는 한 권의 아름다운 책이다. 현대 한국서예사에 논의되어야 할 책이다.

나는 이 책의 출간을 기념하여 하석의 서예세계를 조망하는 큰 서예전을 북하우스와 한길책박물관의 전 공간에서 열었다. 전시회 제목을 '자중천'이라고 부쳤다. 전시기간도 석 달 열흘 동안이었다. 매주 작가와의 대화가 진행되었다. 큰 서예가 하석이 아이들과 붓놀이하는 즐거운 프로그램도 만들었다.

전국에서 서예가들과 서예를 연찬하는 젊은이들이 북하우스를 찾았다. 타이완의 대표 서예가 두충가오杜忠誥, 1948-가 개관행사에 와서 기념휘호를 했다. 우리 서예전시 사상 일찍이 볼 수 없었던 성황을 이루는 인문·예술 이벤트였다. 책의 집에서 책으로 구성되는 집에서,

책 속에서 책들과 함께, 신나게 진행되는 문자예술의 향연이었다. 사람들은 북하우스와 책박물관이 이렇게 진화할 수 있구나 했다.

2011년 한길사 창사 35주년을 맞아 나는 또 다른 서예축제를 기획했다. '서예삼협 파주대전'書藝三俠坡州大戰이었다. 하석 박원규와 학정鶴亭 이돈흥李敦興, 1947-과 소헌紹軒 정도준鄭道準, 1948- 세 서예가가 펼치는 붓의 예술이었다.

붓이란 인문정신·평화정신을 구현하는 예술의 칼이다! 인문과 예술의 칼로 평화정신을 구현해내는 서예가야말로 인문·예술의 협객이 아닌가. 순백의 눈부신 종이, 붓으로 문자와 문장을 써내는 서예야말로 평화의 예술이다. 세상을 아름답고 정의롭게 변모시키는 협객의 예술이다! 시선詩仙 이백李白, 701-762은 서예가이기도 하지만 경이로운 검객이었다고 하지 않는가.

나는 한국의 대표적인 세 서예가들이 한강 하류유역 긴장의 땅 파주들녘에서 붓으로 평화와 인문의 축제를 펼치게 할 수 있어서 행복했다. 따로따로 출간된 세 서예가들의 대형 도록도 파주대전의 격조를 드높였다. 역시 100일 동안 진행되었다. '자중천'과 '서예삼협 파주대전'은 우리 서예전시에서 새로운 지평을 보여준다는 평가를 받았다.

서점은 출판인으로서 내 삶의 운명적 공간이다. 나의 책 만드는 일, 내가 만드는 책은 서점에서 서점과 함께 존재한다. 한 시대의 출판문화에 서점이란 필요·충분조건이다.

나는 또 다른 형식의 서점을 열어 실험하고 있다. 서울 서대문구 순화동의 '순화동천'巡和洞天이다. 한길사 초기, 순화동에 작은 공간을 빌려 출판사가 들어 있었다. 그런 인연으로 2017년 한길사가 펴낸 책들로 구성되는 서점을 이곳에서 열게 된다. 한길사가 저간에 펴낸 책들이 3,000여 종이 되기에, 이 책들만으로도 서점 구성이 가능하게 된다. 한 출판사의 문제의식을 살려내는 개성 있는 서점이 될 수 있다.

젊은 세대의 종이책 읽기가 축소되고 있는 출판현실이 오늘 우리 앞에 서 있다. 독자가 책으로 오지 않는다면 책이 독자에게로 다가가야 한다. 우리 책으로 우리 저자들과 함께 담론과 강좌를 펼칠 수 있는 공간이 필요하다. 독자와 함께 가야 한다.

여기에 또 다른 인문·예술 프로그램들이 동행한다. 책과 연계되는 미술전시·음악회도 기획된다. 헤이리 한길책박물관의 서울공간을 만들었다. 인문·예술·교육 프로그램을 하는 개인과 집단들이 사용할 수 있는 공간이 마련되었다.

한길사는 한나아렌트학회와 제휴하여 '한나 아렌트 학교'를 열었다. 한길사는 『인간의 조건』『전체주의의 기원』『혁명론』『공화국의 위기』『어두운 시대의 사람들』『예루살렘의 아이히만』 등 아렌트의 저작들과 연구서들을 집중적으로 펴내고 있다. 서울대 통일평화연구원과 제휴하여 평화강좌를 열고 있다.

『러일전쟁: 기원과 개전』의 저자 와다 하루키和田春樹, 1938- 선생이 독자와의 대화를 했다. 박원순 서울시장이 토크쇼를 했다. 한길사가 펴내는 책들의 런칭 기자회견이 이어진다. 칸트전집은 출간을 시작하면서 역자들이 대거 참여하는 기자회견이 진행되었다. '나폴리 4부작'을 펴낸 후 '엘레나 페란테의 밤'을 기획했다. 얼굴 없는 작가 엘레나 페란테 대신 역자 김지우와 마르코 델라 세타 주한 이탈리아 대사가 참석했다.

'뮤지엄 콘서트'가 개관 이래 3년째 정기적으로 계속되고 있다.

HANGIL BOOK MUSEUM
한길책박물관

巡和洞天
인문예술공간 순화동천

소화기

JIN-SUB
JIN-SUB

Red House

2020년 베토벤 탄생 250주년을 맞아 1년 내내 베토벤을 연주하는 음악제가 진행되고 있다. 파버카스텔 이봉기 대표가 협찬하고 작곡가 유은선이 주재하는 국악음악회 '순화동천 우리가락'이 진행되고 있다. 다양한 미술전시가 열리고 있다. 인문·예술적 조직과 단체들의 회의가 이어지고 있다.

순화동천의 '동천'洞天에 나는 의미를 둔다. 신선들이 사는 곳이다. 유토피아를 의미한다. 생명과 평화를 이야기한다. 이 번다한 현대의 대도시에 우리 함께 생각할 수 있는 유토피아가 있어야 한다. '순화동천'은 하석의 작명이다.

저 변방 헤이리의 북하우스도 책의 동천이다. 순화동천은 헤이리의 북하우스와 연계되는 공간이고 프로그램이다. 서울의 순화동천은 서울의 중심이기에 더 역동적인 프로그램들을 구현할 수 있다.

"이문회우 이우보인"以文會友 以友輔仁이라고 하지 않았나. 책은 친구들을 불러모으고 친구들이 우리의 정신을 고양시킨다는 공자님 말씀을 나는 좋아한다. 애독자·애서가들은 순화동천에서 친구가 된다.

순화동천을 개관하던 그해 여름 일본에서 귀한 손님들이 찾아왔다. 요코하마에 있는 카나가와神奈川대학에서 경제사와 미술사와 건축사와 디자인을 전공하는 교수들이었다. 순화동천이 윌리엄 모리스를 전시한다는 뉴스를 접하고 이를 보러 왔다는 것이었다.

나는 내가 윌리엄 모리스를 컬렉션하게 된 동기와 계기를 함께 이야기하면서 유쾌한 한나절을 보냈다. 일본에서도 윌리엄 모리스를 볼 수 있지만, 까다롭고 복잡하다고 했다. 전공이 다른 연구자들이 함께 윌리엄 모리스 연구모임을 하는데, 그 이듬해 봄에 나는 이들의 초청을 받아 카나가와대학에 갔다. 한 출판인으로서 내가 윌리엄 모리스를 어떻게 보고 있느냐는 것이 그날 토론의 주제였다.

책은 세상만사와 우주만물의 가치와 이치를 담아낸다.
책과 함께 우리의 삶은 아름답게 구현된다.
책들이 숲을 이루는 서점에서
우리의 삶은 승화된다.
책들이 어깨동무하고 춤추는 순화동천에서
우리는 친구가 된다.
고금동서의 이야기들을 주고받는다.
순화동천은 나의 놀이터다.
책과 문화예술을 함께 누리는 놀이터다.
책 읽기를 일상으로 누리고
인문예술을 공유하는 시민들의 놀이터다.
순화동천을 방문하는 사람들과 친구가 되어
이런저런 이야기를 나누는 것이
나의 즐거운 일상사다.
이런 일상사가 나는 좋다.

책은 우리 삶의 필요·충분 조건이다

『세계서점기행』을 끝내면서

지난 2000년 세계는 '뉴밀레니엄'으로 야단법석이었다. 지난 천년을 되돌아보면서 새 천년을 어떻게 설계할 것인가를 논의하는 프로그램들을 진행했다.

그때 나는 영국 로터리클럽의 한 프로그램에 주목했다. 에브리맨스 라이브러리Everyman's Library가 발행하는 동서고금의 고전 200권을 선정해서 영국 전역의 중고교 4,000군데에 보내는 것이었다. 에브리맨스 라이브러리 고전시리즈는 내가 좋아하는 책인데, 책과 책 읽기의 가치를 아는 영국인답다고 생각했다. 젊은이들에게 고전을 선물하는 안목과 문제의식, 로터리클럽의 정신이란 바로 그런 것이겠구나 했다. 그해 프랑스는 뉴밀레니엄 프로그램의 일환으로 365일 내내 인문학 강의를 진행했다. 인문정신을 중시하는 프랑스다웠다.

그해 세계의 유수한 미디어들은, 지난 천년 동안 인류문명의 발전에 가장 크게 기여한 인물들을 거론하면서 금속활자를 창안해 1450년대에 『42행 성서』를 인쇄해낸 구텐베르크Johannes Gutenberg, 1397-1468를 첫째로 선정했다. 금속활자의 보급으로 모든 사람이 책 읽을 수 있는 시대가 열렸기 때문이다. 모든 사람이 책 읽음으로써 인류의 정신사·사상사는 물론이고 정치적·경제적 민주주의를 구현해낼 수 있게 되었다.

그때 한국은 무엇을 했는가. 저 빈 하늘에 대고 새 천년을 축하한다면서 불꽃만 펑펑 쏘아댔다. 변변한 기념물 하나 건축하지 못했다.

1997년 봄 나는 당시 상하이 총영사관에 근무하던 경희대 강효백姜孝伯, 1959- 교수와 함께 난징대학南京大學출판사를 방문했다. 그때 난징대학출판사는 대형기획 '중국사상가 평전총서'를 펴내고 있었다. 총 200권에 이르는 이 총서가 나에겐 놀라웠다. 우리가 익히 아는 사상가뿐만 아니라 우리에게 익숙하지 않은 사상가들의 시대와 생애, 그 이론과 사상을 평석評釋해내는 출판사를 직접 방문해서 그 편집자들과 대화해보고 싶었다. 나도 그때 우리 역사를 빛낸 사상가들의 평전을 출판하고 있었다.

국책 프로그램으로 진행되는 이 총서의 저자들에겐 '저술안식년'著述安息年을 준다는 것이었다. 약속한 기한에 저술을 끝내지 못하면 안식년을 연장받을 수도 있다고 했다. 중간에 국가주석 장쩌민江澤民, 1926-이 참석하는 출판기념회도 연다고 했다. 완간되면 베이징에서 큰 기념행사를 하게 되어 있다는 것이었다.

『사고전서』四庫全書 같은 방대한 책을 기획해내는 중국이다. 중국은 우리가 일반적으로 생각하는 그런 사회주의 국가이기만 한 것은 아니다. 저술과 출판과 독서가 국가와 민족의 백년대계를 설계하는 일이라는 걸 아는 나라가 아닌가. 이런 프로그램을 발상하고 구현해내는 정책을 살펴봐야 할 터이다.

그해 하반기부터 IMF 환란이 쓰나미처럼 이 나라를 덮쳤고 총서의 일부라도 번역·출판해보려던 나의 생각도 무너지고 말았다. 우리 출판사도 책값으로 받은 어음들이 모조리 부도나면서 휴지조각이 되었다. 나는 어떻게 살아남을지 고뇌하면서 동분서주했다. 모진 시련이었다.

나는 지난 44년 동안 3,000권 이상의 책을 펴내면서, 책 쓰기 책 만들기 책 읽기야말로 국가와 사회, 민족공동체의 삶을 건강하게 창조하는 '문화 인프라'라고 생각하게 되었다. 책 없이, 책 읽지 않고 나라와 사회 민족공동체가 발전할 수 없을 것이다. 책으로 가능해지는 사유의 힘 없이 그 무엇 하나 창조해낼 수 있는가 말이다. 책 없이 민주주의를 펼칠 수 있는가. 도덕적이고 정의로운 사회를 구현할 수 있는가. 21세기 지식과 정보의 시대에 책의 문화란 우리 삶의 필요·충분조건이다.

파리를 여행할 때 나는 파리 베르시Bercy 지역에 있는 미테랑국립도서관에 들른다. 1988년 7월 14일 혁명기념일을 맞아 미테랑François Mitterrand, 1916-1996 대통령이 계획을 발표해 1996년에 개관했다. 프랑스의 문화적 위상을 세계에 과시하는 또 하나의 이정표가 되었다. 세계의 지식인·관광객들이 방문하면서 책과 인문의 나라 프랑스를 알게 된다. 1977년에 문을 연 퐁피두Pompidou 센터도 사실은 도서관을 중심으로 한 복합 문화공간이다.

2013년 나는 출판인·도서관 관계자와 함께 경복궁 옆 송현동 미국대사관 관저 터에 '서울 책의 전당'을 세우자는 의견을 발표했다. 한진그룹의 소유로 3만 3,000제곱미터 이상 되는 땅이다. 수도 서울이 갖고 있는 가장 중요하고도 의미 있는 터전이다. 이곳에 세워지는 책의 전당은 세계 최초로 금속활자를 창안해낸 우리 겨레가 세계에 내놓을 수 있는 문화적·지성적 프로그램일 것이다.

정부는 한진에게 그에 상응하는 대토代土를 해주어야 할 것이다. 국군수도병원을 고쳐 문을 연 국립현대미술관 서울관이 우리 문화·예술의 새로운 가능성을 열고 있지 않은가. 정부와 한진은 여기에 호텔 중심의 시설을 세워 관광을 도모하겠다는 생각이지만, 책의 전당에 들어서는 다양한 문화·예술 시설들과 프로그램들은 사실은 호텔보다 더 많은 일자리를 창출할 수 있을 뿐 아니라 직접·간접으로 코리아의 '고품격 문화·관광'을 세계인에게 각인시킬 수 있을 것이다. 우리는 경복궁과 잘 어울리도록 저층으로 건축해야 한다는 의견도 주고받았다. 시설을 지하에 넣고 지상은 한옥 이미지로 건축한다면 '세계의 광화문'이 될 수 있겠다는 토론도 했다.

그러나 우리는 안타깝게도 정부인사들로부터 심한 '힐난'을 받았다. 도서관 정책을 담당하고 있는 정부 부서의 한 차관은 나에게 전화해서 "왜 이따위 의견을 발표하느냐"고 했다. "왜 정치적 발언을 하느냐"고도 했다.

"어찌 이게 정치적인 발언인가. 국민의 한 사람으로서 우리의 문화적 견해를 발표했을 뿐이다. 이걸 문화부가 받아서 논의해야 하는 게 아닌가."

우리는 여러 인사에게 좋은 구상이라는 반응을 들었다. 정부 관계자들도 "좋은 의견 내줘서 고맙다"고 칭찬할 줄 알았다. 정부 고위 관리에게 '꾸중'을 듣고 우리는 아연했다.

맨해튼의 뉴욕 시립도서관에서 나는 생각했다. 우리 서울은 이런 도서관을 언제 가질 수 있을까 하고. 그 건축이며 책이며, 그 담론이며 전시를 보면서, 책의 문화를 국가·사회의 한가운데 놓는 미국은 역시 미국이라는 생각을 하게 된다. 우리의 서울엔 세계에 내놓을 수 있는 현대 건축물이 거의 없다는 사실을 생각해본다면, '서울 책의 전당'은 우

당신,
잘 지내나요
엽서

ABC
Amahl
CASTLE

리 모두의 지혜를 모아 토론해봄 직한 야심적인 어젠다agenda가 아닌가.

서울 서초구에 국립중앙도서관이 있지만 우리 출판문화의 위상을 세계에 떨치기에는 한없이 부족하다. 서울시로서도 작은 도서관들과 함께 세계에 내놓을 수 있는 이런 큰 도서관을 구상해야 하는 것 아닌가.

지금 세계의 명문 도서관들은 세계인이 찾는 관광코스가 되고 있다. 2008년 베이징에 새로 세워진 중국국가도서관의 위용을 보고 나는 중국의 문화적 위력을 새삼 실감했다.

지난해 여름 나는 이웃들과 파주 헤이리시네마에서 거장 프레데릭 와이즈먼 감독이 연출한 「뉴욕공공도서관」을 보았다. 네 시간 가까운 대작이다. 한 명문도서관이 어떤 기능을 하는가를 보여준다. 서점이 어떤 기능을 하는가를 제대로 인식해야 하듯이, 도서관이란 무엇이고 무엇을 할 수 있는가를 보여준다. 국가예산뿐 아니라 개인과 기업들이 기부하는 예산으로 도서관이 경이로운 일을 해낼 수 있음을 보여준다.

2015년 10월 나는 대학의 도시 튀빙겐에 갔다. 500년 된 서점 오시안더Osiander를 찾아보기 위해서였다. 세계철학사를 상징하는 헤겔Hegel, 1770-1831, 서정시인 횔덜린Hölderlin, 1770-1843, 관념철학자 셸링Friedrich Schelling, 1775-1854, 신학자 칼 바르트Karl Barth, 1886-1968, 노벨문학상을 받은 헤르만 헤세Hermann Hesse, 1877-1962, 교황 베네딕토 16세Benedictus XVI, 1927-, 나치에 저항하다 체포되어 처형당한 신학자 본회퍼Dietrich Bonhoeffer, 1906-1945가 학창시절과 교수시절에 드나들었던 서점이다. 오시안더의 소유는 한두 차례 바뀌었지만 책 읽는 연구자들과 학생들을 위해 계속 문을 열고 있다. 인문적 담론 프로그램들을 다양하게 기획하고 있다.

튀빙겐은 대학의 도시이기도 하지만 책의 도시, 서점의 도시다. 노벨문학상에다 노벨과학상 수상자를 여덟 명이나 배출한 튀빙겐대학은 인문·자연과학의 기초분야에서 아주 튼튼하다. 독서하는 도시이자 대학이기 때문에 그럴 것이다. 헤르만 헤세가 1895년부터 99년까지 도제 수업을 한 서점 헤켄하우어Heckenhauer도 200년이 되어가는 고서점으로 지금도 문 열고 있다.

샌프란시스코에는 문화적 랜드마크 '시티 라이츠'City Lights서점이 있다. 1953년 시인 로런스 펄링게티Lawrence Ferlinghetti, 1919-가 문을 열었다. 로런스 펄링게티는 시티 라이츠서점에 출입하던 앨런 긴즈버그Allen Ginsberg, 1926-1997, 잭 케루악Jack Kerouac, 1922-1969 등과 함께 비트운동Beat Movement의 진원지를 만들었다. 시티 라이츠서점은 반전문학운동反戰文學運動의 근거지가 되었다. 미국문학사를 장식하는 자유와 전위의 대명사가 되었다.

1956년에 간행된 앨런 긴즈버그의 서사시집 『울부짖음』*Howl and Other Poems*으로 발행자 로런스 펄링게티는 '외설출판'을 했다 하여 체포된다. 그러자 문학가들과 독자들의 시위가 벌어졌다. 결국 로런스 펄링게티는 법원에서 무죄를 선고받았다. 이 '절규사건'에서 거둔 문학가들의 승리는 미국 출판역사에서 중요한 선례가 되었다. 이 재판 이후로 로런스D.H. Lawrence, 1885-1930의 『채털리 부인의 사랑』*Lady Chatterley's Lover* 같은 작품들을 출판할 수 있었다. 미국 현대사에서 시티 라이츠서점은 '예술의 자유'를 상징하는 이름이 되었다.

1998년 샌프란시스코 시정부는 샌프란시스코에 살던 잭 런던Jack London, 1876-1916, 마크 트웨인Mark Twain, 1835-1910, 잭 케루악 등 문학가들의 이름을 열두 거리에 붙였다. 시티 라이츠서점의 제안을 받아들인 것이다. 로런스 펄링게티의 이름을 딴 거리도 생겼다. 샌프란시스코 시정부는 1988년에 로런스 펄링게티를 샌프란시스코 초대 계관시인桂冠詩人으로 임명했다. 2001년 10월 28일 시티 라이츠서점은 샌프란시스코의 228번째 랜드마크로 지정되었다.

2001년 9·11테러가 일어나면서 미국은 다시 중동전쟁을 시작했다. 시티 라이츠서점은 서점 외벽에 '전쟁을 중단하라'는 현수막을 내걸었다. 전쟁 자체가 죄악이고, 폭력에 폭력으로 대응하는 것은 바보 같은 짓이라는 것이었다. 시티 라이츠서점은 샌프란시스코와 미국을 넘어 예술과 평화를 사랑하는 세계인의 서점이 되었다.

우리에겐 서울 종로 2가에 종로서적이 있었다. 우리는 종로서적에서 만나곤 했다. 1907년에 문을 연 종로서적은 그러나 2002년 문을 닫고 말았다. 일제 강점기를 거치고 해방을 맞고 전쟁을 극복해낸 종로서적, 1960년대와 70년대의 경제개발시대와 함께 존속해온 종로서적, 80년대와 90년대 민주화운동기 이 땅의 젊은이들에게 독서를 매개한 종로서적이 문을 닫을 때, 나는 몇몇 출판인들과 대책을 의논했지만 우리의 힘은 너무나 미약했다. 나는 그때 "종로서적 없는 종로에 뭐 하러 갈까"라는 짧은 글을 한 신문에 썼지만, 그 이후 실제로 종로에 가지 않게 되었다.

나는 우리 함께 손잡고 그 종로서적을 '복원'하자고 말하고 싶다. 이 땅의 근대 정신사에 종로서적만큼 큰 역할을 한 문화적 기구가 어디 있는가. 종로서적이 우리 출판문화사는 물론이고 우리의 삶에 미친 영향은 얼마나 대단한가. 물질적 성장을 넘어서는 우리 모두의 정신사에!

지난 시절의 그 규모가 아니라도 좋다.

우리 사회에 지금 절실하게 필요한

인문정신을 공급하는 품격 있는 서점이면 족할 것이다.

종로는 종로서적이 있어야 종로다.

종로서적이 부활하는 종로의 그 거리에서

책들의 정신을 호흡하는 종로서적의 그 바닥에서

책과 문화를 애호하는 우리 모두가 서로의 숨소리를 들으면서

아름다운 우리의 미래를 설계할 수 있을 것이다.

종로서적은 우리의 자랑스런 문화유산이다!

출판인 김언호 金彦鎬

1968년부터 1975년까지 동아일보 기자로 일했으며,
1976년 한길사를 창립하여 2023년 47주년을 맞았다.
1980년대부터 출판인들과 함께 출판문화와
출판의 자유를 인식하고 신장하는 운동을 펼치는 한편
1998년 한국출판인회의를 창설하고 제1·2대 회장을 맡았다.
2005년부터 2008년까지 한국문화예술위원회 제1기 위원을 지냈다.
2005년부터 한국·중국·일본·타이완·홍콩·오키나와의
인문학 출판인들과 함께 동아시아출판인회의를 조직하여
동아시아 차원에서 출판운동·독서운동에 나섰으며
2008년부터 2011년까지 제2기 회장을 맡았다.
1980년대 후반부터 파주출판도시 건설에 참여했고
1990년대 중반부터는 예술인마을 헤이리를
구상하고 건설하는 데 주도적인 역할을 했다.
『출판운동의 상황과 논리』(1987), 『책의 탄생 I·II』(1997),
『헤이리, 꿈꾸는 풍경』(2008), 『책의 공화국에서』(2009),
『한권의 책을 위하여』(2012), 『책들의 숲이여 음향이여』(2014),
『김언호의 세계서점기행』(2016), 『그해 봄날』(2020)을 써냈으며
2023년에 책사진집 『지혜의 숲으로』를 펴냈다.

The World's Beautiful Bookstores

Text & Photographs by Kim Eoun Ho

Published by Hangilsa Publishing Co. Ltd., 2020

김언호의
세계서점기행

글·사진 김언호
펴낸이 김언호

펴낸곳 (주)도서출판 한길사
등록 1976년 12월 24일 제74호
주소 10881 경기도 파주시 광인사길 37
홈페이지 www.hangilsa.co.kr
전자우편 hangilsa@hangilsa.co.kr
전화 031-955-2000-3 **팩스** 031-955-2005

부사장 박관순 **총괄이사** 김서영 **관리이사** 곽명호
영업이사 이경호 **경영이사** 김관영 **편집주간** 백은숙
편집 박희진 노유연 이한민 박홍민 배소현 임진영
마케팅 정아린 **관리** 이주환 문주상 이희문 원선아 이진아
디자인 창포 031-955-2097
인쇄 예림 **제책** 예림바인딩

제1판 제1쇄 2016년 8월 30일
제1판 제3쇄 2018년 3월 15일
개정판 제1쇄 2020년 1월 20일
개정판 제5쇄 2023년 11월 30일

값 23,000원
ISBN 978-89-356-6334-7 03980

• 잘못 만들어진 책은 구입하신 서점에서 바꿔드립니다.